2012—2013 年度全行业优秀畅销书

MATLAB 智能算法 30 个案例分析
（第 2 版）

郁磊　　史峰　　王辉　　胡斐　编著

北京航空航天大学出版社

内 容 简 介

本书是作者多年从事算法研究的经验总结。书中所有案例均应国内各大 MATLAB 技术论坛网友的切身需求而精心设计,其中不少案例所涉及的内容和求解方法在国内现已出版的 MATLAB 书籍中鲜有介绍。

本书采用案例形式,以智能算法为主线,讲解了遗传算法、免疫算法、退火算法、粒子群算法、鱼群算法、蚁群算法和神经网络算法等最常用的智能算法的 MATLAB 实现。本书共给出 30 个案例,每个案例都是一个使用智能算法解决问题的具体实例,所有案例均由理论讲解、案例背景、MATLAB 程序实现和扩展阅读四个部分组成,并配有完整的程序源码和讲解视频,使读者在掌握算法的同时,也可以学习到作者们多年积累的编程经验与技巧,从而快速提高使用算法求解实际问题的能力。

本书可作为本科毕业设计、研究生项目设计、博士低年级课题设计参考书籍,同时对广大科研人员也有很高的参考价值。

图书在版编目(CIP)数据

MATLAB 智能算法 30 个案例分析 / 郁磊等编著. --2 版. --北京 : 北京航空航天大学出版社,2015.8
ISBN 978 - 7 - 5124 - 1411 - 2

Ⅰ. ①M… Ⅱ. ①郁… Ⅲ. ①Matlab 软件 Ⅳ. ①TP317

中国版本图书馆 CIP 数据核字(2015)第 175994 号

版权所有,侵权必究。

MATLAB 智能算法 30 个案例分析(第 2 版)

郁磊　史峰　王辉　胡斐　编著

责任编辑　陈守平

*

北京航空航天大学出版社出版发行

北京市海淀区学院路 37 号(邮编 100191)　http://www.buaapress.com.cn
发行部电话:(010)82317024　传真:(010)82328026
读者信箱: goodtextbook@126.com　邮购电话:(010)82316936
北京宏伟双华印刷有限公司印装　各地书店经销

*

开本:787×1 092　1/16　印张:20　字数:538 千字
2015 年 9 月第 2 版　2023 年 11 月第 8 次印刷　印数:21 001~23 000 册
ISBN 978 - 7 - 5124 - 1411 - 2　定价:59.00 元

若本书有倒页、脱页、缺页等印装质量问题,请与本社发行部联系调换。联系电话:010—82317024

修订说明

时光荏苒,如白驹过隙,转眼间,《MATLAB 智能算法 30 个案例分析》已经陪伴各位读者走过了四个年头。在这期间,该书得到了广大读者的全面支持与包容,让我们备受鼓舞。

但自 R2010a 和 R2010b 以后,MATLAB 对优化工具箱和神经网络工具箱进行了较大幅度的更新,与《MATLAB 智能算法 30 个案例分析》一书相关的更新有:

① 自 R2010a 以后,遗传算法与直接搜索工具箱(Genetic Algorithm and Direct Search Toolbox,GADST)被集成到 Global Optimization Toolbox 中,其路径为 MATLAB 安装目录\toolbox\globaloptim。

② 自 R2010b 以后,神经网络工具箱(Neural Network Toolbox)对 BP 神经网络、竞争神经网络、自组织特征映射神经网络等模型的创建、训练和预测函数进行了升级。

为了方便读者学习,《MATLAB 智能算法 30 个案例分析(第 2 版)》对上一版的内容进行了以下修订:

① MATLAB 编程环境从 R2009a 版本升级到了 R2014a 版本。在新版本中,读者可以更加简单、方便地完成程序的实现,从而可以将更多的精力集中于算法的设计方面。

② 增加了配套资源,其中包括各个章节的程序源码和讲解视频。程序源码部分兼容了 R2009a 和 R2014a 两个版本,读者可以根据自身情况灵活选择。配套视频中除了包括对各个案例的详细讲解外,还包含了作者多年积累的编程经验与技巧,相信读者可以从中获益良多。书中所有资源均可通过扫描本页的二维码→关注"北航科技图书"公众号→回复"1411"获得百度云盘的下载链接。也可加入 QQ 群(群号:263599240)去群公告中获取下载链接。如有疑问请发送邮件至 **goodtextbook@126.com** 或拨打 010 - 82317738 联系图书编辑。

本次修订工作由郁磊统筹完成,其中,郁磊修订的章节包括:3、5、6、9、14、21、22 和 25～30;史峰修订的章节包括:2、10～13、15～17、23～24;王辉修订的章节包括:1、3、4、7～8、18～20。

除了上述修订内容外,《MATLAB 智能算法 30 个案例分析(第 2 版)》还勘误了上一版中存在的一些错误。在此过程中,得到了许多读者的帮助,如 MATLAB 技术论坛上的 denyu、kirchhof、qiuzhichang 和 prado5 等,在此不一一列举,衷心感谢他们!

对作者而言,过去的四年变化太多,有的作者出国深造,有的作者进入职场,有的作者娶妻生子,在此诚挚地感谢每一位作者的家人和朋友在背后的默默付出与支持,这是本书得以完成的最大动力与保障。

然而不变的是,作者们依旧保持着那份初心与激情,随时准备着与每一位读者交流与探索,携手进步与成长!

作 者

2015 年 7 月 2 日于苏州

第 1 版前言

首先,我们想问大家一个问题:当您翻开一本书的时候,最希望看到的是什么?在看完一本书之后,你们最希望学会的是什么?

对于高年级的本科生、研究生和科研工作者来说,各种各样新奇和有趣的智能算法在其日常工作和学习时是会经常遇到的。有的读者会觉得智能算法很复杂,尤其是涉及一种算法有效性的证明过程,往往厚厚的一本书还不能全部讲解完毕;更有甚者,有些算法到目前为止,尚没有完整的数学证明过程来证明其有效性和收敛性。有的读者会觉得智能算法太深奥,尤其是当他们需要用一种算法来解决一个问题的时候,看着算法的原理,往往不知道如何去求解、怎样从问题中抽象出可以用某一种或者几种算法的数学模型,更不知道一些算法术语,比如粒子群中的粒子速度、遗传算法中的交叉操作等,实际编程中该怎么操作。

因此,对于这些算法,我们应该采取什么样的学习态度呢?是去翻一本本厚厚的资料书来追本溯源,从一堆堆公式中去反复推导,还是根据算法的原理,花费大量的时间去一点点编写程序?笔者认为,这些钻研的精神是可取的,但是,我们一定要用大量的时间和精力去解决本身对我们意义并不是很大的问题吗?

笔者认为,如果我们只是用这些算法来解决实际问题,只是想用这些算法尝试一下常规算法难以准确求解的问题,那么,对于这些复杂的理论,我们可以简单研究,了解算法中最精髓的几个概念,以及算法模型的抽象方法即可,更应该把时间放在如何从实际待求解问题中抽取出适合算法求解的模型上,甚至可以站在别人的肩膀上,通过改写别人的程序来求解自己的问题。

本书就是从这个角度出发来研究各种智能算法。书中没有对算法理论进行长篇的推导和论证(很少见到能够独立完整论证一种算法有效性的高手),没有烦琐的证明过程,而是把主要的精力放在了如何从一个问题中抽取出一个可以用某种智能算法求解的数学模型,以及如何用尽量规范的程序编程计算一个实际的问题。

本书讲解了遗传算法、免疫算法、退火算法、粒子群算法、鱼群算法、蚁群算法和神经网络等最常用的智能算法,以案例为结构组织形式,以各种算法的讲解为主线,每一个案例都是一个使用智能算法解决具体问题的实例,每一个案例均是由理论讲解、案例背景、MATLAB 程序实现、扩展阅读四个部分组成,充分体现了发现问题、解决问题的思想。参与本书编写的四名作者均有多年的 MATLAB 程序开发经验,并且在长期的算法使用过程积累了比较丰富的求解问题的经验。本书在编写过程中,遵循了理论讲解深入浅出,问题求解思路清晰,程序讲解详细全面的主旨。希望读者通过阅读本书内容,不仅仅掌握算法的来源、概念、原理,更重要的是,可以提高采用算法求解实际问题的能力。

由于作者水平有限,书中不妥之处,敬请专家和读者不吝指正。

郁磊　史峰　王辉　胡斐

2010 年 12 月 12 日于上海

目　　录

第 1 章

谢菲尔德大学的 MATLAB 遗传算法工具箱

1.1 理论基础

1.1.1 遗传算法概述

遗传算法(genetic algorithm,GA)是一种进化算法,其基本原理是仿效生物界中的"物竞天择、适者生存"的演化法则。遗传算法是把问题参数编码为染色体,再利用迭代的方式进行选择、交叉以及变异等运算来交换种群中染色体的信息,最终生成符合优化目标的染色体。

在遗传算法中,染色体对应的是数据或数组,通常是由一维的串结构数据来表示,串上各个位置对应基因的取值。基因组成的串就是染色体,或者称为基因型个体(individuals)。一定数量的个体组成了群体(population)。群体中个体的数目称为群体大小(population size),也称为群体规模。而各个个体对环境的适应程度叫做适应度(fitness)。

遗传算法的基本步骤如下:

1. 编 码

GA 在进行搜索之前先将解空间的解数据表示成遗传空间的基因型串结构数据,这些串结构数据的不同组合便构成了不同的点。

2. 初始群体的生成

随机产生 N 个初始串结构数据,每个串结构数据称为一个个体,N 个个体构成了一个群体。GA 以这 N 个串结构数据作为初始点开始进化。

3. 适应度评估

适应度表明个体或解的优劣性。不同的问题,适应性函数的定义方式也不同。

4. 选 择

选择的目的是为了从当前群体中选出优良的个体,使它们有机会作为父代为下一代繁殖子孙。遗传算法通过选择过程体现这一思想,进行选择的原则是适应性强的个体为下一代贡献一个或多个后代的概率大。选择体现了达尔文的适者生存原则。

5. 交 叉

交叉操作是遗传算法中最主要的遗传操作。通过交叉操作可以得到新一代个体,新个体组合了其父辈个体的特性。交叉体现了信息交换的思想。

6. 变 异

变异首先在群体中随机选择一个个体,对于选中的个体以一定的概率随机地改变串结构数据中某个串的值。同生物界一样,GA 中变异发生的概率很低,通常取值很小。

1.1.2 谢菲尔德遗传算法工具箱

1. 工具箱简介

谢菲尔德(Sheffield)遗传算法工具箱是英国谢菲尔德大学开发的遗传算法工具箱。该工具箱是用 MATLAB 高级语言编写的,对问题使用 M 文件编写,可以看见算法的源代码,与此匹配的是先进的 MATLAB 数据分析、可视化工具、特殊目的应用领域工具箱和展现给使用者具有研究遗传算法可能性的一致环境。该工具箱为遗传算法研究者和初次实验遗传算法的用户提供了广泛多样的实用函数。

2. 工具箱添加

用户可以通过网络下载 Sheffield 工具箱(本书配套资源中也附有该工具箱包),然后把工具箱添加到本机的 MATLAB 环境中。工具箱的安装步骤如下:

(1) 将工具箱文件夹复制到本地计算机中的工具箱目录下,路径为 matlabroot\toolbox。其中 matlabroot 为 MATLAB 的安装根目录。

(2) 将工具箱所在的文件夹添加到 MATLAB 的搜索路径中,有两种方式可以实现,即命令行方式和图形用户界面方式。

① 命令行方式:用户可以调用 addpath 命令来添加,例如:

```
% 取得工具箱所在的完整路径
str = [matlabroot,'\toolbox\gatbx'];
% 将工具箱所在的文件夹添加到 MATLAB 的搜索路径中
addpath(str)
```

② 图形用户界面方式:在 MATLAB 主窗口上选择 HOME→Set Path,在弹出的对话框中单击"Add Folder"按钮,如图 1-1 所示。

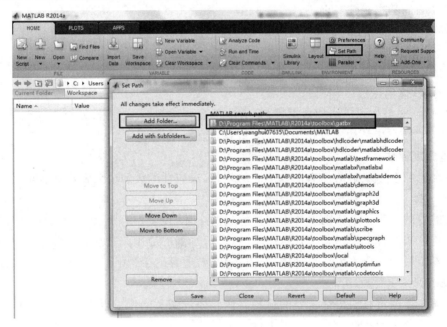

图 1-1 设置搜索路径

找到工具箱所在的文件夹(gatbx),单击"OK"按钮,则工具箱所在的文件夹出现在"MATLAB search path"的最上端。单击"Save"按钮保存搜索路径的设置,然后单击"Close"按钮关闭对话框。

(3) 查看工具箱是否安装成功。

使用函数 ver 查看 gatbx 工具箱的名字、发行版本、发行字符串及发行日期,如果返回均为空,则说明安装未成功;如果返回了相应的参数,则表明工具箱安装成功,该工具箱就可以使用了。例如：

```
>> v = ver('gatbx')

v =

        Name: 'Genetic Algorithm Toolbox'
     Version: '1.2'
     Release: ''
        Date: '15 - Apr - 94'
```

1.2 案例背景

1.2.1 问题描述

1. 简单一元函数优化

利用遗传算法寻找以下函数的最小值：

$$f(x) = \frac{\sin(10\pi x)}{x}, \qquad x \in [1,2]$$

2. 多元函数优化

利用遗传算法寻找以下函数的最大值：

$$f(x,y) = x\cos(2\pi y) + y\sin(2\pi x), \quad x \in [-2,2], \quad y \in [-2,2]$$

1.2.2 解题思路及步骤

将自变量在给定范围内进行编码，得到种群编码，按照所选择的适应度函数并通过遗传算法中的选择、交叉和变异对个体进行筛选和进化，使适应度值大的个体被保留，小的个体被淘汰，新的群体继承了上一代的信息，又优于上一代，这样反复循环，直至满足条件，最后留下来的个体集中分布在最优解周围，筛选出其中最优的个体作为问题的解。

1.3 MATLAB 程序实现

下面详细介绍各部分常用的函数，其他的函数用户可以直接参考工具箱中的 GATBXA2. PDF 文档，其中有详细的用法介绍。

1.3.1 工具箱结构

遗传算法工具箱中的主要函数如表 1-1 所列。

表 1-1　遗传算法工具箱中的主要函数列表

函数分类	函　数	功　能
创建种群	crtbase	创建基向量
	crtbp	创建任意离散随机种群
	crtrp	创建实值初始种群
适应度计算	ranking	基于排序的适应度分配
	scaling	比率适应度计算

续表 1−1

函数分类	函数	功能
选择函数	reins	一致随机和基于适应度的重插入
	rws	轮盘选择
	select	高级选择例程
	sus	随机遍历采样
交叉算子	recdis	离散重组
	recint	中间重组
	recline	线性重组
	recmut	具有变异特征的线性重组
	recombin	高级重组算子
	xovdp	两点交叉算子
	xovdprs	减少代理的两点交叉
	xovmp	通常多点交叉
	xovsh	洗牌交叉
	xovshrs	减少代理的洗牌交叉
	xovsp	单点交叉
	xovsprs	减少代理的单点交叉
变异算子	mut	离散变异
	mutate	高级变异函数
	mutbga	实值变异
子种群的支持	migrate	在子种群间交换个体
实用函数	bs2rv	二进制串到实值的转换
	rep	矩阵的复制

1.3.2 遗传算法常用函数

1. 创建种群函数——crtbp

功能:创建任意离散随机种群。

调用格式:

① [Chrom,Lind,BaseV] = crtbp(Nind,Lind)

② [Chrom,Lind,BaseV] = crtbp(Nind,Base)

③ [Chrom,Lind,BaseV] = crtbp(Nind,Lind,Base)

格式①创建一个大小为 Nind×Lind 的随机二进制矩阵,其中,Nind 为种群个体数,Lind 为个体长度。返回种群编码 Chrom 和染色体基因位的基本字符向量 BaseV。

格式②创建一个种群个体为 Nind,个体的每位编码的进制数由 Base 决定(Base 的列数即为个体长度)。

格式③创建一个大小为 Nind×Lind 的随机矩阵,个体的各位的进制数由 Base 决定,这时输入参数 Lind 可省略(Base 的列数即为 Lind),即为格式②。

【用法举例】 使用函数 crtbp 创建任意离散随机种群的应用举例。

(1) 创建一个种群大小为 5,个体长度为 10 的二进制随机种群:

```
>> [Chrom,Lind,BaseV] = crtbp(5,10)
```

或

```
>> [Chrom,Lind,BaseV] = crtbp(5,10,[2 2 2 2 2 2 2 2 2 2])
```

或

```
>> [Chrom,Lind,BaseV] = crtbp(5,[2 2 2 2 2 2 2 2 2 2])
```

得到的输出结果：

```
Chrom =
⎡ 0  1  0  0  1  0  0  0  1  0 ⎤
  1  0  1  1  1  0  0  0  0  1
  0  0  0  1  0  0  1  1  0  1
  1  0  0  1  1  0  1  0  0  1
  1  1  0  0  0  0  0  0  0  0
Lind = 10
BaseV = [2  2  2  2  2  2  2  2  2  2]
```

个体的每位的进制数都是 2。

（2）创建一个种群大小为 5，个体长度为 8，各位的进制数分别为 $\{2,3,4,5,6,7,8,9\}$：

```
>> [Chrom,Lind,BaseV] = crtbp(5,8,[2 3 4 5 6 7 8 9])
```

或

```
>> [Chrom,Lind,BaseV] = crtbp(5,[2 3 4 5 6 7 8 9])
```

得到的输出结果：

```
Chrom =
⎡ 0  2  0  3  1  1  0  0 ⎤
  1  2  2  3  1  6  5  7
  0  1  2  4  5  4  0  7
  1  2  1  4  0  3  0  6
  1  0  3  2  2  3  4  1
Lind = 8
BaseV = [2  3  4  5  6  7  8  9]
```

2. 适应度计算函数——ranking

功能：基于排序的适应度分配。

调用格式：

① FitnV = ranking(ObjV)

② FitnV = ranking(ObjV,RFun)

③ FitnV = ranking(ObjV,RFun,SUBPOP)

格式①是按照个体的目标值 ObjV（列向量）由小到大的顺序对个体进行排序的，并返回个体适应度值 FitnV 的列向量。

格式②中 RFun 有三种情况：

（1）若 RFun 是一个在[1,2]区间内的标量，则采用线性排序，这个标量指定选择的压差。

（2）若 RFun 是一个具有两个参数的向量，则

RFun(2)：指定排序方法，0 为线性排序，1 为非线性排序。

RFun(1)：对线性排序，标量指定的选择压差 RFun(1)必须在[1,2]区间；对非线性排序，RFun(1)必须在[1,length(ObjV)−2]区间；如果为 NAN，则 RFun(1)假设为 2。

(3) 若 RFun 是长度为 length(ObjV)的向量,则它包含对每一行的适应度值计算。

格式③中的参数 ObjV 和 RFun 与格式①和格式②一致,参数 SUBPOP 是一个任选参数,指明在 ObjV 中子种群的数量。省略 SUBPOP 或 SUBPOP 为 NAN,则 SUBPOP＝1。在 ObjV 中的所有子种群大小必须相同。如果 ranking 被调用于多子种群,则 ranking 独立地对每个子种群执行。

【用法举例】 考虑具有 10 个个体的种群,其当前目标值如下:

```
ObjV = [1; 2; 3; 4; 5; 10; 9; 8; 7; 6]
```

(1) 使用线性排序和压差为 2 估算适应度:

```
FitnV = ranking(ObjV)
```

或

```
FitnV = ranking(ObjV,[2,0])
```

或

```
FitnV = ranking(ObjV,[2,0],1)
```

得到的运行结果都是

```
FitnV =

    2.0000
    1.7778
    1.5556
    1.3333
    1.1111
         0
    0.2222
    0.4444
    0.6667
    0.8889
```

(2) 使用 RFun 中的值估算适应度:

```
>> RFun = [3; 5; 7; 10; 14; 18; 25; 30; 40; 50];
>> FitnV = ranking(ObjV, RFun)
```

```
FitnV =
[ 50
  40
  30
  25
  18
   3
   5
   7
  10
  14]
```

(3) 使用非线性排序,选择压差为 2,在 ObjV 中有两个子种群估算适应度:

```
>> FitnV = ranking(ObjV,[2,1],2)
```

FitnV =

[2.0000

　1.2889

　0.8307

　0.5354

　0.3450

　0.3450

　0.5354

　0.8307

　1.2889

　2.0000]

3. 选择函数——select

功能：从种群中选择个体（高级函数）。

调用格式：

① SelCh = select(SEL_F,Chrom,FitnV)

② SelCh = select(SEL_F,Chrom,FitnV,GGAP)

③ SelCh = select(SEL_F,Chrom,FitnV,GGAP,SUBPOP)

SEL_F 是一个字符串，包含一个低级选择函数名，如 rws 或 sus。

FitnV 是列向量，包含种群 Chrom 中个体的适应度值。这个适应度值表明了每个个体被选择的预期概率。

GGAP 是可选参数，指出了代沟部分种群被复制。如果 GGAP 省略或为 NAN，则 GGAP 假设为 1.0。

SUBPOP 是一个可选参数，决定 Chrom 中子种群的数量。如果 SUBPOP 省略或为 NAN，则 SUBPOP＝1。Chrom 中所有子种群必须有相同的大小。

【用法举例】　考虑以下具有 8 个个体的种群 Chrom，适应度值为 FitnV：

```
>> Chrom = [1 11 21;2 12 22;3 13 23;4 14 24;5 15 25;6 16 26;7 17 27;8 18 28]
>> FitnV = [1.50;1.35;1.21;1.07;0.92;0.78;0.64;0.5]
```

使用随机遍历抽样方式（sus）选择 8 个个体，对应代码如下：

```
SelCh = select('sus',Chrom,FitnV)
```

SelCh =

[4　　14　　24

　2　　12　　22

　5　　15　　25

　6　　16　　26

　3　　13　　23

　1　　11　　21

　2　　12　　22

　8　　18　　28]

假设 Chrom 由两个子种群组成，通过轮盘赌选择函数 sus 对每个子种群选择 150％的个体。

```
>> FitnV = [1.50; 1.16; 0.83; 0.50; 1.50; 1.16; 0.83; 0.5];
>> SelCh = select('sus', Chrom, FitnV, 1.5, 2);
```

SelCh =

$$
\begin{bmatrix}
4 & 14 & 24 \\
1 & 11 & 21 \\
2 & 12 & 22 \\
3 & 13 & 23 \\
2 & 12 & 22 \\
1 & 11 & 21 \\
7 & 17 & 27 \\
6 & 16 & 26 \\
5 & 15 & 25 \\
8 & 18 & 28 \\
5 & 15 & 25 \\
6 & 16 & 26
\end{bmatrix}
$$

4. 交叉算子函数——recombin

功能:重组个体(高级函数)。

调用格式:

① **NewChrom = recombin(REC_F,Chrom)**

② **NewChrom = recombin(REC_F,Chrom,RecOpt)**

③ **NewChrom = recombin(REC_F,Chrom,RecOpt,SUBPOP)**

recombin 完成种群 Chrom 中个体的重组,在新种群 NewChrom 中返回重组后的个体。Chrom 和 NewChrom 中的一行对应一个个体。

REC_F 是一个包含低级重组函数名的字符串,例如 recdis 或 xovsp。

RecOpt 是一个指明交叉概率的任选参数,如省略或为 NAN,将设为缺省值。

SUBPOP 是一个决定 Chrom 中子群个数的可选参数,如果省略或为 NAN,则 SUBPOP 为 1。Chrom 中的所有子种群必须有相同的大小。

【用法举例】 使用函数 recombin 对 5 个个体的种群进行重组。

```
>> Chrom = crtbp(5,10)
```

Chrom =

$$
\begin{bmatrix}
0 & 0 & 1 & 1 & 1 & 0 & 0 & 0 & 0 & 0 \\
1 & 1 & 0 & 1 & 0 & 0 & 1 & 1 & 0 & 1 \\
1 & 0 & 1 & 0 & 1 & 0 & 1 & 1 & 1 & 0 \\
0 & 1 & 1 & 0 & 0 & 1 & 1 & 0 & 1 & 0 \\
0 & 0 & 1 & 0 & 1 & 0 & 1 & 1 & 1 & 0
\end{bmatrix}
$$

```
>> NewChrom = recombin('xovsp',Chrom)
```

NewChrom =

$$
\begin{bmatrix}
0 & 0 & 1 & 1 & 0 & 0 & 1 & 1 & 0 & 1 \\
1 & 1 & 0 & 1 & 1 & 0 & 0 & 0 & 0 & 0 \\
1 & 0 & 1 & 0 & 1 & 0 & 1 & 0 & 1 & 0 \\
0 & 1 & 1 & 0 & 0 & 1 & 1 & 1 & 1 & 0 \\
0 & 0 & 1 & 0 & 1 & 0 & 1 & 1 & 1 & 0
\end{bmatrix}
$$

5. 变异算子函数——mut

功能:离散变异算子。

调用格式:**NewChrom = mut(OldChrom, Pm, BaseV)**

OldChrom 为当前种群，Pm 为变异概率（省略时为 0.7/Lind），BaseV 指明染色体个体元素的变异的基本字符（省略时种群为二进制编码）。

【用法举例】　使用函数 mut 将当前种群变异为新种群。

（1）种群为二进制编码：

```
>> OldChrom = crtbp(5,10)
```

OldChrom =

$$
\begin{bmatrix}
1 & 1 & 0 & 1 & 1 & 1 & 0 & 1 & 0 & 1 \\
0 & 1 & 0 & 0 & 1 & 0 & 0 & 0 & 1 & 1 \\
1 & 0 & 0 & 0 & 0 & 0 & 1 & 0 & 0 & 1 \\
1 & 0 & 0 & 1 & 0 & 0 & 1 & 1 & 1 & 0 \\
1 & 1 & 1 & 0 & 0 & 0 & 0 & 1 & 1 & 0
\end{bmatrix}
$$

```
>> NewChrom = mut(OldChrom)
```

NewChrom =

$$
\begin{bmatrix}
1 & 1 & 0 & 1 & 1 & 1 & 0 & 1 & 0 & 1 \\
0 & 1 & 0 & 0 & 1 & 0 & 0 & 0 & 1 & 1 \\
0 & 0 & 0 & 0 & 0 & 0 & 1 & 1 & 0 & 1 \\
1 & 0 & 0 & 1 & 0 & 0 & 1 & 1 & 1 & 0 \\
1 & 1 & 1 & 0 & 0 & 0 & 0 & 1 & 1 & 1
\end{bmatrix}
$$

（2）种群为非二进制编码，创建一个长度为 8、有 6 个个体的随机种群：

```
>> BaseV = [8 8 8 4 4 4 4 4];
>> [Chrom,Lind,BaseV] = crtbp(6,BaseV);
>> Chrom
```

Chrom =

$$
\begin{bmatrix}
3 & 2 & 2 & 2 & 2 & 2 & 2 & 2 \\
0 & 4 & 6 & 2 & 3 & 1 & 1 & 2 \\
1 & 1 & 1 & 1 & 0 & 1 & 3 & 3 \\
5 & 5 & 2 & 2 & 2 & 2 & 3 & 1 \\
3 & 1 & 0 & 2 & 0 & 3 & 1 & 1 \\
1 & 7 & 4 & 2 & 0 & 1 & 2 & 0
\end{bmatrix}
$$

```
>> NewChrom = mut(Chrom,0.7,BaseV)
```

NewChrom =

$$
\begin{bmatrix}
3 & 0 & 0 & 3 & 1 & 3 & 0 & 3 \\
1 & 4 & 4 & 2 & 2 & 3 & 2 & 0 \\
4 & 0 & 4 & 1 & 2 & 1 & 0 & 3 \\
0 & 5 & 4 & 2 & 1 & 1 & 3 & 2 \\
5 & 7 & 6 & 1 & 0 & 2 & 0 & 0 \\
3 & 2 & 4 & 3 & 1 & 2 & 0 & 0
\end{bmatrix}
$$

6. 重插入函数——reins

功能：重插入子代到种群。

调用格式：

① **Chrom = reins(Chrom,SelCh)**

② **Chrom = reins(Chrom,SelCh,SUBPOP)**

③ **Chrom = reins(Chrom,SelCh,SUBPOP,InsOpt,ObjVCh)**

④ **[Chrom,ObjVCh] = reins(Chrom,SelCh,SUBPOP,InsOpt,ObjVCh,ObjVSel)**

reins 完成插入子代到当前种群,用子代代替父代并返回结果种群。Chrom 为父代种群,SelCh 为子代,每一行对应一个个体。

SUBPOP 是一个可选参数,指明 Chrom 和 SelCh 中子种群的个数。如果省略或者为 NAN,则假设为 1。在 Chrom 和 SelCh 中每个子种群必须具有相同大小。

InsOpt 是一个最多有两个参数的任选向量。

InsOpt(1)是一个标量,指明用子代代替父代的方法。0 为均匀选择,子代代替父代使用均匀随机选择。1 为基于适应度的选择,子代代替父代中适应度最小的个体。如果省略 InsOpt(1)或 InsOpt(1)为 NAN,则假设为 0。

InsOpt(2)是一个在[0,1]区间的标量,表示每个子种群中重插入的子代个体在整个子种群中个体的比率。如果 InsOpt(2)省略或为 NAN,则假设 InsOpt(2)=1.0。

ObjVCh 是一个可选列向量,包括 Chrom 中个体的目标值。对基于适应度的重插入,ObjVCh 是必需的。

ObjVSel 是一个可选参数,包含 SelCh 中个体的目标值。如果子代的数量大于重插入种群中的子代数量,则 ObjVSel 是必需的。这种情况子代将按它们的适应度大小选择插入。

【用法举例】 在 5 个个体的父代种群中插入子代种群。

```
>> Chrom = crtbp(5,10)      % 父代

Chrom =
[ 0   1   1   1   1   0   0   1   1   0
  1   1   0   0   0   0   1   1   1   1
  1   1   0   0   1   0   0   0   0   0
  1   1   0   0   1   0   1   0   0   0
  0   1   0   0   1   1   1   0   0   0]
```

```
>> SelCh = crtbp(2,10)      % 子代

SelCh =
[ 1   0   0   1   0   0   0   0   0   0
  1   1   1   1   1   0   1   0   0   1]
```

```
>> Chrom = reins(Chrom,SelCh)      % 重插入

Chrom =
[ 0   1   1   1   1   0   0   1   1   0
  1   0   0   1   0   0   0   0   0   0
  1   1   0   0   1   0   0   0   0   0
  1   1   0   0   1   0   1   0   0   0
  1   1   1   1   1   0   1   0   0   1]
```

7. 实用函数——bs2rv

功能:二进制到十进制的转换。

调用格式:**Phen = bs2rv(Chrom,FieldD)**

bs2rv 根据译码矩阵 FieldD 将二进制串矩阵 Chrom 转换为实值向量,返回十进制的矩阵。

矩阵 FieldD 有如下结构:

$$FieldD = \begin{bmatrix} len \\ lb \\ ub \\ code \\ scale \\ lbin \\ ubin \end{bmatrix}$$

这个矩阵的组成如下：

len 是包含在 Chrom 中的每个子串的长度，注意，sum(len)＝size(Chrom,2)。

lb 和 ub 分别是每个变量的下界和上界。

code 指明子串是怎样编码的，1 为标准的二进制编码，0 为格雷编码。

scale 指明每个子串所使用的刻度，0 表示算术刻度，1 表示对数刻度。

lbin 和 ubin 指明表示范围中是否包含边界。0 表示不包含边界，1 表示包含边界。

【用法举例】　先使用 crtbp 创建二进制种群 Chrom，表示在 [－1,10] 区间的一组简单变量，然后使用 bs2rv 将二进制串转换为实值表现型。

```
>> Chrom = crtbp(4,8)                        % 创建二进制串
Chrom =
[ 1    0    1    0    1    0    1    1
  0    0    1    0    0    1    1    1
  1    1    1    1    1    0    1    1
  1    0    0    1    0    1    0    0]
```

```
>> FieldD = [size(Chrom,2); -1;10;1;0;1;1];  % 包含边界
>> Phen = bs2rv(Chrom,FieldD)                % 转换二进制到十进制
Phen =
[ 7.8431
  1.5020
  6.4627
  8.9647]
```

8. 实用函数——rep

功能：矩阵复制。

调用格式：**MatOut = rep(MatIn,REPN)**

函数 rep 完成矩阵 MatIn 的复制，REPN 指明复制次数，返回复制后的矩阵 MatOut。REPN 包含每个方向复制的次数，REPN(1)表示纵向复制次数，REPN(2)表示水平方向复制次数。

【用法举例】　使用函数 rep 复制矩阵 MatIn。

```
>> MatIn = [1 2 3 4;5 6 7 8]
MatIn =
[ 1    2    3    4
  5    6    7    8]
```

```
>> MatOut = rep(MatIn,[1,2])
MatOut =
[ 1    2    3    4    1    2    3    4
```

$$\begin{bmatrix} 5 & 6 & 7 & 8 & 5 & 6 & 7 & 8 \end{bmatrix}$$

```
>> MatOut = rep(MatIn,[2,1])
```

MatOut =

$$\begin{bmatrix} 1 & 2 & 3 & 4 \\ 5 & 6 & 7 & 8 \\ 1 & 2 & 3 & 4 \\ 5 & 6 & 7 & 8 \end{bmatrix}$$

```
>> MatOut = rep(MatIn,[2,3])
```

MatOut =

$$\begin{bmatrix} 1 & 2 & 3 & 4 & 1 & 2 & 3 & 4 & 1 & 2 & 3 & 4 \\ 5 & 6 & 7 & 8 & 5 & 6 & 7 & 8 & 5 & 6 & 7 & 8 \\ 1 & 2 & 3 & 4 & 1 & 2 & 3 & 4 & 1 & 2 & 3 & 4 \\ 5 & 6 & 7 & 8 & 5 & 6 & 7 & 8 & 5 & 6 & 7 & 8 \end{bmatrix}$$

1.3.3　遗传算法工具箱应用举例

本节通过一些具体的例子来介绍遗传算法工具箱函数的使用。

1. 简单一元函数优化

利用遗传算法计算以下函数的最小值：

$$f(x) = \frac{\sin(10\pi x)}{x}, \quad x \in [1,2]$$

选择二进制编码,遗传算法参数设置如表 1-2 所列。

表 1-2　遗传算法参数设置

种群大小	最大遗传代数	个体长度	代　沟	交叉概率	变异概率
40	20	20	0.95	0.7	0.01

遗传算法优化程序代码：

```
clc
clear all
close all
%% 画出函数图
figure(1);
hold on;
lb = 1;ub = 2;                        % 函数自变量范围[1,2]
ezplot('sin(10 * pi * X)/X',[lb,ub]); % 画出函数曲线
xlabel('自变量/X')
ylabel('函数值/Y')
%% 定义遗传算法参数
NIND = 40;                            % 种群大小
MAXGEN = 20;                          % 最大遗传代数
PRECI = 20;                           % 个体长度
GGAP = 0.95;                          % 代沟
px = 0.7;                             % 交叉概率
```

```
pm = 0.01;                                    % 变异概率
trace = zeros(2,MAXGEN);                      % 寻优结果的初始值
FieldD = [PRECI;lb;ub;1;0;1;1];               % 区域描述器
Chrom = crtbp(NIND,PRECI);                    % 创建任意离散随机种群
%% 优化
gen = 0;                                      % 代计数器
X = bs2rv(Chrom,FieldD);                      % 初始种群二进制到十进制转换
ObjV = sin(10 * pi * X)./X;                   % 计算目标函数值
while gen<MAXGEN
    FitnV = ranking(ObjV);                    % 分配适应度值
    SelCh = select('sus',Chrom,FitnV,GGAP);   % 选择
    SelCh = recombin('xovsp',SelCh,px);       % 重组
    SelCh = mut(SelCh,pm);                    % 变异
    X = bs2rv(SelCh,FieldD);                  % 子代个体的十进制转换
    ObjVSel = sin(10 * pi * X)./X;            % 计算子代的目标函数值
    [Chrom,ObjV] = reins(Chrom,SelCh,1,1,ObjV,ObjVSel);  % 重插入子代到父代,得到新种群
    X = bs2rv(Chrom,FieldD);
    gen = gen + 1;                            % 代计数器增加
    % 获取每代的最优解及其序号,Y 为最优解,I 为个体的序号
    [Y,I] = min(ObjV);
    trace(1,gen) = X(I);                      % 记下每代的最优值
    trace(2,gen) = Y;                         % 记下每代的最优值
end
plot(trace(1,:),trace(2,:),'bo');            % 画出每代的最优点
grid on;
plot(X,ObjV,'b * ');                          % 画出最后一代的种群 hold off
%% 画进化图
figure(2);
plot(1:MAXGEN,trace(2,:));
grid on
xlabel(' 遗传代数 ')
ylabel(' 解的变化 ')
title(' 进化过程 ')
bestY = trace(2,end);
bestX = trace(1,end);
fprintf([' 最优解:\nX = ',num2str(bestX),'\nY = ',num2str(bestY),'\n'])
```

运行程序后得到的结果:

```
最优解:
X = 1.1491
Y = - 0.8699
```

图 1-2 所示为目标函数图,其中○是每代的最优解,*是优化 20 代后的种群分布。从图中可以看出,○和 * 大部分都集中在一个点,该点即为最优解。

图 1-3 所示是种群优化 20 代的进化图。

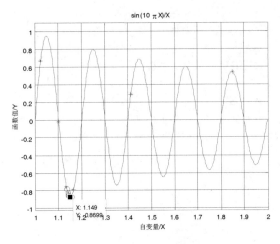

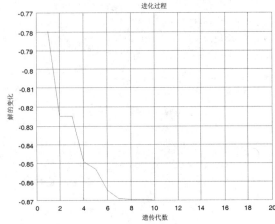

图 1-2 目标函数图、每代的最优解以及经过
20 代进化后的种群分布图

图 1-3 最优解的进化过程

2. 多元函数优化

利用遗传算法计算以下函数的最大值：

$$f(x,y) = x\cos(2\pi y) + y\sin(2\pi x), \quad x \in [-2,2], \quad y \in [-2,2]$$

选择二进制编码,遗传算法参数设置如表 1-3 所列。

表 1-3 遗传算法参数设置

种群大小	最大遗传代数	个体长度	代 沟	交叉概率	变异概率
40	50	40(2 个自变量,每个长 20)	0.95	0.7	0.01

遗传算法优化程序代码：

```
clc
clear all
close all
%% 画出函数图
figure(1);
lbx = -2;ubx = 2;                                              % 函数自变量 x 范围[-2,2]
lby = -2;uby = 2;                                              % 函数自变量 y 范围[-2,2]
ezmesh('y * sin(2 * pi * x) + x * cos(2 * pi * y)',[lbx,ubx,lby,uby],50);     % 画出函数曲线
hold on;
%% 定义遗传算法参数
NIND = 40;                                                     % 种群大小
MAXGEN = 50;                                                   % 最大遗传代数
PRECI = 20;                                                    % 个体长度
GGAP = 0.95;                                                   % 代沟
px = 0.7;                                                      % 交叉概率
pm = 0.01;                                                     % 变异概率
trace = zeros(3,MAXGEN);                                       % 寻优结果的初始值
FieldD = [PRECI PRECI;lbx lby;ubx uby;1 1;0 0;1 1;1 1];        % 区域描述器
Chrom = crtbp(NIND,PRECI * 2);                                 % 创建任意离散随机种群
%% 优化
```

```matlab
gen = 0;                                        % 代计数器
XY = bs2rv(Chrom,FieldD);                        % 初始种群的十进制转换
X = XY(:,1);Y = XY(:,2);
ObjV = Y. * sin(2 * pi * X) + X. * cos(2 * pi * Y);   % 计算目标函数值
while gen<MAXGEN
    FitnV = ranking( - ObjV);                    % 分配适应度值
    SelCh = select('sus',Chrom,FitnV,GGAP);      % 选择
    SelCh = recombin('xovsp',SelCh,px);          % 重组
    SelCh = mut(SelCh,pm);                        % 变异
    XY = bs2rv(SelCh,FieldD);                     % 子代个体的十进制转换
    X = XY(:,1);Y = XY(:,2);
    ObjVSel = Y. * sin(2 * pi * X) + X. * cos(2 * pi * Y);   % 计算子代的目标函数值
    [Chrom,ObjV] = reins(Chrom,SelCh,1,1,ObjV,ObjVSel);   % 重插入子代到父代,得到新种群
    XY = bs2rv(Chrom,FieldD);
    gen = gen + 1;                                % 代计数器增加
    % 获取每代的最优解及其序号,Y 为最优解,I 为个体的序号
    [Y,I] = max(ObjV);
    trace(1:2,gen) = XY(I,:);                     % 记下每代的最优值
    trace(3,gen) = Y;                             % 记下每代的最优值
end
plot3(trace(1,:),trace(2,:),trace(3,:),'bo');    % 画出每代的最优点
grid on;
plot3(XY(:,1),XY(:,2),ObjV,'bo');                % 画出最后一代的种群
hold off
%% 画进化图
figure(2);
plot(1:MAXGEN,trace(3,:));
grid on
xlabel('遗传代数')
ylabel('解的变化')
title('进化过程')
bestZ = trace(3,end);
bestX = trace(1,end);
bestY = trace(2,end);
fprintf(['最优解:\nX = ',num2str(bestX),'\nY = ',num2str(bestY),'\nZ = ',num2str(bestZ), '\n'])
```

运行程序后得到的结果:

```
X = 1.7625
Y = - 2
Z = 3.7563
```

图 1-4 所示为目标函数图,其中〇是每代的最优解。从图中可以看出,〇大部分都集中在一个点,该点即为最优解。在图中标出的最优解与以上程序计算出的最优解有些偏差(图 1-4 中的偏小),这是因为图 1-4 画出的是函数的离散点,并不是全部。

图 1-5 所示是种群优化 50 代的进化图。

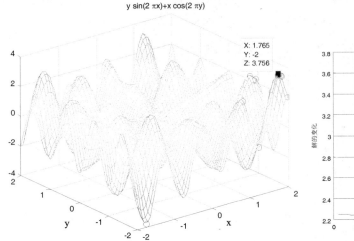

图 1-4　目标函数图、每代的最优解以及经过
50 代进化后的种群分布

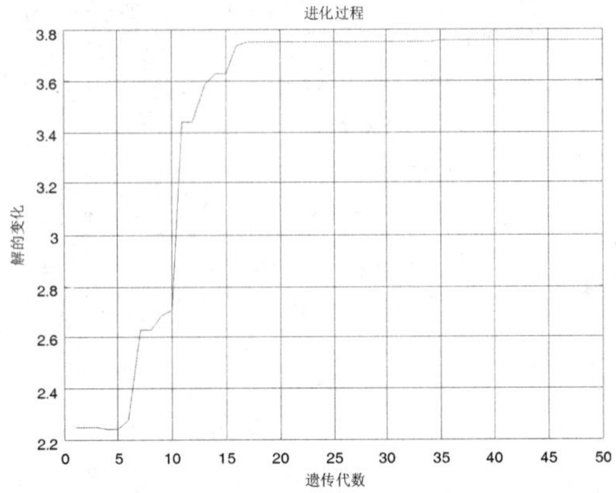

图 1-5　最优解的进化过程

1.4　延伸阅读

　　遗传算法工具箱提供了一种求解非线性、多模型、多目标等复杂系统优化问题的通用框架,它不依赖问题的具体领域,对问题的种类具有很强的鲁棒性,所以它广泛应用于各个科学领域。遗传算法在函数优化、组合优化、生产调度、自动控制、机器人学、图像处理、人工生命、遗传编码和机器学习等方面得到了广泛运用。

参考文献

[1] 雷英杰,张善文,李续武,周创明. MATLAB 遗传算法工具箱及应用[M]. 西安:西安电子科技大学出版社,2006.

第 2 章

基于遗传算法和非线性规划的函数寻优算法

2.1 理论基础

2.1.1 非线性规划

非线性规划是 20 世纪 50 年代形成的一门新兴学科。1951 年库恩和塔克发表的关于最优性条件(后来称为库恩·塔克条件)的论文是非线性规划诞生的标志。

非线性规划研究一个 n 元实函数在一组等式或不等式的约束条件下的极值问题,非线性规划的理论来源于 1951 年库恩·塔克建立的最优条件。20 世纪 50 年代,非线性规划的研究主要注重对梯度法和牛顿法的研究,以 Davidon(1959)、Fletcher 和 Powell(1963)提出的 DFP 方法为代表。20 世纪 60 年代侧重于对牛顿方法和共轭梯度法的研究,其中以由 Broyden、Fletcher、Goldfarb 和 Shanno 从不同角度共同提出的 BFGS 方法为代表。20 世纪 70 年代是非线性规划飞速发展时期,约束变尺度(SQP)方法(Han 和 Powell 为代表)和 Lagrange 乘子法(代表人物是 Powell 和 Hestenes)为这一时期的主要研究成果。20 世纪 80 年代以来,随着计算机技术的快速发展,非线性规划方法取得了长足进步,在信赖域法、稀疏拟牛顿法、并行计算、内点法和有限储存法等领域取得了丰硕的研究成果。

2.1.2 非线性规划函数

函数 fmincon 是 MATLAB 最优化工具箱中求解非线性规划问题的函数,它从一个预估值出发,搜索约束条件下非线性多元函数的最小值。

函数 fmincon 的约束条件为

$$\min f(x) \rightarrow \begin{cases} c(x) \leqslant 0 \\ ceq(x) = 0 \\ A \cdot x \leqslant b \\ Aeq \cdot x = beq \\ lb \leqslant x \leqslant ub \end{cases} \qquad (2-1)$$

其中,x、b、beq、lb 和 ub 是矢量;A 和 Aeq 为矩阵;$c(x)$ 和 $ceq(x)$ 返回矢量的函数;$f(x)$、$c(x)$ 和 $ceq(x)$ 是非线性函数。

函数 fmincon 的基本用法为

x = fmincon(fun,x0,A,b)

x = fmincon(fun,x0,A,b,Aeq,beq)

x = fmincon(fun,x0,A,b,Aeq,beq,lb,ub)

x = fmincon(fun,x0,A,b,Aeq,beq,lb,ub,nonlcon)

x = fmincon(fun,x0,A,b,Aeq,beq,lb,ub,nonlcon,options)

其中,nonlcon 为非线性约束条件;lb 和 ub 分别为 x 的下界和上界。当函数输入参数不包括

A、b、Aeq、beq时,默认 A=0、b=0、Aeq=[]、beq=[]。x0 为 x 的初设值。

2.1.3 遗传算法基本思想

遗传算法是一类借鉴生物界自然选择和自然遗传机制的随机搜索算法,非常适用于处理传统搜索算法难以解决的复杂和非线性优化问题。目前,遗传算法已被广泛应用于组合优化、机器学习、信号处理、自适应控制和人工生命等领域,并在这些领域中取得了良好的成果。

与传统搜索算法不同,遗传算法从随机产生的初始解开始搜索,通过一定的选择、交叉、变异操作逐步迭代以产生新的解。群体中的每个个体代表问题的一个解,称为染色体,染色体的好坏用适应度值来衡量,根据适应度的好坏从上一代中选择一定数量的优秀个体,通过交叉、变异形成下一代群体。经过若干代的进化之后,算法收敛于最好的染色体,它即是问题的最优解或次优解。

遗传算法提供了求解非线性规划的通用框架,它不依赖于问题的具体领域。遗传算法的优点是将问题参数编码成染色体后进行优化,而不针对参数本身,从而不受函数约束条件的限制;搜索过程从问题解的一个集合开始,而不是单个个体,具有隐含并行搜索特性,可大大减少陷入局部最小的可能性。而且优化计算时算法不依赖于梯度信息,且不要求目标函数连续及可导,使其适于求解传统搜索方法难以解决的大规模、非线性组合优化问题。

2.1.4 算法结合思想

经典非线性规划算法大多采用梯度下降的方法求解,局部搜索能力较强,但是全局搜索能力较弱。遗传算法采用选择、交叉和变异算子进行搜索,全局搜索能力较强,但是局部搜索能力较弱,一般只能得到问题的次优解,而不是最优解。因此,本案例结合了两种算法的优点,一方面采用遗传算法进行全局搜索,一方面采用非线性规划算法进行局部搜索,以得到问题的全局最优解。

2.2 案例背景

2.2.1 问题描述

采用遗传算法和非线性规划的方法求解如下函数的极小值:

$$f(x) = -5\sin x_1 \sin x_2 \sin x_3 \sin x_4 \sin x_5 - \sin 5x_1 5x_2 5x_3 5x_4 5x_5 + 8 \qquad (2-2)$$

其中,x_1、x_2、x_3、x_4、x_5 是 $0\sim0.9\pi$ 之间的实数。

该函数的最小值为 -2,最小值位置为 $(\pi/2, \pi/2, \pi/2, \pi/2, \pi/2)$。

2.2.2 算法流程

非线性规划遗传算法的算法流程如图 2-1 所示。

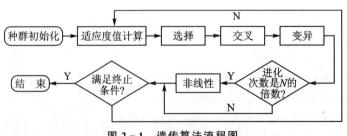

图 2-1 遗传算法流程图

其中,种群初始化模块根据求解问题初始化种群,适应度值计算模块根据适应度函数计算种群中染色体的适应度值,选择、交叉和变异为遗传算法的搜索算子,N 为固定值,当进化次数为 N 的倍数时,则采用非线性寻优的方法加快进化,非线性寻优利用当前染色体值采用函数 fmincon 寻找问题的局部最优值。

2.2.3　遗传算法实现

1. 种群初始化

由于遗传算法不能直接处理问题空间的参数,因此必须通过编码把要求问题的可行解表示成遗传空间的染色体或者个体。常用的编码方法有位串编码、Grey 编码、实数编码(浮点法编码)、多级参数编码、有序串编码、结构式编码等。

实数编码不必进行数值转换,可以直接在解的表现型上进行遗传算法操作。因此本案例采用该方法编码,每个染色体为一个实数向量。

2. 适应度函数

适应度函数是用来区分群体中个体好坏的标准,是进行自然选择的唯一依据,一般是由目标函数加以变换得到。本案例是求函数的最小值,把函数值的倒数作为个体的适应度值。函数值越小的个体,适应度值越大,个体越优。适应度计算函数为

$$F = f(x) \tag{2-3}$$

3. 选择操作

选择操作从旧群体中以一定概率选择优良个体组成新的种群,以繁殖得到下一代个体。个体被选中的概率跟适应度值有关,个体适应度值越高,被选中的概率越大。遗传算法选择操作有轮盘赌法、锦标赛法等多种方法,本案例选择轮盘赌法,即基于适应度比例的选择策略,个体 i 被选中的概率为

$$p_i = \frac{F_i}{\sum\limits_{j=1}^{N} F_j} \tag{2-4}$$

其中,F_i 为个体 i 的适应度值;N 为种群个体数目。

4. 交叉操作

交叉操作是指从种群中随机选择两个个体,通过两个染色体的交换组合,把父串的优秀特征遗传给子串,从而产生新的优秀个体。由于个体采用实数编码,所以交叉操作采用实数交叉法,第 k 个染色体 a_k 和第 l 个染色体 a_l 在 j 位的交叉操作方法为

$$\begin{aligned} a_{kj} &= a_{ij}(1-b) + a_{lj}b \\ a_{lj} &= a_{lj}(1-b) + a_{kj}b \end{aligned} \tag{2-5}$$

其中,b 是[0,1]区间的随机数。

5. 变异操作

变异操作的主要目的是维持种群多样性。变异操作从种群中随机选取一个个体,选择个体中的一点进行变异以产生更优秀的个体。第 i 个个体的第 j 个基因 a_{ij} 进行变异的操作方法为

$$a_{ij} = \begin{cases} a_{ij} + (a_{ij} - a_{max}) * f(g), & r \geqslant 0.5 \\ a_{ij} + (a_{min} - a_{ij}) * f(g), & r < 0.5 \end{cases} \tag{2-6}$$

其中,a_{max} 是基因 a_{ij} 的上界;a_{min} 是基因 a_{ij} 的下界;$f(g) = r_2(1 - g/G_{max})^2$,$r_2$ 是一个随机数,g 是当前迭代次数,G_{max} 是最大进化次数,r 为[0,1]区间的随机数。

6. 非线性寻优

遗传算法迭代计算一次,以遗传算法当前计算的结果为初始值,采用 MATLAB 优化工具箱中线性规划函数 fmincon 进行局部寻优,并把寻找到的局部最优值作为新个体染色体继续进化。

2.3　MATLAB 程序实现

根据遗传算法和非线性规划理论,在 MATLAB 软件中编程实现基于遗传算法和非线性规划的函数寻优算法。

2.3.1　适应度函数

个体的适应度值为适应度函数值的倒数,适应度函数如下:

```
function y = fun(x)
y = - 5 * sin(x(1)) * sin(x(2)) * sin(x(3)) * sin(x(4)) * sin(x(5)) -
    sin(5 * x(1)) * sin(5 * x(2)) * sin(5 * x(3)) * sin(5 * x(4)) * sin(5 * x(5)) + 8;
```

对其取倒数即为个体适应度值。

2.3.2　选择操作

选择操作采用轮盘赌法从种群中选择适应度好的个体组成新种群,代码如下:

```
function ret = select(individuals,sizepop)
% 本函数对每一代种群中的染色体进行选择,以进行后面的交叉和变异
% individuals input  :种群信息
% sizepop     input  :种群规模
% opts        input  :选择方法的选择
% ret         output :经过选择后的种群
individuals.fitness = 1./(individuals.fitness);
sumfitness = sum(individuals.fitness);
sumf = individuals.fitness./sumfitness;
index = [];
for i = 1:sizepop        % 转 sizepop 次轮盘
    pick = rand;
    while pick == 0
        pick = rand;
    end
    for j = 1:sizepop
        pick = pick - sumf(j);
        if pick<0
            index = [index j];
            break;    % 寻找落入区间的染色体,此次选择为 j
        end
    end
end
individuals.chrom = individuals.chrom(index,:);
individuals.fitness = individuals.fitness(index);
ret = individuals;
```

2.3.3　交叉操作

交叉操作是从种群中选择两个个体，按一定概率交叉得到新个体，代码如下：

```
function ret = Cross(pcross,lenchrom,chrom,sizepop,bound)
% 本函数完成交叉操作
% pcorss      input    :交叉概率
% lenchrom    input    :染色体的长度
% chrom       input    :染色体群
% sizepop     input    :种群规模
% ret         output   :交叉后的染色体
for i = 1:sizepop                                  % 是否进行交叉操作则由交叉概率决定(continue 控制)
    % 随机选择两个染色体进行交叉
    pick = rand(1,2);
    while prod(pick) == 0
        pick = rand(1,2);
    end
    index = ceil(pick. * sizepop);
    % 交叉概率决定是否进行交叉
    pick = rand;
    while pick == 0
        pick = rand;
    end
    if pick>pcross
        continue;
    end
    flag = 0;
    while flag == 0
        % 随机选择交叉位置
        pick = rand;
        while pick == 0
            pick = rand;
        end
        pos = ceil(pick. * sum(lenchrom));     % 随机选择进行交叉的位置
        pick = rand;                           % 交叉开始
        v1 = chrom(index(1),pos);
        v2 = chrom(index(2),pos);
        chrom(index(1),pos) = pick * v2 + (1 - pick) * v1;
        chrom(index(2),pos) = pick * v1 + (1 - pick) * v2;       % 交叉结束
        flag1 = test(lenchrom,bound,chrom(index(1),:),fcode);
        flag2 = test(lenchrom,bound,chrom(index(2),:),fcode);
        if    flag1 * flag2 == 0
            flag = 0;
        else flag = 1;
            end                                % 如果两个染色体不是都可行,则重新交叉
        end
    end
    ret = chrom;
```

2.3.4 变异操作

变异操作是从种群中随机选择一个个体,按一定概率变异得到新个体,代码如下:

```
function ret = Mutation(pmutation,lenchrom,chrom,sizepoppop,bound)
% 本函数完成变异操作
% pcorss      input    :变异概率
% lenchrom    input    :染色体长度
% chrom       input    :染色体群
% sizepop     input    :种群规模
% pop         input    :当前种群的进化代数和最大的进化代数信息
% ret         output   :变异后的染色体
for i = 1:sizepop
        % 随机选择一个染色体进行变异
        pick = rand;
        while pick == 0
            pick = rand;
        end
        index = ceil(pick * sizepop);
        % 变异概率决定该轮循环是否进行变异
        pick = rand;
        if pick>pmutation
            continue;
        end
        flag = 0;
        while flag == 0
            % 变异位置
            pick = rand;
            while pick == 0
                pick = rand;
            end
            pos = ceil(pick * sum(lenchrom));
            v = chrom(i,pos);
            v1 = v - bound(pos,1);
            v2 = bound(pos,2) - v;
            pick = rand;                 % 变异开始
            if pick>0.5
                delta = v2 * (1 - pick^((1 - pop(1)/pop(2))^2));
                chrom(i,pos) = v + delta;
            else
                delta = v1 * (1 - pick^((1 - pop(1)/pop(2))^2));
                chrom(i,pos) = v - delta;
            end                          % 变异结束
            flag = test(lenchrom,bound,chrom(i,:),fcode);
        end
    end
end
ret = chrom;
```

2.3.5　算法主函数

遗传算法主函数流程如下：

（1）随机初始化种群。

（2）计算种群适应度值，从中找出最优个体。

（3）选择操作。

（4）交叉操作。

（5）变异操作。

（6）非线性寻优。

（7）判断进化是否结束，若否，则返回步骤（2）。

主函数 MATLAB 代码主要部分如下：

```matlab
%% 清空环境变量
clc
clear

%% 遗传算法参数
maxgen = 200;                        % 进化代数,即迭代次数
sizepop = 20;                        % 种群规模
pcross = [0.6];                      % 交叉概率选择,0 和 1 之间
pmutation = [0.01];                  % 变异概率选择,0 和 1 之间
lenchrom = [1 1 1 1 1];              % 每个变量的字串长度,如果是浮点变量,则长度都为 1
bound = [0 0.9 * pi;0 0.9 * pi;0 0.9 * pi;0 0.9 * pi;0 0.9 * pi];

%% 个体初始化
individuals = struct('fitness',zeros(1,sizepop),'chrom',[]);    % 种群结构体
avgfitness = [];                     % 种群的平均适应度
bestfitness = [];                    % 种群的最佳适应度
bestchrom = [];                      % 适应度最好的染色体
% 初始化种群
for i = 1:sizepop
    % 随机产生一个种群
    individuals.chrom(i,:) = Code(lenchrom,bound);    % 随机产生染色体
    x = individuals.chrom(i,:);
    individuals.fitness(i) = fun(x);                  % 染色体的适应度
end

% 找最好的染色体
[bestfitness bestindex] = min(individuals.fitness);
bestchrom = individuals.chrom(bestindex,:);           % 最好的染色体
avgfitness = sum(individuals.fitness)/sizepop;        % 染色体的平均适应度
% 记录每一代进化中最好的适应度和平均适应度
trace = [];

%% 进化开始
```

```
for i = 1:maxgen
    % 选择
    individuals = Select(individuals,sizepop);
    avgfitness = sum(individuals.fitness)/sizepop;
    % 交叉
    individuals.chrom = Cross(pcross,lenchrom,individuals.chrom,sizepop,bound);
    % 变异
    individuals.chrom = Mutation(pmutation,lenchrom,individuals.chrom,sizepop,[i maxgen],
bound);
    % 每进化10代,以所得值为初始值进行非线性寻优
    if mod(i,10) == 0
        individuals.chrom = nonlinear(individuals.chrom,sizepop);
    end
    % 计算适应度
    for j = 1:sizepop
        x = individuals.chrom(j,:);
        individuals.fitness(j) = fun(x);
    end
    % 找到最优染色体及它们在种群中的位置
    [newbestfitness,newbestindex] = min(individuals.fitness);
    % 代替上一次进化中最好的染色体
    if bestfitness>newbestfitness
        bestfitness = newbestfitness;
        bestchrom = individuals.chrom(newbestindex,:);
    end
    avgfitness = sum(individuals.fitness)/sizepop;
    trace = [trace;avgfitness bestfitness]; % 记录每一代进化中最好的适应度和平均适应度
end                                  % 进化结束
```

2.3.6 非线性寻优

调用 MATLAB 最优化工具箱中函数 fmincon 进行非线性寻优,代码如下:

```
function ret = nonlinear(chrom,sizepop)
for i = 1:sizepop
    x = fmincon(inline('-5 * sin(x(1)) * sin(x(2)) * sin(x(3)) * sin(x(4)) * sin(x(5)) -
sin(5 * x(1)) * sin(5 * x(2)) * sin(5 * x(3)) * sin(5 * x(4)) * sin(5 * x(5))'),
chrom(i,:)',[],[],[],[],[0 0 0 0 0],[2.8274 2.8274 2.8274 2.8274 2.8274]);
    ret(i,:) = x';
end
```

2.3.7 结果分析

根据遗传算法理论,在 MATLAB 软件中编程实现利用基本遗传算法寻找该函数最优解。遗传算法参数设置为:种群规模100,进化次数30,交叉概率为0.6,变异概率为0.1。

基本遗传算法优化过程中各代平均函数值和最优个体函数值变化如图 2-2 所示。

当种群进化到 30 代时,函数值收敛到 2.065 2 ,在 x_1、x_2、x_3、x_4、x_5 分别取 1.584 1、

1.511 1、1.574 4、1.561 2、1.594 4 时达到该值。

在 MATLAB 软件中编程实现基于遗传算法和非线性规划的函数寻优算法求解该问题。遗传算法参数设置同前,即种群规模 100,进化次数 30 次,交叉概率 0.6,变异概率 0.1。

算法优化过程中各代平均函数值和最优个体函数值变化如图 2-3 所示。

当种群进化到 30 代时,函数值收敛到 2.000 0,在 x_1、x_2、x_3、x_4、x_5 分别取 1.570 8、1.570 8、1.570 8、1.570 8、1.570 8 时达到该值。

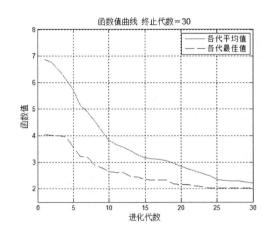

| 图 2-2　基本遗传算法优化过程 | 图 2-3　非线性规划遗传算法优化过程 |

比较图 2-2 与图 2-3 可见,在同等条件下,基于遗传算法和非线性规划的函数寻优算法在收敛速度和求解结果上优于基本的遗传算法。可见,将非线性规划方法同遗传算法相结合,提高了遗传算法的搜索性能。

2.4　延伸阅读

2.4.1　其他函数的优化

求函数

$$f(x) = -20e^{-0.2\sqrt{\frac{x_1^2+x_2^2}{2}}} - e^{\frac{\cos 2\pi x_1 + \cos 2\pi x_1}{2}} + 20 + 2.712\ 89 \qquad (2-7)$$

的最小值。

该函数的最小值为 0,最小值对应的 x_1、x_2 取值均为 0,用基本遗传算法求解,算法参数设置为:种群规模 50,进化 30 代,交叉概率 0.6,变异概率 0.1。

算法优化过程中各代平均函数值和最优个体函数值变化如图 2-4 所示。

在种群进化到 20 代时,函数值收敛到 0.526 6,在 x_1、x_2 分别取 0.003 5、-0.100 4 时达到该值。

用基于遗传算法和非线性规划的函数寻优算法求解,算法参数设置为:种群规模 20,进化 30 代,交叉概率 0.6,变异概率 0.1。

算法优化过程中各代平均适应度值和最优个体适应度值变化如图 2-5 所示。

在种群进化到 20 代时,函数值收敛到 $-0.005\ 4 \times 10^{-7}$,在 x_1、x_2 分别取 $-0.206\ 8 \times 10^{-7}$、$-0.080\ 5 \times 10^{-7}$ 时达到该值。

比较图2-4与图2-5可见,基本遗传算法陷入了早熟收敛,而基于遗传算法和非线性规划的函数寻优算法以较小的种群规模,进化到更好的解。基于遗传算法和非线性规划的函数寻优算法跳出了局部最优,在收敛速度和求解结果上,都明显优于基本的遗传算法。

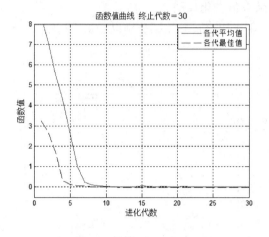

图2-4 基本遗传算法优化过程

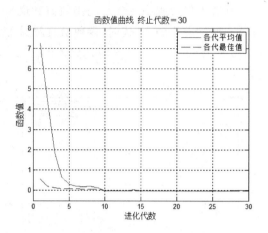

图2-5 非线性规划遗传算法优化过程

2.4.2 其他优化算法

尽管遗传算法具有许多优点,但当其面对实际领域中存在着的多种多样的复杂优化问题时,依然存在着如下不足:

(1)全局搜索能力极强而局部寻优能力较差。研究发现,遗传算法可以用极快的速度达到最优解的90%左右,但要达到真正的最优解则要花费很长时间,即它的局部搜索能力不足。

(2)易出现早熟收敛现象。当种群规模较小时,如果在进化初期出现适应度较高的个体,由于个别优势个体繁殖过快,往往会破坏群体的多样性,从而出现早熟收敛现象。

因此,为了提高遗传算法的搜索能力,需要对算法进行改进。遗传算法的改进算法,除了采用自适应算法外,大都是针对基因操作、种群的宏观操作、基于知识的操作和并行化遗传算法进行的。

模拟退火、禁忌搜索、进化规划、神经网络方法、蚁群算法、混沌优化方法等是当前流行的智能算法,它们通过模拟或解释某些自然现象、过程和规律而得到发展,其思想和内容涉及数学、物理学、生物进化、人工智能、神经科学和统计学等学科,为解决复杂的规划问题提供了新的思路和手段。而将多种智能算法结合、互补不足的混合算法亦是重要的研究方向。本章应用的基于遗传算法和非线性规划的函数寻优算法就是两种算法结合的典型案例。

参考文献

[1] 王万良,吴启迪. 生产调度智能算法及其应用[M]. 北京:科学出版社,2007.

[2] 王凌. 车间调度及其遗传算法[M]. 北京:清华大学出版社,2003.

[3] 汪定伟. 智能优化方法[M]. 北京:高等教育出版社,2007.

[4] 李明. 遗传算法的改进及其在优化问题中的应用研究[D]. 长沙:湖南大学,2004.

第 3 章

基于遗传算法的 BP 神经网络优化算法

3.1 理论基础

3.1.1 BP 神经网络概述

BP 网络是一类多层的前馈神经网络。它的名字源于在网络训练的过程中,调整网络的权值的算法是误差的反向传播的学习算法,即为 BP 学习算法。BP 算法是 Rumelhart 等人在 1986 年提出来的。由于它的结构简单,可调整的参数多,训练算法也多,而且可操作性好,BP 神经网络获得了非常广泛的应用。据统计,有 80%～90% 的神经网络模型都是采用了 BP 网络或者是它的变形。BP 网络是前向网络的核心部分,是神经网络中最精华、最完美的部分。BP 神经网络虽然是人工神经网络中应用最广泛的算法,但是也存在着一些缺陷,例如学习收敛速度太慢、不能保证收敛到全局最小点、网络结构不易确定。

另外,网络结构、初始连接权值和阈值的选择对网络训练的影响很大,但是又无法准确获得,针对这些特点可以采用遗传算法对神经网络进行优化。

3.1.2 遗传算法的基本要素

遗传算法的基本要素包括染色体编码方法、适应度函数、遗传操作和运行参数。

(1) 染色体编码方法是指个体的编码方法,目前包括二进制法、实数法等。二进制法是指把个体编码成为一个二进制串,实数法是指把个体编码成为一个实数。

(2) 适应度函数是指根据进化目标编写的计算个体适应度值的函数,通过适应度函数计算每个个体的适应度值,提供给选择算子进行选择。

(3) 遗传操作是指选择操作、交叉操作和变异操作。

(4) 运行参数是遗传算法在初始化时确定的参数,主要包括群体大小 M、遗传代数 G、交叉概率 P_c 和变异概率 P_m。

本案例中遗传算法部分使用 Sheffield 遗传算法工具箱,该工具箱的安装和使用在第 1 章已经详细介绍了,此处不再赘述。

3.2 案例背景

3.2.1 问题描述

本节以某型拖拉机的齿轮箱为工程背景,介绍使用基于遗传算法的 BP 神经网络进行齿轮箱故障的诊断。统计表明,齿轮箱故障中 60% 左右都是由齿轮故障导致的,所以这里只研究齿轮故障的诊断。对于齿轮的故障,这里选取了频域中的几个特征量。频域中齿轮故障比较明显的是在啮合频率处的边缘带上。所以在频域特征信号的提取中选取了在 2、4、6 挡时,在1、2、3轴的边频带族 $f_s\pm nf_z$ 处的幅值 $A_{i,j1}$、$A_{i,j2}$ 和 $A_{i,j3}$,其中 f_s 为齿轮的啮合频率,f_z 为轴的转频,$n=1,2,3$,$i=2,4,6$ 表示挡位,$j=1,2,3$ 表示轴的序号。由于在2轴和3轴上有两对齿轮啮合,所以1、2分别表示两个啮合频率。这样,网络的输入就是一个15维的向量。因为这些数据具有不同的量纲和量级,所以在输入神经网络之前首先进行归一化处理。表3-1和表3-2列出了归一化后的齿轮箱状态样本数据。

表3-1 齿轮箱状态样本数据

样本序号	样本特征值									齿轮状态
1	0.228 6 0.134 5	0.129 2 0.009 0	0.072 0 0.126 0	0.159 2 0.361 9	0.133 5 0.069 0	0.073 3 0.182 8	0.115 9	0.094 0	0.052 2	无故障
2	0.209 0 0.143 0	0.094 7 0.012 6	0.139 3 0.167 0	0.138 7 0.245 0	0.255 8 0.050 8	0.090 0 0.132 8	0.077 1	0.088 2	0.039 3	无故障
3	0.044 2 0.037 8	0.088 0 0.009 2	0.114 7 0.225 1	0.056 3 0.151 6	0.334 7 0.085 8	0.115 0 0.067 0	0.145 3	0.042 9	0.181 8	无故障
4	0.260 3 0.087 1	0.171 5 0.006 0	0.070 2 0.179 3	0.271 1 0.100 2	0.149 1 0.078 9	0.133 0 0.090 9	0.096 8	0.191 1	0.254 5	齿根裂纹
5	0.369 0 0.050 0	0.222 2 0.007 3	0.056 2 0.034 8	0.515 7 0.045 1	0.187 2 0.070 7	0.161 4 0.088 0	0.142 5	0.150 6	0.131 0	齿根裂纹
6	0.035 9 0.100 2	0.114 9 0.005 9	0.123 0 0.150 3	0.546 0 0.183 7	0.197 7 0.129 5	0.124 8 0.070 0	0.062 4	0.083 2	0.164 0	齿根裂纹
7	0.175 9 0.092 5	0.234 7 0.007 8	0.182 9 0.185 2	0.181 1 0.350 1	0.292 2 0.168 0	0.065 5 0.266 8	0.077 4	0.022 7	0.205 6	断齿
8	0.072 4 0.158 6	0.190 9 0.011 6	0.134 0 0.169 8	0.240 9 0.364 4	0.284 2 0.271 8	0.045 0 0.249 4	0.082 4	0.106 4	0.190 9	断齿
9	0.263 4 0.115 5	0.225 8 0.005 0	0.116 5 0.097 8	0.115 4 0.151 1	0.107 4 0.227 3	0.065 7 0.322 0	0.061 0	0.262 3	0.258 8	断齿

从表中可以看出齿轮状态有三种故障模式,因此可以采用如下的形式来表示输出。

无故障:(1,0,0)。

齿根裂纹:(0,1,0)。

断齿:(0,0,1)。

为了对训练好的网络进行测试,另外再给出三组新的数据作为网络的测试数据,如表3-2所列。

表3-2 测试样本数据

样本序号	样本特征值									齿轮状态
10	0.210 1 0.145 1	0.095 0 0.012 8	0.129 8 0.159 0	0.135 9 0.245 2	0.260 1 0.051 2	0.100 1 0.131 9	0.075 3	0.089 0	0.038 9	无故障
11	0.259 3 0.087 5	0.180 0 0.005 8	0.071 1 0.180 3	0.280 1 0.099 2	0.150 1 0.080 2	0.129 8 0.100 2	0.100 1	0.189 1	0.253 1	齿根裂纹
12	0.259 9 0.116 7	0.223 5 0.004 8	0.120 1 0.100 2	0.007 1 0.152 1	0.110 2 0.228 1	0.068 3 0.320 5	0.062 1	0.259 7	0.260 2	断齿

3.2.2　解题思路及步骤

1. 算法流程

遗传算法优化 BP 神经网络算法流程如图 3-1 所示。

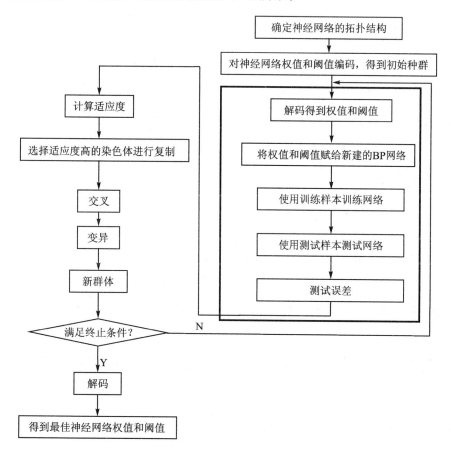

图 3-1　算法流程

图 3-1 中加粗黑框部分为神经网络算法部分。

遗传算法优化 BP 神经网络主要分为:BP 神经网络结构确定、遗传算法优化权值和阈值、BP 神经网络训练及预测。其中,BP 神经网络的拓扑结构是根据样本的输入/输出参数个数确定的,这样就可以确定遗传算法优化参数的个数,从而确定种群个体的编码长度。因为遗传算法优化参数是 BP 神经网络的初始权值和阈值,只要网络结构已知,权值和阈值的个数就已知了。神经网络的权值和阈值一般是通过随机初始化为 $[-0.5,0.5]$ 区间的随机数,这个初始化参数对网络训练的影响很大,但是又无法准确获得,对于相同的初始权重值和阈值,网络的训练结果是一样的,引入遗传算法就是为了优化出最佳的初始权值和阈值。

2. 神经网络算法实现

针对本章的案例,下面详细介绍 BP 网络算法的实现。

(1) 网络创建

BP 网络结构的确定有以下两条比较重要的指导原则。

① 对于一般的模式识别问题,三层网络可以很好地解决问题。

② 在三层网络中,隐含层神经网络个数 n_2 和输入层神经元个数 n_1 之间有近似关系:

$$n_2 = 2 \times n_1 + 1$$

本案例中,由于样本有15个输入参数,3个输出参数,所以这里 n_2 取值为31,设置的BP神经网络结构为 $15-31-3$,即输入层有15个节点,隐含层有31个节点,输出层有3个节点,共有 $15 \times 31 + 31 \times 3 = 558$ 个权值,$31+3=34$ 个阈值,所以遗传算法优化参数的个数为 $558+34=592$。使用表 $3-1$ 中的9个样本作为训练数据,用于网络训练,表 $3-2$ 中的3个样本作为测试数据。把测试样本的测试误差的范数作为衡量网络的一个泛化能力(网络的优劣),再通过误差范数计算个体的适应度值,个体的误差范数越小,个体适应度值越大,该个体越优。

神经网络的隐含层神经元的传递函数采用 S 型正切函数 tansig(),输出层神经元的传递函数采用 S 型对数函数 logsig(),这是由于输出模式为 $0-1$,正好满足网络的输出要求。创建网络可以使用以下代码:

```
net = feedforwardnet(31)
net.layers{2}.transferFcn = 'logsig';
```

(2)网络训练和测试

网络训练是一个不断修正权值和阈值的过程,通过训练,使得网络的输出误差越来越小。在默认情况下,BP 神经网络的训练函数为 trainlm(),即是利用 Levenberg - Marquardt 算法对网络进行训练的,具体的网络参数设置及训练代码如下:

```
%%训练次数为1000,训练目标为0.01,学习速率为0.1
net.trainParam.epochs = 1000;
net.trainParam.goal = 0.01;
net.trainParam.lr = 0.1;
%%训练网络以及测试网络
net = train(net,P,T);
```

网络训练之后,需要对网络进行测试。例如测试样本数据矩阵为 P_test,则测试代码如下:

```
Y = sim(net,P_test);
```

3. 遗传算法实现

遗传算法优化 BP 神经网络是用遗传算法来优化 BP 神经网络的初始权重值和阈值,使优化后的 BP 神经网络能够更好地进行样本预测。遗传算法优化 BP 神经网络的要素包括种群初始化、适应度函数、选择算子、交叉算子和变异算子。

(1)种群初始化

个体编码使用二进制编码,每个个体均为一个二进制串,由输入层与隐含层连接权值、隐含层阈值、隐含层与输出层连接权值、输出层阈值四部分组成,每个权值和阈值使用 M 位的二进制编码,将所有权值和阈值的编码连接起来即为一个个体的编码。例如,本例的网络结构是 $15-31-3$,所以权值和阈值的个数如表 $3-3$ 所列。

表 3 - 3 权值和阈值的个数

输入层与隐含层连接权值	隐含层阈值	隐含层与输出层连接权值	输出层阈值
465	31	93	3

假定权值和阈值的编码均为 10 位二进制数,那么个体的二进制编码长度为 5 920。其中,前 4 650 位为输入层与隐含层连接权值编码;4 651～4 960 位为隐含层阈值编码;4 961～5 890 位为隐含层与输出层连接权值编码;5 891～5 920 位为输出层阈值编码。

（2）适应度函数

本案例是为了使 BP 网络在预测时,预测值与期望值的残差尽可能小,所以选择预测样本的预测值与期望值的误差矩阵的范数作为目标函数的输出。

适应度函数采用排序的适应度分配函数:FitnV＝ranking(obj),其中 obj 为目标函数的输出。

（3）选择算子

选择算子采用随机遍历抽样(sus)。

（4）交叉算子

交叉算子采用最简单的单点交叉算子。

（5）变异算子

变异以一定概率产生变异基因数,用随机方法选出发生变异的基因。如果所选的基因的编码为 1,则变为 0;反之,则变为 1。

本案例的遗传算法运行参数设定如表 3 - 4 所列。

表 3 - 4　遗传算法运行参数设定

种群大小	最大遗传代数	变量的二进制位数	交叉概率	变异概率	代　沟
40	50	10	0.7	0.01	0.95

3.3　MATLAB 程序实现

根据遗传算法和 BP 神经网络理论,在 MATLAB 软件中编程实现基于遗传算法优化的 BP 神经网络齿轮箱故障诊断算法。遗传算法部分使用 Sheffield 遗传算法工具箱。BP 神经网络部分使用 MATLAB 自带的神经网络工具箱。

3.3.1　神经网络算法

本案例是将神经网络算法部分作为遗传算法的一个目标函数,函数的输出是预测样本的预测误差的范数。误差越小表示网络的预测精度越高,在遗传算法部分得到的该个体的适应度值也越大。

```
function err = Bpfun(x,P,T,hiddennum,P_test,T_test)
%% 训练与测试 BP 网络
%% 输入
% x:一个个体的初始权值和阈值
% P:训练样本输入
% T:训练样本输出
% hiddennum:隐含层神经元数
% P_test:测试样本输入
% T_test:测试样本期望输出
```

```
%% 输出
% err:预测样本的预测误差的范数
inputnum = size(P,1);                         % 输入层神经元个数
outputnum = size(T,1);                        % 输出层神经元个数
%% 新建 BP 网络
net = feedforwardnet(hiddennum);
net = configure(net,P,T);
net.layers{2}.transferFcn = 'logsig';
%% 设置网络参数:训练次数为 1000,训练目标为 0.01,学习速率为 0.1
net.trainParam.epochs = 1000;
net.trainParam.goal = 0.01;
net.trainParam.lr = 0.1;
net.trainParam.show = NaN;
% net.trainParam.showwindow = false;          % 使用高版本 MATLAB 不显示图形框
%% BP 神经网络初始权值和阈值
w1num = inputnum * hiddennum;                 % 输入层到隐含层的权值个数
w2num = outputnum * hiddennum;                % 隐含层到输出层的权值个数
w1 = x(1:w1num);                              % 初始输入层到隐含层的权值
B1 = x(w1num + 1:w1num + hiddennum);          % 隐含层神经元阈值
w2 = x(w1num + hiddennum + 1:w1num + hiddennum + w2num); % 初始隐含层到输出层的权值
B2 = x(w1num + hiddennum + w2num + 1:w1num + hiddennum + w2num + outputnum);     % 输出层阈值
net.iw{1,1} = reshape(w1,hiddennum,inputnum);
net.lw{2,1} = reshape(w2,outputnum,hiddennum);
net.b{1} = reshape(B1,hiddennum,1);
net.b{2} = reshape(B2,outputnum,1);
%% 训练网络
net = train(net,P,T);
%% 测试网络
Y = sim(net,P_test);
err = norm(Y - T_test);
```

3.3.2 遗传算法主函数

遗传算法主函数流程为:

(1) 随机初始化种群。

(2) 计算种群适应度值,从中找出最优个体。

(3) 选择操作。

(4) 交叉操作。

(5) 变异操作。

(6) 判断进化是否结束;若否,则返回步骤(2)。

主函数名为 GABPMain。主函数的 MATLAB 代码如下:

```
clc
clear all
close all
%% 加载神经网络的训练样本,测试样本每列一个样本,输入 P,输出 T
% 样本数据就是前面问题描述中列出的数据
```

```matlab
load data
% 初始隐含层神经元个数
hiddennum = 31;
% 输入向量的最大值和最小值
threshold = [0 1;0 1;0 1;0 1;0 1;0 1;0 1;0 1;0 1;0 1;0 1;0 1;0 1];
inputnum = size(P,1);                               % 输入层神经元个数
outputnum = size(T,1);                              % 输出层神经元个数
w1num = inputnum * hiddennum;                       % 输入层到隐含层的权值个数
w2num = outputnum * hiddennum;                      % 隐含层到输出层的权值个数
N = w1num + hiddennum + w2num + outputnum;          % 待优化的变量个数


%% 定义遗传算法参数
NIND = 40;                                          % 种群大小
MAXGEN = 50;                                        % 最大遗传代数
PRECI = 10;                                         % 个体长度
GGAP = 0.95;                                        % 代沟
px = 0.7;                                           % 交叉概率
pm = 0.01;                                          % 变异概率
trace = zeros(N + 1,MAXGEN);                        % 寻优结果的初始值

FieldD = [repmat(PRECI,1,N);repmat([-0.5;0.5],1,N);repmat([1;0;1;1],1,N)];   % 区域描述器
Chrom = crtbp(NIND,PRECI * N);                      % 创建任意离散随机种群
%% 优化
gen = 0;                                            % 代计数器
X = bs2rv(Chrom,FieldD);                            % 计算初始种群的十进制转换
ObjV = Objfun(X,P,T,hiddennum,P_test,T_test);       % 计算目标函数值
while gen<MAXGEN
    fprintf('%d\n',gen)
    FitnV = ranking(ObjV);                          % 分配适应度值
    SelCh = select('sus',Chrom,FitnV,GGAP);         % 选择
    SelCh = recombin('xovsp',SelCh,px);             % 重组
    SelCh = mut(SelCh,pm);                          % 变异
    X = bs2rv(SelCh,FieldD);                        % 子代个体的二进制到十进制转换
    ObjVSel = Objfun(X,P,T,hiddennum,P_test,T_test); % 计算子代的目标函数值
    [Chrom,ObjV] = reins(Chrom,SelCh,1,1,ObjV,ObjVSel); % 将子代重插入到父代,得到新种群
    X = bs2rv(Chrom,FieldD);
    gen = gen + 1;                                  % 代计数器增加
    % 获取每代的最优解及其序号,Y为最优解,I为个体的序号
    [Y,I] = min(ObjV);
    trace(1:N,gen) = X(I,:);                        % 记下每代的最优值
    trace(end,gen) = Y;                             % 记下每代的最优值
end
%% 画进化图
figure(1);
plot(1:MAXGEN,trace(end,:));
grid on
xlabel('遗传代数')
ylabel('误差的变化')
title('进化过程')
```

```
bestX = trace(1:end - 1,end);
bestErr = trace(end,end);
fprintf(['最优初始权值和阈值:\nX = ',num2str(bestX'),'\n最小误差 err = ',num2str(bestErr),'\
n'])
```

其中,函数 Objfun 的代码如下:

```
function Obj = Objfun(X,P,T,hiddennum,P_test,T_test)
%% 用来分别求解种群中各个体的目标值
%% 输入
% X:所有个体的初始权值和阈值
% P:训练样本输入
% T:训练样本输出
% hiddennum:隐含层神经元数
% P_test:测试样木输入
% T_test:测试样本期望输出
%% 输出
% Obj:所有个体预测样本预测误差的范数

[M,N] = size(X);
Obj = zeros(M,1);
for i = 1:M
    Obj(i) = Bpfun(X(i,:),P,T,hiddennum,P_test,T_test);
end
```

3.3.3 比较使用遗传算法前后的差别

经过遗传算法优化之后得到最佳的初始权值与阈值矩阵,可以将该初始权值和阈值回代入网络画出训练误差曲线、预测值、预测误差、训练误差等。使用以下代码可以比较优化前后的差别,其中 bestX 参数为前面优化得到的最优初始权重值和阈值矩阵。函数名为 callbackfun。其 MATLAB 代码如下:

```
clc
%% 使用随机权值和阈值
inputnum = size(P,1);                        % 输入层神经元个数
outputnum = size(T,1);                       % 输出层神经元个数
%% 新建 BP 网络
net = feedforwardnet(hiddennum);
net = configure(net,P,T);
net.layers{2}.transferFcn = 'logsig';
%% 设置网络参数:训练次数为1000,训练目标为0.01,学习速率为0.1
net.trainParam.epochs = 1000;
net.trainParam.goal = 0.01;
net.trainParam.lr = 0.1;
%% 训练网络
net = train(net,P,T);
%% 测试网络
disp(['1.使用随机权值和阈值'])
```

```matlab
disp('测试样本预测结果：')
Y1 = sim(net,P_test)
err1 = norm(Y1 - T_test);                                          % 测试样本的仿真误差
err11 = norm(sim(net,P) - T);                                      % 训练样本的仿真误差
disp(['测试样本的仿真误差：',num2str(err1)])
disp(['训练样本的仿真误差：',num2str(err11)])


%% 使用优化后的权值和阈值
inputnum = size(P,1);                                              % 输入层神经元个数
outputnum = size(T,1);                                             % 输出层神经元个数
%% 新建 BP 网络
net = feedforwardnet(hiddennum);
net = configure(net,P,T);
net.layers{2}.transferFcn = 'logsig';
%% 设置网络参数：训练次数为 1000,训练目标为 0.01,学习速率为 0.1
net.trainParam.epochs = 1000;
net.trainParam.goal = 0.01;
net.trainParam.lr = 0.1;
%% BP 神经网络初始权值和阈值
w1num = inputnum * hiddennum;                                      % 输入层到隐含层的权值个数
w2num = outputnum * hiddennum;                                     % 隐含层到输出层的权值个数
w1 = bestX(1:w1num);                                               % 初始输入层到隐含层的权值
B1 = bestX(w1num + 1:w1num + hiddennum);                           % 初始隐含层阈值
w2 = bestX(w1num + hiddennum + 1:w1num + hiddennum + w2num);       % 初始隐含层到输出层的阈值
B2 = bestX(w1num + hiddennum + w2num + 1:w1num + hiddennum + w2num + outputnum);  % 输出层阈值
net.iw{1,1} = reshape(w1,hiddennum,inputnum);
net.lw{2,1} = reshape(w2,outputnum,hiddennum);
net.b{1} = reshape(B1,hiddennum,1);
net.b{2} = reshape(B2,outputnum,1);
%% 训练网络
net = train(net,P,T);
%% 测试网络
disp(['2.使用优化后的权值和阈值 '])
disp('测试样本预测结果：')
Y2 = sim(net,P_test)
err2 = norm(Y2 - T_test);
err21 = norm(sim(net,P) - T);
disp(['测试样本的仿真误差：',num2str(err2)])
disp(['训练样本的仿真误差：',num2str(err21)])
```

3.3.4　结果分析

　　运行 3.3.2 节中的 GABPMain 主函数,输出结果为：权值和阈值矩阵 X(由于数据比较多,这里不详细列出),最小误差 err＝0.023 615。得到的进化曲线如图 3 - 2 所示。

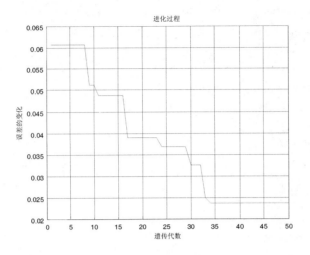

图 3 - 2 误差进化曲线

得到最优初始权值和阈值后,运行 3.3.3 节中的函数 callbackfun,得到使用随机权值和阈值以及使用优化后的权值和阈值两种情况下的训练误差曲线(见图 3 - 3 和图 3 - 4),并输出预测值、预测误差及训练误差。

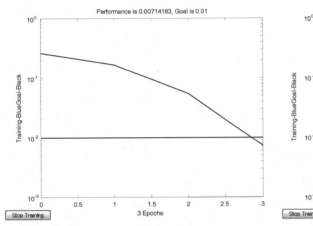

图 3 - 3   随机权值和阈值训练误差曲线   图 3 - 4   优化权值和阈值训练误差曲线

Command Window 的输出结果:

1. 使用随机权值和阈值
测试样本预测结果:
Y1 =

1.0000	0.0072	0.0002
0.0397	0.9330	0.0067
0.0080	0.0332	0.9998

测试样本的仿真误差:0.082483
训练样本的仿真误差:0.42007
2. 使用优化后的权值和阈值
测试样本预测结果:
Y2 =

0.9962	0.0038	0.0001
0.0126	0.9857	0.0127
0.0077	0.0005	0.9992

测试样本的仿真误差：0.023615
训练样本的仿真误差：0.15602

通过比较可以看出，优化初始权值和阈值后的测试样本的误差由 0.082 483 减少到 0.023 615，训练样本的误差由 0.420 07 减少到 0.156 02。BP 网络的训练和预测样本的测试效果都得到了比较大的改善。

3.4　延伸阅读

遗传算法优化 BP 神经网络的目的是通过遗传算法得到更好的网络初始权值和阈值，其基本思想就是用个体代表网络的初始权值和阈值，把预测样本的 BP 神经网络的测试误差的范数作为目标函数的输出，进而计算该个体的适应度值，通过选择、交叉、变异操作寻找最优个体，即最优的 BP 神经网络初始权值和阈值。除了遗传算法之外，还可以采用粒子群算法、蚁群算法等优化 BP 神经网络初始权值和阈值。

参考文献

[1] 林香,姜青山,熊腾科. 一种基于遗传 BP 神经网络的预测模型[D]. 厦门:厦门大学软件学院,2006.
[2] 张德丰. MATLAB 神经网络应用设计[M]. 北京:机械工业出版社,2009.
[3] 吴仕勇. 基于数值计算方法的 BP 神经网络及遗传算法的优化研究[D]. 昆明:云南师范大学,2006.
[4] 李明. 基于遗传算法改进的 BP 神经网络的城市人居环境质量评价研究[D]. 沈阳:辽宁师范大学,2007.
[5] 王学会. 遗传算法和 BP 网络在发酵模型中的应用[D]. 天津:天津大学,2007.
[6] 李华. 基于一种改进遗传算法的神经网络[D]. 太原:太原理工大学,2007.
[7] 侯林波. 基于遗传神经网络算法的基坑工程优化反馈分析[D]. 大连:大连海事大学,2009.
[8] 吴建生. 基于遗传算法的 BP 神经网络气象预测建模[D]. 桂林:广西师范大学,2004.
[9] 黄继红. 基于改进 PSO 的 BP 网路的研究及应用[D]. 长沙:长沙理工大学,2008.
[10] 段侯峰. 基于遗传算法优化 BP 神经网络的变压器故障诊断[D]. 北京:北京交通大学,2008.

第 **4** 章

基于遗传算法的 TSP 算法

4.1 理论基础

TSP（traveling salesman problem，旅行商问题）是典型的 NP 完全问题，即其最坏情况下的时间复杂度随着问题规模的增大按指数方式增长，到目前为止还未找到一个多项式时间的有效算法。

TSP 问题可描述为：已知 n 个城市相互之间的距离，某一旅行商从某个城市出发访问每个城市一次且仅一次，最后回到出发城市，如何安排才使其所走路线最短。简言之，就是寻找一条最短的遍历 n 个城市的路径，或者说搜索自然子集 $X = \{1, 2, \cdots, n\}$（X 的元素表示对 n 个城市的编号）的一个排列 $\pi(X) = \{V_1, V_2, \cdots, V_n\}$，使

$$T_d = \sum_{i=1}^{n-1} d(V_i, V_{i+1}) + d(V_n, V_1)$$

取最小值，其中 $d(V_i, V_{i+1})$ 表示城市 V_i 到城市 V_{i+1} 的距离。

TSP 问题并不仅仅是旅行商问题，其他许多的 NP 完全问题也可以归结为 TSP 问题，如邮路问题、装配线上的螺母问题和产品的生产安排问题等，使得 TSP 问题的有效求解具有重要的意义。

4.2 案例背景

4.2.1 问题描述

本案例以 14 个城市为例，假定 14 个城市的位置坐标如表 4 - 1 所列。寻找出一条最短的遍历 14 个城市的路径。

表 4 - 1 14 个城市的位置坐标

城市编号	X 坐标	Y 坐标	城市编号	X 坐标	Y 坐标
1	16.47	96.10	8	17.20	96.29
2	16.47	94.44	9	16.30	97.38
3	20.09	92.54	10	14.05	98.12
4	22.39	93.37	11	16.53	97.38
5	25.23	97.24	12	21.52	95.59
6	22.00	96.05	13	19.41	97.13
7	20.47	97.02	14	20.09	92.55

4.2.2　解决思路及步骤

1. 算法流程

遗传算法 TSP 问题的流程图如图 4-1 所示。

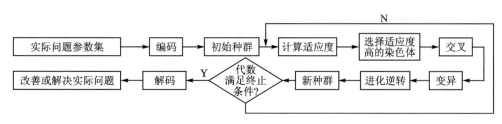

图 4-1　遗传算法 TSP 问题的求解流程图

2. 遗传算法实现

（1）编　码

采用整数排列编码方法。对于 n 个城市的 TSP 问题,染色体分为 n 段,其中每一段为对应城市的编号,如对 10 个城市的 TSP 问题{1,2,3,4,5,6,7,8,9,10},则|1|10|2|4|5|6|8|7|9|3 就是一个合法的染色体。

（2）种群初始化

在完成染色体编码以后,必须产生一个初始种群作为起始解,所以首先需要决定初始化种群的数目。初始化种群的数目一般根据经验得到,一般情况下种群的数量视城市规模的大小而确定,其取值在 50~200 之间浮动。

（3）适应度函数

设 $k_1|k_2\cdots|k_i|\cdots|k_n$ 为一个采用整数编码的染色体,$D_{k_i k_j}$ 为城市 k_i 到城市 k_j 的距离,则该个体的适应度为

$$\text{fitness} = \frac{1}{\sum_{i=1}^{n-1} D_{k_i k_j} + D_{k_n k_1}}$$

即适应度函数为恰好走遍 n 个城市,再回到出发城市的距离的倒数。优化的目标就是选择适应度函数值尽可能大的染色体,适应度函数值越大的染色体越优质,反之越劣质。

（4）选择操作

选择操作即从旧群体中以一定概率选择个体到新群体中,个体被选中的概率跟适应度值有关,个体适应度值越大,被选中的概率越大。

（5）交叉操作

采用部分映射杂交,确定交叉操作的父代,将父代样本两两分组,每组重复以下过程(假定城市数为 10):

① 产生两个[1,10]区间内的随机整数 r_1 和 r_2,确定两个位置,对两位置的中间数据进行交叉,如 $r_1=4$,$r_2=7$

9	5	1	3	7	4	2	10	8	6
10	5	4	6	3	8	7	2	1	9

交叉为

9	5	1	6	3	8	7	10	*	*
10	5	*	3	7	4	2	*	1	9

② 交叉后,同一个个体中有重复的城市编号,不重复的数字保留,有冲突的数字(带 * 位置)采用部分映射的方法消除冲突,即利用中间段的对应关系进行映射。结果为

$$9 \quad 5 \quad 1 \mid 6 \quad 3 \quad 8 \quad 7 \mid 10 \quad 4 \quad 2$$
$$10 \quad 5 \quad 8 \mid 3 \quad 7 \quad 4 \quad 2 \mid 6 \quad 1 \quad 9$$

(6)变异操作

变异策略采取随机选取两个点,将其对换位置。产生两个[1,10]范围内的随机整数 r_1 和 r_2,确定两个位置,将其对换位置,如 $r_1=4$,$r_2=7$

$$9 \quad 5 \quad 1 \mid 6 \mid 3 \quad 8 \mid 7 \mid 10 \quad 4 \quad 2$$

变异后为

$$9 \quad 5 \quad 1 \mid 7 \mid 3 \quad 8 \mid 6 \mid 10 \quad 4 \quad 2$$

(7)进化逆转操作

为改善遗传算法的局部搜索能力,在选择、交叉、变异之后引进连续多次的进化逆转操作。这里的"进化"是指逆转算子的单方向性,即只有经逆转后,适应度值有提高的才接受下来,否则逆转无效。

产生两个[1,10]区间内的随机整数 r_1 和 r_2,确定两个位置,将其对换位置,如 $r_1=4$,$r_2=7$

$$9 \quad 5 \quad 1 \mid 7 \quad 3 \quad 8 \mid 6 \quad 10 \quad 4 \quad 2$$

进化逆转后为

$$9 \quad 5 \quad 1 \mid 8 \quad 3 \quad 7 \mid 6 \quad 10 \quad 4 \quad 2$$

对每个个体进行交叉变异,然后代入适应度函数进行评估,x 选择出适应值大的个体进行下一代的交叉和变异以及进化逆转操作。循环操作:判断是否满足设定的最大遗传代数 MAXGEN,不满足则跳入适应度值的计算;否则,结束遗传操作。

4.3 MATLAB 程序实现

4.3.1 种群初始化

种群初始化函数 InitPop 的代码:

```
function Chrom = InitPop(NIND,N)
%% 初始化种群
% 输入:
% NIND:种群大小
% N:个体染色体长度(这里为城市的个数)
% 输出:
% 初始种群

Chrom = zeros(NIND,N);              % 用于存储种群
for i = 1:NIND
    Chrom(i,:) = randperm(N);       % 随机生成初始种群
end
```

4.3.2 适应度函数

求种群个体的适应度函数 Fitness 的代码:

```
function FitnV = Fitness(len)
%% 适应度函数
% 输入:
% len      个体的长度(TSP 的距离)
% 输出:
% FitnV   个体的适应度值

FitnV = 1./len;
```

4.3.3　选择操作

选择操作函数 Select 的代码:

```
function SelCh = Select(Chrom,FitnV,GGAP)
%% 选择操作
% 输入:
% Chrom    种群
% FitnV    适应度值
% GGAP     选择概率
% 输出:
% SelCh    被选择的个体

NIND = size(Chrom,1);
NSel = max(floor(NIND * GGAP + .5),2);
ChrIx = Sus(FitnV,NSel);
SelCh = Chrom(ChrIx,:);
```

其中,函数 Sus 的代码为:

```
function NewChrIx = Sus(FitnV,Nsel)
% 输入:
% FitnV      个体的适应度值
% Nsel       被选择个体的数目
% 输出:
% NewChrIx 被选择个体的索引号

[Nind,ans] = size(FitnV);
cumfit = cumsum(FitnV);
trials = cumfit(Nind) / Nsel * (rand + (0:Nsel-1)');
Mf = cumfit(:, ones(1, Nsel));
Mt = trials(:, ones(1, Nind))';
[NewChrIx, ans] = find(Mt < Mf & [ zeros(1, Nsel); Mf(1:Nind-1, :) ] < = Mt);
[ans, shuf] = sort(rand(Nsel, 1));
NewChrIx = NewChrIx(shuf);
```

4.3.4　交叉操作

交叉操作函数 Recombin 的代码:

```
function SelCh = Recombin(SelCh,Pc)
%% 交叉操作
% 输入:
% SelCh      被选择的个体
% Pc         交叉概率
% 输出:
% SelCh      交叉后的个体

NSel = size(SelCh,1);
for i = 1:2:NSel - mod(NSel,2)
    if Pc> = rand      % 交叉概率 Pc
        [SelCh(i,:),SelCh(i + 1,:)] = intercross(SelCh(i,:),SelCh(i + 1,:));
    end
end
```

其中,函数 intercross 的代码为:

```
function [a,b] = intercross(a,b)
% 输入:
% a 和 b 为两个待交叉的个体
% 输出:
% a 和 b 为交叉后得到的两个个体

L = length(a);
r1 = randsrc(1,1,[1:L]);
r2 = randsrc(1,1,[1:L]);
if r1~ = r2
    a0 = a;b0 = b;
    s = min([r1,r2]);
    e = max([r1,r2]);
    for i = s:e
        a1 = a;b1 = b;
        a(i) = b0(i);
        b(i) = a0(i);
        x = find(a == a(i));
        y = find(b == b(i));
        i1 = x(x~ = i);
        i2 = y(y~ = i);
        if ~isempty(i1)
            a(i1) = a1(i);
        end
        if ~isempty(i2)
            b(i2) = b1(i);
        end
    end
end
```

4.3.5　变异操作

变异操作函数 Mutate 的代码：

```
function SelCh = Mutate(SelCh,Pm)
%% 变异操作
% 输入：
% SelCh    被选择的个体
% Pm       变异概率
% 输出：
% SelCh    变异后的个体

[NSel,L] = size(SelCh);
for i = 1:NSel
    if Pm> = rand
        R = randperm(L);
        SelCh(i,R(1:2)) = SelCh(i,R(2: -1:1));
    end
end
```

4.3.6　进化逆转操作

进化逆转函数 Reverse 的代码：

```
function SelCh = Reverse(SelCh,D)
%% 进化逆转函数
% 输入：
% SelCh    被选择的个体
% D        各城市的距离矩阵
% 输出：
% SelCh    进化逆转后的个体

[row,col] = size(SelCh);
ObjV = PathLength(D,SelCh);       % 计算路线长度
SelCh1 = SelCh;
for i = 1:row
    r1 = randsrc(1,1,[1:col]);
    r2 = randsrc(1,1,[1:col]);
    mininverse = min([r1 r2]);
    maxinverse = max([r1 r2]);
    SelCh1(i,mininverse:maxinverse) = SelCh1(i,maxinverse: - 1:mininverse);
end
ObjV1 = PathLength(D,SelCh1);     % 计算路线长度
index = ObjV1<ObjV;
SelCh(index,:) = SelCh1(index,:);
```

4.3.7　画路线轨迹图

画出所给路线的轨迹图函数 DrawPath 的代码：

```
function DrawPath(Chrom,X)
%% 画路线图函数
% 输入:
% Chrom        待画路线
% X            各城市的坐标位置

R = [Chrom(1,:) Chrom(1,1)];        % 一个随机解(个体)
figure;
hold on
plot(X(:,1),X(:,2),'o','color',[0.5,0.5,0.5])
plot(X(Chrom(1,1),1),X(Chrom(1,1),2),'rv','MarkerSize',20)
for i = 1:size(X,1)
    text(X(i,1) + 0.05,X(i,2) + 0.05,num2str(i),'color',[1,0,0]);
end
A = X(R,:);
row = size(A,1);
for i = 2:row
    [arrowx,arrowy] = dsxy2figxy(gca,A(i-1:i,1),A(i-1:i,2));        % 坐标转换
    annotation('textarrow',arrowx,arrowy,'HeadWidth',8,'color',[0,0,1]);
end
hold off
xlabel('横坐标')
ylabel('纵坐标')
title('轨迹图')
box on
```

4.3.8　遗传算法主函数

主函数名为 GA_TSP,代码如下:

```
clear
clc
close all
X = [16.47,96.10
    16.47,94.44
    20.09,92.54
    22.39,93.37
    25.23,97.24
    22.00,96.05
    20.47,97.02
    17.20,96.29
    16.30,97.38
    14.05,98.12
    16.53,97.38
    21.52,95.59
    19.41,97.13
    20.09,92.55];        % 各城市的坐标位置
NIND = 100;              % 种群大小
```

```
MAXGEN = 200;
Pc = 0.9;                                    % 交叉概率
Pm = 0.05;                                   % 变异概率
GGAP = 0.9;                                  % 代沟(generation gap)
D = Distance(X);                             % 生成距离矩阵
N = size(D,1);                               % (34 * 34)
%% 初始化种群
Chrom = InitPop(NIND,N);
%% 在二维图上画出所有坐标点
% figure
% plot(X(:,1),X(:,2),'o');
%% 画出随机解的路线图
DrawPath(Chrom(1,:),X)
pause(0.0001)
%% 输出随机解的路线和总距离
disp('初始种群中的一个随机值:')
OutputPath(Chrom(1,:));
Rlength = PathLength(D,Chrom(1,:));
disp(['总距离:',num2str(Rlength)]);
disp('~~~~~~~~~~~~~~~~~~~~~~~~~~~~~~~~~~~~~~~~~~~~~~~~~~~~~~~~~~~~~')
%% 优化
gen = 0;
figure;
hold on;box on
xlim([0,MAXGEN])
title('优化过程')
xlabel('代数')
ylabel('最优值')
ObjV = PathLength(D,Chrom);                  % 计算路线长度
preObjV = min(ObjV);
while gen<MAXGEN
    %% 计算适应度
    ObjV = PathLength(D,Chrom);              % 计算路线长度
    % fprintf('%d    %1.10f\n',gen,min(ObjV))
    line([gen-1,gen],[preObjV,min(ObjV)]);pause(0.0001)
    preObjV = min(ObjV);
    FitnV = Fitness(ObjV);
    %% 选择
    SelCh = Select(Chrom,FitnV,GGAP);
    %% 交叉操作
    SelCh = Recombin(SelCh,Pc);
    %% 变异
    SelCh = Mutate(SelCh,Pm);
    %% 逆转操作
    SelCh = Reverse(SelCh,D);
    %% 重插入子代的新种群
    Chrom = Reins(Chrom,SelCh,ObjV);
```

```
    %%更新迭代次数
    gen = gen + 1 ;
end
%%画出最优解的路线图
ObjV = PathLength(D,Chrom);              %计算路线长度
[minObjV,minInd] = min(ObjV);
DrawPath(Chrom(minInd(1),:),X)
%%输出最优解的路线和总距离
disp('最优解:')
p = OutputPath(Chrom(minInd(1),:));
disp(['总距离:',num2str(ObjV(minInd(1)))]);
disp('----------------------------------------------------------------')
```

其中用到的函数分别介绍如下:

计算距离函数 Distance,其代码如下:

```
function D = Distance(a)
%%计算两两城市之间的距离
% 输入   a   各城市的位置坐标
% 输出   D   两两城市之间的距离

row = size(a,1);
D = zeros(row,row);
for i = 1:row
    for j = i + 1:row
        D(i,j) = ((a(i,1) - a(j,1))^2 + (a(i,2) - a(j,2))^2)^0.5;
        D(j,i) = D(i,j);
    end
end
```

输出路线函数 OutputPath,其代码如下:

```
function p = OutputPath(R)
%%输出路线函数
% 输入   R   路线

R = [R,R(1)];
N = length(R);
p = num2str(R(1));
for i = 2:N
    p = [p,'—>',num2str(R(i))];
end
disp(p)
```

计算个体路线长度函数 PathLength,其代码如下:

```
function len = PathLength(D,Chrom)
%%计算个体的路线长度
% 输入:
% D       两两城市之间的距离
```

```
% Chrom    个体的轨迹

[row,col] = size(D);
NIND = size(Chrom,1);
len = zeros(NIND,1);
for i = 1:NIND
    p = [Chrom(i,:) Chrom(i,1)];
    i1 = p(1:end - 1);
    i2 = p(2:end);
    len(i,1) = sum(D((i1 - 1) * col + i2));
end
```

重插入子代得到新种群的函数 Reins,其代码如下:

```
function Chrom = Reins(Chrom,SelCh,ObjV)
%% 重插入子代的新种群
% 输入:
% Chrom      父代的种群
% SelCh      子代种群
% ObjV       父代适应度
% 输出:
% Chrom      组合父代与子代后得到的新种群

NIND = size(Chrom,1);
NSel = size(SelCh,1);
[TobjV,index] = sort(ObjV);
Chrom = [Chrom(index(1:NIND - NSel),:);SelCh];
```

4.3.9　结果分析

优化前的一个随机路线轨迹图如图 4 - 2 所示。

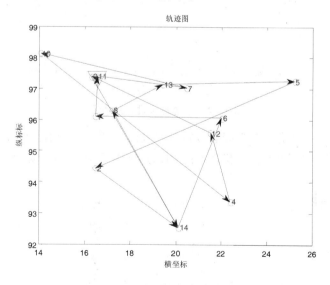

图 4 - 2　随机路线图

随机路线为 11→7→10→4→12→9→14→8→13→5→2→3→6→1→11。

总距离为 71.114 4。

优化后的路线图如图 4-3 所示。

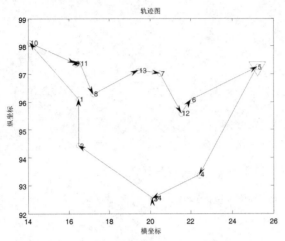

图 4-3 最优解路线图

最优解路线为 5→4→3→14→2→1→10→9→11→8→13→7→12→6→5。

总距离为 29.340 5。

优化迭代图如图 4-4 所示。

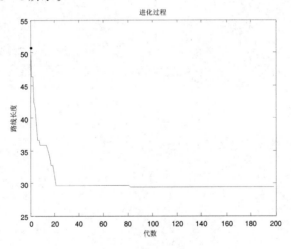

图 4-4 遗传算法进化过程图

由进化图可以看出,优化前后路径长度得到很大改进,80 代以后路径长度已经保持不变了,可以认为已经是最优解了,总距离由优化前的 71.114 4 变为 29.340 5,减为原来的 41.3%。

4.4　延伸阅读

4.4.1　应用扩展

以下问题都与 TSP 问题一致,都可以使用上述方法解决。

1. 装配线上的螺母问题

在一条装配线上用一个机械手去紧固待装配部件上的螺母问题。机械手由其初始位置

（该位置在第一个要紧固的螺母的上方）开始,依次移动到其余的每一个螺母,最后返回到初始位置。机械手移动的路线就是以螺母为结点的一条周游路线。一条最小成本周游路线将使机械手完成工作所用的时间取最小值。注意:只有机械手移动的时间总量是可变化的。

2. 产品的生产安排问题

假设要在同一组机器上制造 n 种不同的产品,生产是周期性进行的,即在每一个生产周期这 n 种产品都要被制造。要生产这些产品有两种开销,一种是制造第 i 种产品时所耗费的资金（$1 \leqslant i \leqslant n$）,称为生产成本;另一种是这些机器由制造第 i 种产品变到制造第 j 种产品时所耗费的开支 C_{ij},称为转换成本。显然,生产成本与生产顺序无关。于是,希望找到一种制造这些产品的顺序,使得制造这 n 种产品的转换成本和为最小。

4.4.2　遗传算法的改进

上述程序中,对遗传算法做了以下两处改进。

1. 使用精英策略

子代种群中的最优个体永远不会比父代最优的个体差,这样使得父代的好的个体不至于由于交叉或者变异操作而丢失。

2. 使用进化逆转操作

在本文的编码中,每一个染色体即对应一个 TSP 环游,如果染色体码串的顺序发生变化,则环游路径也随之改变。因此,TSP 问题解的关键地方就是码串的顺序。对照文中的交叉算子,可以发现,纵使两个亲代完全相同,通过交叉,仍然会产生不同于亲代的子代,且子代的码串排列顺序与亲代有较大的差异。交叉算子的这种变异效果所起的作用有两个方面,一方面它能起到维持群体内一定的多样性的作用,避免陷入局部最优解;但是另一方面,它却不利于子代继承亲代的较多信息,特别是当进化过程进入到后期,群体空间中充斥着大量的高适应度个体,交叉操作对亲代的较优基因破坏很大,使子代难以继承到亲代的优良基因,从而使交叉算子的搜索能力大大降低。

同交叉算子相比较,逆转算子能使子代继承亲代的较多信息。假设码串为 123456789,在2 和 3,6 和 7 之间发生两处断裂再逆转插入,则新码串为 12 - 6543 - 789,此时子代中 12 段、6543 段、789 段与亲代对应片段顺序完全一样（6543 与 3456 顺序对于环游路径长度来说是等价的）,只是在断裂点的两端环游次序发生了变化,而且本文中逆转是单方向的,即只接受朝着好的方向的逆转,因此它搜索最优解的能力强于交叉算子。

4.4.3　算法的局限性

当问题规模 n 比较小时,得到的一般都是最优解;当规模比较大时,一般只能得到近似解。这时可以通过增大种群大小和增加最大遗传代数使得优化值更接近最优解。

参考文献

[1] 储材才. 基于 MATLAB 的遗传算法程序设计及 TSP 问题求解[J]. 集美大学学报:自然科学版,2001,6(01):14 - 19.

[2] 代桂平,王勇,侯亚荣. 基于遗传算法的 TSP 问题求解算法及其系统[J]. 微计算机信息,2010(04):15 - 16,19.

[3] 刘青凤,李敏. 基于遗传算法的 TSP 问题优化求解[J]. 计算机与现代化,2008(02):43,56.

[4] 高海昌,冯博琴,朱利. 智能优化算法求解 TSP 问题[J]. 控制与决策,2006,21(03):241 - 247,252.

第 5 章

基于遗传算法的 LQR 控制器优化设计

5.1 理论基础

5.1.1 LQR 控制

假设线性时不变系统的状态方程模型为

$$\begin{cases} \dot{x} = Ax + Bu \\ y = Cx + Du \end{cases} \tag{5-1}$$

可以引入最优控制的性能指标,即设计一个输入量 u,使得

$$J = \frac{1}{2}x^{\mathrm{T}}Sx + \frac{1}{2}\int_{t_0}^{t_f}[x^{\mathrm{T}}Qx + u^{\mathrm{T}}Ru]\mathrm{d}t \tag{5-2}$$

为最小。其中,Q 和 R 分别为状态变量和输入变量的加权矩阵;t_f 为控制作用的终止时间。矩阵 S 对控制系统的终值给出某种约束,这样的控制问题称为线性二次型(linear quadratic, LQ)最优控制问题。

由线性二次型最优控制理论可知,若想最小化 J,则控制信号应该为

$$u^* = -R^{-1}B^{\mathrm{T}}Px \tag{5-3}$$

其中,P 为对称矩阵,该矩阵满足下面的 Riccati 微分方程

$$\dot{P} = -PA - A^{\mathrm{T}}P + PBR^{-1}B^{\mathrm{T}}P - Q \tag{5-4}$$

可见,最优控制信号将取决于状态变量 x 与 Riccati 微分方程的解 P。

可以看出,Riccati 微分方程的求解是很困难的,而基于该方程解的控制器的实现就更困难,所以只考虑稳态问题这样的简单情况。在稳态的情况下,假定终止时间 $t_f \rightarrow \infty$,这样会使得系统的状态渐进地趋于 0。Riccati 微分方程的解矩阵 P 将趋于常数矩阵,使得 $\dot{P} = 0$。在这种情况下,Riccati 微分方程将简化成

$$PA + A^{\mathrm{T}}P - PBR^{-1}B^{\mathrm{T}}P + Q = 0 \tag{5-5}$$

该方程经常被称作 Riccati 代数方程,相应的控制问题被称为线性二次型最优调节问题(LQ regulators,LQR)。假设 $u^* = Kx$,其中,K 为状态反馈向量,$K = R^{-1}B^{\mathrm{T}}P$,则可以得出在状态反馈下的闭环系统的状态方程为$(A - BK, B, C - DK, D)$。

5.1.2 基于遗传算法设计 LQR 控制器

从最优控制律可以看出,其最优性完全取决于加权矩阵 Q、R 的选择,然而这两个矩阵如何选择并没有解析方法,只能定性地去选择矩阵参数。所以,这样的"最优"控制事实上完全是人为的。如果 Q、R 选择不当,虽然可以求出最优解,但这样的"最优解"没有任何意义。另一方面,加权矩阵 Q、R 的选择依赖于设计者的经验,需要设计者根据系统输出逐步调整加权矩阵,直到获得满意的输出响应量为止。这样不仅费时,而且无法保证获得最优的权重矩阵,因此获得的最优控制反馈系数不能保证使系统达到最优。

遗传算法是模仿自然界生物进化机制发展起来的全局搜索优化方法,它在迭代过程中使用适者生存的原则,采用交叉、变异等操作使得种群朝着最优的方向进化,最终获得最优解。鉴于 LQR 控制方法权重矩阵确定困难的问题,本案例以汽车主动悬架作为被控对象,将遗传算法应用于 LQR 控制器的设计中,利用遗传算法的全局搜索能力,以主动悬架的性能指标作为目标函数对加权矩阵进行优化设计,以提高 LQR 的设计效率和性能。

5.2　案例背景

5.2.1　问题描述

1. 悬架模型

单轮车辆模型如图 5-1 所示。图中,簧载质量为 w_b,非簧载质量为 m_w,悬架刚度为 K_s,轮胎刚度为 K_t,车身垂向位移为 x_b,车轮垂向位移为 x_w,路面垂向位移为 x_g,控制力为 U_a。由牛顿运动定律,建立系统运动方程如下:

$$m_b \ddot{x}_b = U_a - K_s(x_b - x_w) \tag{5-6a}$$

$$m_w \ddot{x}_w = -U_a + K_s(x_b - x_w) - K_t(x_w - x_g) \tag{5-6b}$$

取状态变量为

$$\boldsymbol{x} = (\dot{x}_b, \dot{x}_w, x_b, x_w, x_g)^{\mathrm{T}} \tag{5-7}$$

路面输入为滤波白噪声

$$\dot{x}_g(t) = -2\pi f_0 x_g(t) + 2\pi \sqrt{G_0 v} w(t) \tag{5-8}$$

其中,G_0 为路面不平度系数;v 为车辆前进速度;w 为高斯白噪声;f_0 为下截止频率。

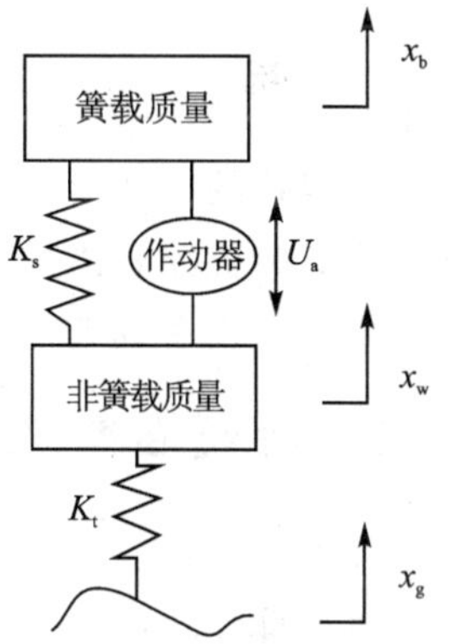

则系统状态方程为

图 5-1　单轮车辆模型

$$\dot{\boldsymbol{x}} = \boldsymbol{A}\boldsymbol{x} + \boldsymbol{B}\boldsymbol{u} + \boldsymbol{G}\boldsymbol{w} \tag{5-9}$$

其中,$w = (w(t))$,为白噪声矩阵;$u = (U_a(t))$,为输入矩阵。

$$\boldsymbol{A} = \begin{bmatrix} 0 & 0 & -\dfrac{K_s}{m_b} & \dfrac{K_s}{m_b} & 0 \\ 0 & 0 & \dfrac{K_s}{m_w} & -\dfrac{K_t+K_s}{m_w} & \dfrac{K_t}{m_w} \\ 1 & 0 & 0 & 0 & 0 \\ 0 & 1 & 0 & 0 & 0 \\ 0 & 0 & 0 & 0 & -2\pi f_0 \end{bmatrix}, \quad \boldsymbol{B} = \begin{bmatrix} \dfrac{1}{m_b} \\ -\dfrac{1}{m_w} \\ 0 \\ 0 \\ 0 \end{bmatrix}, \quad \boldsymbol{G} = \begin{bmatrix} 0 \\ 0 \\ 0 \\ 0 \\ 2\pi \sqrt{G_0 u} \end{bmatrix}$$

2. LQR 控制器

评价悬架性能的指标包括:代表乘坐舒适性的车身垂向加速度,影响车身姿态且与结构设计和布置有关的悬架动行程,代表操纵稳定性的轮胎动位移。因此,LQR 控制器设计的性能指标为

$$J = \int_0^\infty \left[q_1(x_w - x_g)^2 + q_2(x_b - x_w)^2 + q_3 \ddot{x}_b^2 \right] \mathrm{d}t \tag{5-10}$$

将式(5-9)代入式(5-10),有

$$J = \int_0^\infty (x^{\mathrm{T}} Q x + u^{\mathrm{T}} R u + 2x^{\mathrm{T}} N u)\,\mathrm{d}t \tag{5-11}$$

其中,

$$Q = \begin{bmatrix} 0 & 0 & 0 & 0 & 0 \\ 0 & 0 & 0 & 0 & 0 \\ 0 & 0 & q_2 + \dfrac{K_s^2}{m_b^2} & -q_2 - \dfrac{K_s^2}{m_b^2} & 0 \\ 0 & 0 & -q_2 - \dfrac{K_s^2}{m_b^2} & q_1 + q_2 + \dfrac{K_s^2}{m_b^2} & -q_1 \\ 0 & 0 & 0 & -q_1 & q_1 \end{bmatrix}, \quad R = \dfrac{1}{m_b^2}, \quad N = \dfrac{1}{m_b^2} \begin{bmatrix} 0 \\ 0 \\ -K_s \\ K_s \\ 0 \end{bmatrix}$$

作动器的最优控制力为

$$U_a = -K x(t) \tag{5-12}$$

其中,$x(t)$ 为任意时刻的反馈状态变量;K 为最优控制反馈增益矩阵,可通过调用 MATLAB 的线性二次最优控制器设计函数获得:

$$[K, S, e] = \mathrm{LQR}(A, B, Q, R, N) \tag{5-13}$$

由式(5-10)~式(5-13)可以看出,所设计的最优控制完全取决于加权系数 q_1、q_2、q_3 的选择。在以往的设计中,加权系数往往是由设计者根据其经验经过反复试凑获得的,虽然可以得到相应的最优控制律,但这样的最优存在很大的主观性。下面采用遗传算法对 LQR 控制器设计中的加权系数进行优化。

5.2.2 解题思路及步骤

由于性能指标 $\ddot{x}_b^2$、$(x_b - x_w)^2$、$(x_w - x_g)^2$ 的单位以及数量级不一致,因此将其除以相应的被动悬架性能指标值,得到遗传算法的适应度函数。该优化问题的表述如下:

$$\text{minimize } L = \frac{\mathrm{BA}(X)}{\mathrm{BA}_{\mathrm{pas}}} + \frac{\mathrm{SWS}(X)}{\mathrm{SWS}_{\mathrm{pas}}} + \frac{\mathrm{DTD}(X)}{\mathrm{DTD}_{\mathrm{pas}}} \tag{5-14}$$

$$X = (q_1, q_2, q_3), \qquad 0.1 < X_i < 10^6, \qquad i = 1, 2, 3 \tag{5-15}$$

$$\text{s. t.} \begin{cases} \mathrm{BA} < \mathrm{BA}_{\mathrm{pas}} & (5-16) \\ \mathrm{SWS} < \mathrm{SWS}_{\mathrm{pas}} & (5-17) \\ \mathrm{DTD} < \mathrm{DTD}_{\mathrm{pas}} & (5-18) \end{cases}$$

其中,BA、SWS、DTD 分别代表车身垂向加速度、悬架动行程和轮胎动位移的均方根值;$\mathrm{BA}_{\mathrm{pas}}$、$\mathrm{SWS}_{\mathrm{pas}}$、$\mathrm{DTD}_{\mathrm{pas}}$ 代表被动悬架的相应性能,除悬架弹性模量和阻尼系数分别为 K_{spas}、C_{spas} 外,其他条件与主动悬架相同;优化变量 X 为加权系数 q_1、q_2、q_3。

采用的约束处理方法如下:对每一组加权系数 X,在由式(5-14)计算得到 L 后,判断是否满足约束条件(5-16)~(5-18),若都满足,则适应度函数值即为所得的 L;否则,为了惩罚该组加权系数没有满足约束条件,而且这里的优化问题为取最小值优化,该组加权系数适应度函数值为所得的 L 加上 10,使其远离最小值,这样就引导了种群向满足约束的方向进化。

单轮车辆模型的参数如下:$m_b = 320$ kg,$m_w = 40$ kg,$K_s = 20\,000$ N/m,$K_s = 200\,000$ N/m,$G_0 = 5 \times 10^{-6}$ m³/cycle,$v = 20$ m/s,$f_0 = 0.1$ Hz,$K_{\mathrm{spas}} = 22\,000$ N/m,$C_{\mathrm{spas}} = 1\,000$ Ns/m。

基于遗传算法的 LQR 控制器加权系数优化过程示意图如图 5-2 所示。具体步骤如下:

(1) 遗传算法产生初始种群。

(2) 将种群中的每个个体依次赋值给 LQR 控制器的加权系数 q_1、q_2、q_3,由式(5-13)求出最优控制反馈增益矩阵,由式(5-12)求出最优控制力并作用于单轮模型,然后得到悬架的性能指标。

(3) 由式(5-14)求得种群中各个体的适应度函数值,判断是否满足遗传算法的终止条件。若满足,则退出遗传算法,并得到最优个体;若不满足,则转至步骤(4)。

(4) 遗传算法进行选择、保留精英、交叉、变异,产生新的种群,并转至步骤(2)。

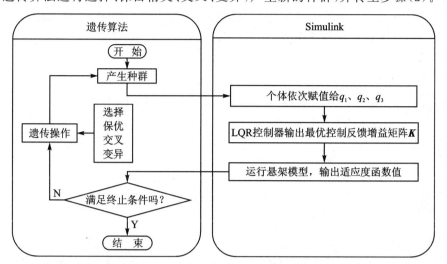

图 5-2　遗传算法优化设计 LQR 控制器示意图

5.3　MATLAB 程序实现

5.3.1　模型实现

主动悬架 LQR 控制模型的 Simulink 实现如图 5-3 所示。

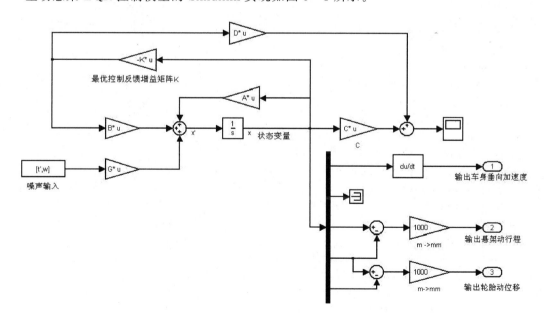

图 5-3　主动悬架 LQR 控制模型的 Simulink 实现

其中,矩阵 A、B、C、D 实现了悬架的状态方程模型,最优控制反馈增益矩阵 K 实现了 LQR 控制,噪声信号由 MATLAB 的工作空间中输入,性能指标的输出通过对状态变量进行相应计算后得到。

5.3.2　遗传算法实现

本书第 6 章将要介绍的遗传算法与直接搜索工具箱(genetic algorithm and direct search toolbox,GADST)为解决与遗传算法相关的问题提供了很好的平台。本案例使用 GA_LQR 函数实现遗传算法。

编写的适应度函数 M 文件如下:

```
function f = GA_LQR(x)
%%%%% 模型参数 %%%%%
mb = 320;
mw = 40;
ks = 20000;
kt = 200000;
G0 = 5 * 1e - 6;
u = 20;
f0 = 0.1;
A = [0,0, - ks/mb,ks/mb,0;0,0,ks/mw,( - kt - ks)/mw,kt/mw;1,0,0,0,0;0,1,0,0,0;0,0,0,0, - 2 * pi
 * f0];
B = [1/mb; - 1/mw;0;0;0];
C = eye(size(A,1));
D = zeros(size(A,1),size(B,2));
G = [0;0;0;0;2 * pi * sqrt(G0 * u)];
t = [0:0.005:50];
M = 10001;N = 1;P = 20;
w = wgn(M,N,P);                    % wgn(M,N,P) 产生 MXN 的高斯白噪声矩阵
                                   % P 为白噪声的功率
Q = [0,0,0,0,0;0,0,0,0,0;0,0,(x(2) + ks.^2/mb.^2), - (x(2) + ks.^2/mb.^2),0;0,0, - (x(2) + ks.^2/
mb.^2),(x(1) + x(2) + ks.^2/mb.^2), - x(1);0,0,0, - x(1),x(1)];
R = 1/mb.^2;
N = [0;0; - ks;ks;0] * (1/mb.^2);
[K,S,E] = lqr(A,B,Q,R,N);          % 求最优反馈增益矩阵 K
%%%%% 运行模型 %%%%%
assignin('base','A',A);
assignin('base','B',B);
assignin('base','C',C);
assignin('base','D',D);
assignin('base','G',G);
assignin('base','t',t);
assignin('base','w',w);
assignin('base','K',K);
[t_time,x_state,y1,y2,y3] = sim('Active_Suspension_LQR',[0,50]);   % 模型仿真
%%%%% 计算适应度函数值 %%%%%
BA_RMS = sqrt(sum(y1. * y1)/size(y1,1));
SWS_RMS = sqrt(sum(y2. * y2)/size(y2,1));
```

```
DTD_RMS = sqrt(sum(y3. * y3)/size(y3,1));
BA_pas = 1.7816;
SWS_pas = 17.1284;
DTD_pas = 6.2526;
if (BA_RMS>BA_pas)|(SWS_RMS>SWS_pas)|(DTD_RMS>DTD_pas)
    f = BA_RMS/BA_pas + SWS_RMS/SWS_pas + DTD_RMS/DTD_pas + 10;
else
    f = BA_RMS/BA_pas + SWS_RMS/SWS_pas + DTD_RMS/DTD_pas;
end
```

在以上 GA_LQR 函数中,首先根据单轮车辆模型参数计算图 5-3 中的矩阵 $\boldsymbol{A}$、$\boldsymbol{B}$、$\boldsymbol{C}$、$\boldsymbol{D}$、$\boldsymbol{G}$,再产生高斯白噪声输入,接着按式(5-13)计算最优控制反馈增益矩阵 $\boldsymbol{K}$,然后将以上矩阵输入工作空间,供遗传算法调用,再接着运行 Simulink 模型,其中得到的 y1、y2、y3 对应于图 5-3 中的输出端口 1、2、3,最后根据得到的 y1、y2、y3 求 BA、SWS、DTD,并按式(5-14)计算适应度函数值。需要指出的是:

(1) 以上 M 文件中,assignin()语句及 sim()语句返回的 y1、y2、y3 相当重要,因为它们是图 5-2 中连接遗传算法与 Simulink 模型的桥梁。

(2) 路面输入的白噪声由 wgn(M,N,P)语句产生。在本案例中,取 M=10 001、N=1、P=20,这意味着仿真计算中取一条白噪声,共 10 001 个采样点,噪声强度为 20 dB。由于高斯白噪声有一定的随机性,即使在相同的 M、N 和 P 取值下,每次得到的噪声信号也是不一样的。因此,为了保证在遗传算法的运行过程中,每个个体都在相同的条件下评价(也即有相同的噪声输入信号),需要将"w=wgn(M,N,P);"语句某次返回的 w 保存下来,并放入 GA_LQR 函数中取代原来的"w=wgn(M,N,P);"语句后,才能运行遗传算法。这样,遗传评价个体才是有意义的。由于 w 有 10 001 列,比较长,这里没有给出本案例中使用的 w。

(3) 关于以上 GA_LQR 函数中被动悬架的性能指标。被动悬架相比于图 5-1 所示的主动悬架的不同之处在于,它没有作动器,图 5-1 所示的作动器应该由减震器取代,相应的,在式(5-6)系统运动方程中,只需将 U_a 用减震器的阻尼力 $C_{spas}(x_w-x_b)$ 取代即可。这样,只要将图 5-3 中的 $\boldsymbol{U}_a=-\boldsymbol{K}x(t)$ 改为 $C_{spas}(x_w-x_b)$ 即可得到被动悬架的 Simulink 模型,然后用与被动悬架相同的系统参数和高斯白噪声输入,即可得以上 GA_LQR 函数中的被动悬架性能指标。具体的模型和性能指标计算方法这里不再赘述。

编写好适应度函数的 M 文件后,下面给出调用遗传算法的代码:

```
clear
clc
fitnessfcn = @GA_LQR;                          % 适应度函数句柄
nvars = 3;                                     % 个体变量数目
LB = [0.1 0.1 0.1];                            % 下限
UB = [1e6 1e6 1e6];                            % 上限
options = gaoptimset ('PopulationSize', 100, 'PopInitRange', [LB; UB], 'EliteCount', 10,
'CrossoverFraction',0.4,'Generations',20,'StallGenLimit',20,'TolFun',1e-100,'PlotFcns',{@ga-
plotbestf,@gaplotbestindiv});                  % 算法参数设置
[x_best,fval] = ga(fitnessfcn,nvars,[],[],[],[],LB,UB,[],options);     % 运行遗传算法
```

因为适应度函数有 q_1、q_2、q_3 三个变量,故变量数目为 3;式(5-15)对个体的范围作了上、下限约束,故需编写函数 LB 和函数 UB。从 Options 的设置可以看出,遗传算法的参数设置如表 5-1 所列。对以上语句更详细的介绍可以参阅本书第 6 章。

表5-1　遗传算法的参数设置

参　数	说　明	参　数	说　明
编码方式	实数编码	交叉函数	分散交叉
初始种群	在上、下限范围内随机产生	变异函数	约束自适应变异
种群大小	100	最大进化代数	20
精英个数	10	停止代数	20
交叉后代比例	0.4	适应度函数值偏差	1e-100
排序函数	等级排序	绘图函数	最优个体及其适应度函数值
选择函数	随机一致选择	适应度函数	@GA_LQR

5.3.3　结果分析

遗传算法优化过程中最优个体适应度函数值变化如图5-4及图5-5所示。

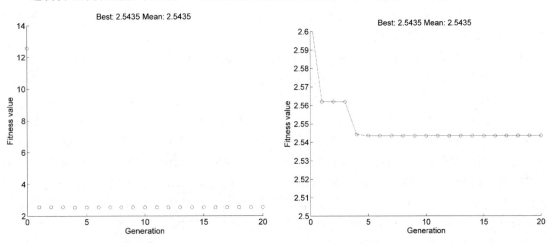

图5-4　遗传算法的最优个体适应度　　　图5-5　遗传算法最优个体适应度函数值变化
　　　　函数值变化情况　　　　　　　　　　　　　　情况的局部放大图

可以看到,随着种群的不断进化,最优个体的适应度函数值不断减小,最终收敛至2.543 5,此时对应的最优个体为$(q_1, q_2, q_3) = (111\ 465.332\ 163\ 507, 11\ 811.078\ 216\ 685\ 1, 75\ 608.805\ 701\ 155\ 5)$,相应的性能指标及其与被动悬架的比较如表5-2所列。可见,基于遗传算法设计的LQR控制器使主动悬架性能明显优于被动悬架,遗传算法的优化是有效的。

表5-2　遗传算法优化LQR控制器的主动悬架与被动悬架的对比

性能指标	被动悬架	本　文	改　善
车身加速度/(m·s⁻²)	1.781 6	1.724 7	3.19%
悬架动行程/mm	17.128 4	11.962 4	30.16%
轮胎动位移/mm	6.252 6	5.483 9	12.29%

参考文献

[1] 薛定宇. 控制系统计算机辅助设计——MATLAB语言与应用[M]. 2版. 北京:清华大学出版社,2006.

[2] FEI L, ZHAO X D. Integrated control of automotive four wheel steering and active suspenion systems based on unifrom model[C]. Beijing:Proceedings of 9th International Conference on Electronic Measurement and Instruments,2009,3551-3556.

[3] 侯志祥,吴义虎,申群太. 基于混合遗传算法的主动悬架集成优化研究[J]. 汽车工程, 2005 ,27(3): 309-312.

[4] 盛云,吴光强.7自由度主动悬架整车模型最优控制的研究[J].汽车技术,2007(6):12-16.

[5] 喻凡,林逸. 汽车系统动力学[M]. 北京:机械工业出版社,2005.

第 **6** 章

遗传算法工具箱详解及应用

6.1 理论基础

6.1.1 遗传算法的一些基本概念

下面以求解二元函数

$$f(x_1, x_2) = (x_1 + 1)^2 + (2x_2 - 3)^2 \qquad (6-1)$$

的最小值为例,说明遗传算法的一些基本概念。

1. 个体(individual)

个体就是一个解。比如对于式(6-1),(1,2)就是一个个体,它表示 $x_1=1$,$x_2=2$。

2. 适应度函数(fitness function)和适应度函数值(fitness value)

适应度函数就是待优化的函数。比如式(6-1)就是一个适应度函数。适应度函数值是指一个解(也就是一个个体)的取值,比如,对于式(6-1)个体(1,2),$f(1,2)=(1+1)^2+(2\times2-3)^2=5$ 就是它的适应度函数值。显然,对于取最小值的优化问题,某个体的适应度函数值越小,即表示该解的函数值越小,也就是该个体越适应环境。

3. 种群(population)和种群大小(population size)

类似于生物学中的概念,种群就是由若干个体组成的集合。种群大小就是该种群所包含个体的数目。比如对于式(6-1),矩阵[1,2;3,4;5,6;7,8;9,10]就表示一个种群,个体依次为(1,2)、(3,4)、(5,6)、(7,8)和(9,10)。显然,该种群的大小为5。事实上,对于 n 行 m 列的种群,n 就是种群大小,m 就是适应度函数的自变量数目。

4. 代(generation)

遗传算法是一种迭代算法,采用函数 stepGA(6.1.2 节及 6.3.1 节将述及)产生的新种群就是新的一代。

5. 父代与子代(parents and children)

子代即产生的新种群,父代即产生子代的种群。比如,种群[1,2;1,2;3,4;5,6;7,8]经过进化之后产生了新种群[0,2;1,2;2,3;4,5;6,7],那么前者就是父代,后者就是子代。

6. 选择(selection)、交叉(crossover)和变异(mutation)

选择就是选取种群中适应度函数值较小的若干个体作为父代,产生新的种群;并不是所有的个体都可以成为父代中的一员,那些适应度函数太大,也就是不适应环境的个体将被淘汰。交叉就是选取父代中的两个个体生成子代中的一个个体。变异就是选取父代中的某个个体生成子代中的一个新个体。具体的操作过程将在 6.3.1 节讲解。

7. 精英数目(eliteCount)和交叉后代比例(crossover fraction)

所谓精英,是指某种群中适应度函数值最低的若干个体。为了保证收敛性,遗传算法采用精英保留策略,即父代中的精英会原封不动地直接传至子代,而不经过交叉或变异操作。交叉后代比例是一个 0~1 之间的数,表示子代中由交叉产生的个体占父代中非精英个体数的比例。比如,如果种群大小是20,精英数目是2,交叉后代比例是0.8,那么在子代中,将有2个保留的精英,由交叉产生的后代将有(20-2)×0.8=14.4,即14个,由变异产生的后代将有20-2-14=4个。需要指出的是,不同于传统的遗传算法,因为有了交叉后代比例的概念,MATLAB自带的GADST中的遗传算法没有"交叉概率"和"变异概率"的概念。

6.1.2 遗传算法与直接搜索工具箱

目前,遗传算法工具箱主要有三个:英国谢菲尔德大学的遗传算法工具箱、美国北卡罗来纳州立大学的遗传算法最优化工具箱和MATLAB自带的遗传算法与直接搜索工具箱。本案例使用的遗传算法工具箱是GADST。

GADST为用户提供了友好的GUI使用界面及清晰的命令行调用语句,使用极为简单方便。MATLAB 7.0版本开始自带GADST,自R2010a版本以后,该工具箱已集成到Global Optimization Toolbox中,其位置在MATLAB安装目录\toolbox\globaloptim。可以看到,GADST是一个函数库,里面包括了遗传算法的主函数、各个子函数和一些绘图函数。

GADST的组织结构及各函数之间的关系如图6-1所示。

可见,GADST的主函数为ga,根据函数gacommon所确定的优化问题类型的不同,函数ga分别调用gaunc(求解无约束优化问题)、galincon(求解线性约束优化问题)或gacon(求解非线性约束优化问题)。以求解线性约束优化问题为例,在函数galincon中,遗传算法使用函数makeState产生初始种群,然后判断是否可以退出算法,若退出,则得到最优个体;若不

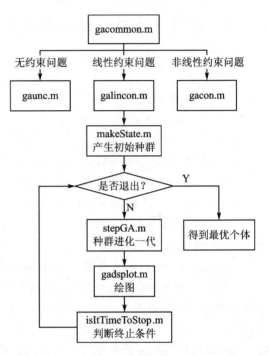

图6-1 GADST组织结构及各函数之间的关系

退出,则调用函数stepGA使种群进化一代,同时调用函数gadsplot和函数isItTimeToStop进行绘图并判断终止条件。事实上,以上过程就是遗传算法的基本流程。

可以看到,在以上循环迭代过程中,函数stepGA是关键函数,6.3.1节将对该函数和其他一些函数的代码进行详细分析。

6.2 案例背景

这里将使用GADST求解一个非线性方程组。

6.2.1 问题描述

求解的非线性方程组如下:

$$\begin{cases} 4x_1^3 + 4x_1x_2 + 2x_2^2 - 42x_1 - 14 = 0 \\ 4x_2^3 + 4x_1x_2 + 2x_1^2 - 26x_1 - 22 = 0 \end{cases} \qquad (6-2)$$

6.2.2　解题思路及步骤

令

$$\begin{cases} f(x_1,x_2) = 4x_1^3 + 4x_1x_2 + 2x_2^2 - 42x_1 - 14 \\ f_2(x_1,x_2) = 4x_2^3 + 4x_1x_2 + 2x_1^2 - 26x_1 - 22 \\ f(x_1,x_2) = f_1^2(x_1,x_2) + f_2^2(x_1,x_2) \end{cases} \quad (6-3)$$

这样,非线性方程组的求解问题转化为以下最优化问题

$$\min f(x) \quad (6-4)$$

其中,$x = (x_1,x_2) \in X$。显然,若方程组(6-2)有解,则适应度函数(6-4)的最小值为零。求得的适应度函数(6-4)的值越接近于零,那么对应的方程组(6-2)的解就越精确。

6.3　MATLAB 程序实现

6.3.1　GADST 各函数详解

下面将对 GADST 中的各个关键函数进行详细分析。

1. 函数 stepGA

函数 stepGA 的作用是产生新的种群,使遗传算法向前进化一代,添加中文注释后的代码如下:

```
function [nextScore,nextPopulation,state] = stepGA(thisScore,thisPopulation,options,state,GenomeLength,FitnessFcn)
% 该函数用于产生新的种群,使遗传算法向前进化一代
nEliteKids = options.EliteCount;                          % 下一代种群中的精英数目
nXoverKids = round(options.CrossoverFraction * (size(thisPopulation,1) - nEliteKids));
                                                          % 下一代种群中的交叉后代数目
nMutateKids = size(thisPopulation,1) - nEliteKids - nXoverKids;   % 下一代种群中的变异后代数目
nParents = 2 * nXoverKids + nMutateKids;                  % 计算用于产生交叉后代与变异后代的父代数目
state.Expectation = feval(options.FitnessScalingFcn,thisScore,nParents,options.FitnessScalingFcnArgs{:});
                                                          % 适应度排序操作
parents = feval(options.SelectionFcn,state.Expectation,nParents,options,options.SelectionFcnArgs{:});
                                                          % 选择父代
parents = parents(randperm(length(parents)));            % 对父代随机排序
[unused,k] = sort(thisScore);                            % 按适应度函数值排序,返回标志向量 k
state.Selection = [k(1:options.EliteCount);parents'];
eliteKids = thisPopulation(k(1:options.EliteCount),:);   % 产生子代中的精英
xoverKids = feval(options.CrossoverFcn,parents(1:(2 * nXoverKids)),options,GenomeLength,FitnessFcn,thisScore,
thisPopulation,options.CrossoverFcnArgs{:});             % 产生子代中的交叉后代
mutateKids = feval(options.MutationFcn,parents((1 + 2 * nXoverKids):end),options,GenomeLength,
FitnessFcn,state,thisScore,thisPopulation,options.MutationFcnArgs{:});   % 产生子代中的变异后代
nextPopulation = [eliteKids,xoverKids,mutateKids];       % 将精英后代、交叉后代和变异后代组合成子代
if strcmpi(options.Vectorized,'off')
    nextScore = fcnvectorizer(nextPopulation,FitnessFcn,1,options.SerialUserFcn);
```

```
else
    nextScore = FitnessFcn(nextPopulation);              % 计算新种群的适应度函数值
end
nextScore = nextScore(:);                                % 确保种群的适应度函数是列向量
state.FunEval = state.FunEval + size(nextScore,1);
```

可以看到,函数 stepGA 先计算精英数目、交叉后代数目和变异后代数目,再进行适应度排序操作和选择操作,然后依次产生精英、交叉后代和变异后代,并将其组合成子代,最后对子代进行适应度函数计算。以上过程在图 6-1 中"种群进化一代"具体展开。在此过程中需要设定的参数和调用的函数包括 EliteCount、CrossoverFraction、FitnessScalingFcn、SelectionFcn、CrossoverFcn、MutationFcn 等,具体的设定方法将在 6.3.3 节中介绍。

2. 函数 fitscalingrank 和函数 selectionstochunif

在函数 stepGA 中,计算完用于产生交叉后代和变异后代的父代数目之后,接着进行的是适应度排序操作和选择操作。在 GADST 的函数库中,适应度排序函数和选择函数有很多种,这里讲解的是默认采用的函数 fitscalingrank(等级排序)和函数 selectionstochunif(随机一致选择),添加中文注释后的代码如下:

```
function expectation = fitscalingrank(scores,nParents)
% 等级排序函数,用于将原始的适应度函数值转化为 expectation,以便于选择输入为原始的适应度函
% 数值 scores 及用于产生交叉后代和变异后代的父代数目 nParents,输出为 expectation
[unused,i] = sort(scores);                    % 先对原始的适应度函数值 scores 进行排列,返回标志向量 i
expectation = zeros(size(scores));            % 产生空矩阵用于存放 expectation
expectation(i) = 1 ./ ((1:length(scores)) .^ 0.5);    % 通过 i 的桥梁作用,将 scores 映射到从 1
                                              % 开始的整数的根植的倒数
expectation = nParents * expectation ./ sum(expectation);    % 比例处理


function parents = selectionstochunif(expectation,nParents,options)
% 随机一致选择函数,用于进行选择操作
% 输入为函数 fitscalingrank 输出的 expectation、nParents 及参数设置 options,输出为选择的父代
编号向量 parents
expectation = expectation(:,1);
wheel = cumsum(expectation) / nParents;       % 对 expectation 进行累计求和
parents = zeros(1,nParents);                  % 产生空矩阵用于存放 parents
stepSize = 1/nParents;                        % 将区间[0,1]进行 nParents 等分,每等分为 stepSize
position = rand * stepSize;                   % 从第一等分的任意范围内开始
lowest = 1;                                   % lowest 赋初值
for i = 1:nParents                            % 外循环次数为所要选择的父代 parents
    for j = lowest:length(wheel)              % 内循环次数
        if(position < wheel(j))               % 在 position 最先小于 wheel 的地方停下
            parents(i) = j;                   % 找到 parents 中的一个元素
            lowest = j;                       % lowest 值更新
            break;
        end
    end
    position = position + stepSize;           % 前进一个 stepSize
end
```

由函数 fitscalingrank 可知,其输出的 expectation 可以表示为

$$\text{expectation} = \text{nParents} * \left[\frac{\text{expectation}(1)}{\sum \text{expectation}(j)}, \frac{\text{expectation}(2)}{\sum \text{expectation}(j)}, \frac{\text{expectation}(3)}{\sum \text{expectation}(j)}, \cdots \right]$$

那么,函数 selectionstochunif 中的 wheel 就可以表示为

$$\text{wheel} = \frac{\text{cumsum(expectation)}}{\text{nParents}} =$$

$$\frac{\text{nParents} * \left[\frac{\text{expectation}(1)}{\sum \text{expectation}(j)}, \frac{\text{expectation}(1) + \text{expectation}(2)}{\sum \text{expectation}(j)}, \frac{\text{expectation}(1) + \text{expectation}(2) + \text{expectation}(3)}{\sum \text{expectation}(j)}, \cdots \right]}{\text{nParents}} =$$

$$\left[\frac{\text{expectation}(1)}{\sum \text{expectation}(j)}, \frac{\text{expectation}(1) + \text{expectation}(2)}{\sum \text{expectation}(j)}, \frac{\text{expectation}(1) + \text{expectation}(2) + \text{expectation}(3)}{\sum \text{expectation}(j)}, \cdots \right]$$

显然,wheel 向量的每个元素都在 0~1 范围内,且依次递增,最后一个元素值为 1。另一方面,position 的范围显然也在 0~1 内,这就为选择提供了依据。以"scores=[3 7 2 10 13]';nParents=7;"为例,可求得 wheel 和某次的 position 分别(由于存在函数 rand,每次的 position 是不一样的,而且最后一个 position 没有意义,因为此时已跳出大循环)如下:

$$\text{wheel} = [0.218\ 8 \quad 0.397\ 5 \quad 0.706\ 9 \quad 0.861\ 6 \quad 1.000\ 0]$$

$$\text{position} = [0.042\ 5 \quad 0.185\ 3 \quad 0.328\ 2 \quad 0.471\ 0 \quad 0.613\ 9 \quad 0.756\ 8 \quad 0.899\ 6]$$

由图 6-2 可知,wheel 和 position 的位置关系:在 wheel 的 5 段区间中,[0.397 5,0.706 9]这段区间最大,这是因为在 scores 中,适应度值 2 最小,相应的 expectation 值最大,故求累计和之后的间隔最大,所以落在这一区间之内的 position 将是最多的,也就是说,适应度值 2 对应的个体被选择为父代的概率最大,这就是遗传算法"优胜劣汰"的精髓所在。另外,由图 6-2 可知,因为 position 的 0.042 5 和 0.185 3 落在[0,0.218 8]区间,0.328 2 落在[0.218 8,0.397 5]区间,0.471 0 和 0.613 9 落在[0.397 5,0.706 9]区间,0.756 8 落在[0.706 9,0.861 6]区间,0.899 6 落在[0.861 6,1.000 0]区间,假设种群中的个体编号依次为 1、2、3、4、5,则被选择的个体为两个 1 号个体、一个 2 号个体、两个 3 号个体、一个 4 号个体和一个 5 号个体,即得到的 parents 为[1 1 2 3 3 4 5]。

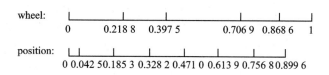

图 6-2 wheel 和 position 的位置关系

3. 函数 crossoverscattered 和函数 mutationgaussian

和适应度排序函数及选择函数一样,GADST 为用户提供了多种交叉函数和变异函数,用户可以根据需要选择。这里介绍默认的函数 crossoverscattered(分散交叉)和函数 mutationgaussian(高斯变异)。添加中文注释后的函数 crossoverscattered(分散交叉)的代码如下:

```
function xoverKids = crossoverscattered(parents,options,GenomeLength,FitnessFcn,unused,this-
Population)
                          %分散交叉函数,有时也称为一致交叉函数或随机交叉函数。
                          %输入为选择函数输出的 parents 的前 2 * nXoverKids 个元素
                          %和该代种群 thisPopulation 等,输出为交叉所得的后代
nKids = length(parents)/2;     %计算交叉后代数目,parents 的计算见选择函数及函数 stepGA
linCon = options.LinearConstr;  %提取约束信息,为最后的个体可行性验证做准备
constr = ~isequal(linCon.type,'unconstrained');    %判断是否有约束
xoverKids = zeros(nKids,GenomeLength);         %产生空矩阵用于存放 xoverKids
```

```matlab
index = 1;                              % 指针赋初值
for i = 1:nKids                         % 外循环次数为所要产生的交叉后代数目
    r1 = parents(index);                % 选择父代中的一个个体
    index = index + 1;                  % 指针加 1,指向下一个个体
    r2 = parents(index);                % 选择父代中的下一个个体
    index = index + 1;                  % 指针加 1,指向下一个个体
    for j = 1:GenomeLength              % 内循环次数为染色体长度(染色体长度即变量个数 nvars)
        if(rand > 0.5)                  % 产生 0~1 之间的一个随机数并与 0.5 比较,相当于抛硬币
            xoverKids(i,j) = thisPopulation(r1,j);   % 若随机数大于 0.5,则所得的后代是父代
                                                     % 中的 r1
        else
            xoverKids(i,j) = thisPopulation(r2,j);   % 否则,所得的后代是父代中的 r2
        end
    end
    if constr                           % 确保以上所得的个体是可行的,也就是在约束范围内
        feasible = isTrialFeasible(xoverKids(i,:)',linCon.Aineq,linCon.bineq,linCon.Aeq, ...
            linCon.beq,linCon.lb,linCon.ub,sqrt(options.TolCon));   % 判断个体是否可行
        if ~feasible
            alpha = rand;
            xoverKids(i,:) = alpha * thisPopulation(r1,:) + ...    % 若不可行,采用权值交叉重
                                                                   % 新产生后代
                (1 - alpha) * thisPopulation(r2,:);
        end
    end
end
```

从以上代码可以看到,函数 crossoverscattered 的原理如下:假设两个父代个体分别为 p1 = [a b c d e f g],p2 = [1 2 3 4 5 6 7],因为有 7 个个体,所以抛 7 次硬币,假设结果为[正 反 正 正 反 反 正],规定硬币为正面时后代在 p1 中取,硬币为反面时后代在 p2 中取,那么交叉后代为[a 2 c d 5 6 g]。也就是说,当 0~1 之间的随机数大于 0.5 时,在 p1 中取,反之在 p2 中取。对于有约束的优化问题,上述过程产生的个体可能不能满足约束条件(这里称为不可行),因此,在函数 crossoverscattered 中,调用了函数 isTrialFeasible(限于篇幅,具体代码不展开,读者可以在 GADST 的函数库中找到它)来判断产生的个体是否可行。若可行,则上述抛硬币的过程产生的个体即为交叉后代;若不可行,用权值交叉方法重新产生交叉后代。权值交叉即指生成的后代个体是两个父代个体的加权和,且加权系数由随机数产生。

下面是添加中文注释后的函数 mutationgaussian 代码:

```matlab
function mutationChildren mutationgaussian (parents, options, GenomeLength, FitnessFcn, state,
thisScore,thisPopulation,scale,shrink)
% 函数 mutationgaussian,适用于实数编码,适用于无约束优化问题输入为选择函数输出的 parents 的
% 后 nMutateKids 个元素,该代种群 thisPopulation、用于控制变异范围的参数 scale、用于控制 scale
% 减小速度的参数 shrink 等,输出为变异所得的后代
if(strcmpi(options.PopulationType,'doubleVector'))    % 函数 mutationgaussian 适用于实数编码
    if nargin < 9 || isempty(shrink)                  % 若用户没有设置参数 shrink 的值
        shrink = 1;                                   % 那么 shrink 取默认的值 1
```

```
            if nargin < 8 || isempty(scale)              % 若用户没有设置参数 scale 的值
                scale = 1;                                % 那么 scale 取默认的值 1
            end
        end
        if (shrink > 1) || (shrink < 0)                  % 若用户设定的 shrink 值不在合理范围内
            msg = sprintf('Shrink factors that are less than zero or greater than one may \n\t\t re-
sult in unexpected behavior.');
            warning('gads:mutationgaussian:shrinkFactor',msg);       % 则输出警告
        end
        scale = scale - shrink * scale * state.Generation/options.Generations;
                                                          % scale 的值随着种群的进化而减小,减小速
                                                          % 度由 shrink 控制
        range = options.PopInitRange;                     % 取个体的初始范围,若用户没有设定,则取
                                                          % 默认的[0,1]
        lower = range(1,:);                               % 个体初始范围的下限
        upper = range(2,:);                               % 个体初始范围的上限
        scale = scale * (upper - lower);                  % 若用户没有设定个体初始范围,该语句的唯
                                                          % 一作用是使 scale 成为向量
        mutationChildren = zeros(length(parents),GenomeLength);
                                                          % 产生空矩阵用于存放 mutationChildren
        for i = 1:length(parents)
            parent = thisPopulation(parents(i),:);        % 从种群中取出用于变异的父代
            mutationChildren(i,:) = parent + scale .* randn(1,length(parent));
                                                          % 变异,在父代个体的基础上加上随机数与 scale
                                                          % 之积
        end
    elseif(strcmpi(options.PopulationType,'bitString'))  % 若是二进制编码,高斯变异不适用
        mutationChildren = mutationuniform(parents ,options, GenomeLength,FitnessFcn,state, thisS-
core,thisPopulation);                                    % 直接调用函数 mutationuniform
    end
```

从以上代码可以看到,高斯变异的核心思想是在父代个体的基础上加上一个值,使其产生变异,这个加上的值的大小是一个随机数与一个参数 scale 的乘积。这个参数 scale 的值是随着 state.Generation 的增加(即种群的进化)不断减小的,减小的速度由另一个参数 shrink 控制。可以看出,因为高斯变异在变异的过程中没有考虑约束条件,比如,变异之后的个体可能会超出约束中的上下限范围,因此,不能用于有约束的优化问题。当需要优化有约束的问题时,可以采用函数 mutationadaptfeasible(约束自适应变异),限于篇幅,这里不再展开。

6.3.2　GADST 的使用简介

GADST 的使用有两种方式:使用 GUI 界面或使用命令行。两种方式本质是一样的,前者的特点是直观,后者的特点是简洁。建议初学者先使用 GUI 界面,等到熟悉 GADST 之后,可以直接使用命令行方式,免去每次都得重复输入参数的麻烦。需要指出的是,GADST 是对目标函数取最小值进行优化的。对于最大值优化问题,只需将适应度函数乘以 −1 即可化为最小值优化问题。

1. GUI 方式使用 GADST

GADST 的 GUI 界面有以下两种打开方式:

（1）在 MATLAB 主界面上依次单击 APPS→Optimization。

（2）在 Command Window 输入表 6-1 给出的命令，其他版本的命令可以参考表 6-1 或者参阅帮助文档。

表 6-1　不同版本下的 GUI 界面打开命令

版　本	命　令
MATLAB R2009a	≫ optimtool('ga')
MATLAB R2008a	≫ optimtool('ga')
MATLAB 7.1	≫ gatool
MATLAB 7.0.4	≫ gatool

打开的 GADST 的 GUI 界面如图 6-3 所示。

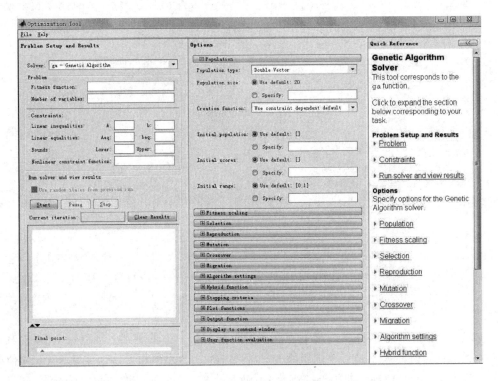

图 6-3　GADST 的 GUI 界面

可以看到，该界面共分为以下三部分：

（1）Problem Setup and Results(问题建立与结果板块)。从上到下依次是：输入适应度函数句柄(Fitness function)、个体所含的变量数目(Number of variables)、约束（线性不等式约束(Linear inequalities)、线性等式约束(Linear equalities)、上下限约束(Bounds)、非线性约束函数(Nonlinear constraint function)），待设置完中间板块的 Options 后，单击 Start 按钮，遗传算法即开始运行，运行完之后的结果显示在该板块的下部。

（2）Options(遗传算法选项设置板块)。在运行遗传算法之前，需要在该板块内进行一些设置，包括如下几项：

1）种群(Population)。种群的类型(Population type)可以是实数编码(Double Vector)、二进制编码(Bit string)或用户自定义(Custom)，默认为实数编码。种群大小(Population size)默认是 20(default)，也可以根据需要设定(Specify)。剩下为初始种群的相关设置，默认为由遗传算法通过初始种群产生函数(Creation function)随机产生,也可以由用户设定初始种群(Initial population)、初始种群的适应度函数值(Initial scores)和初始种群的范围(Initial range)。

2) 适应度排序(Fitness scaling)。默认使用函数 fitscalingrank(等级排序),也可以从下拉菜单中选择其他排序函数。

3) 选择(Selection)。默认使用函数 selectionstochunif(随机一致选择),也可以从下拉菜单中选用其他选择函数。

4) 繁殖(Reproduction)。遗传算法为了繁殖下一代,需要设置精英数目(EliteCount)和交叉后代比例(CrossoverFraction),默认值分别为 2 和 0.8。

5) 变异(Mutation)。根据所优化函数的约束的不同,变异函数是不同的。用户只需要保持默认的 Use constraint dependent default 即可,GADST 会根据问题建立与结果板块(Problem Setup and Results)中输入的约束类型的不同选择不同的变异函数。

6) 交叉(Crossover)。默认使用函数 crossoverscattered(分散交叉),也可以从下拉菜单中选择其他交叉函数。

7) 终止条件(Stopping criteria)。终止条件有以下几个,满足其中一个条件,遗传算法即停止:

① 最大进化代数(Generations)。最大进化代数即遗传算法的最大迭代次数,默认为100 代。

② 时间限制(Time limit)。遗传算法允许的最大运行时间,默认为无穷大。

③ 适应度函数值限制(Fitness limit)。当种群中的最优个体的适应度函数值小于或等于Fitness limit 时,算法停止。

④ 停止代数(Stall generations)和适应度函数值偏差(Function tolerance)。若在 Stall generations 设定的代数内,适应度函数值的加权平均变化值小于 Function tolerance,算法停止。默认的设置分别为 50 和 1e-6。

⑤ 停止时间限制(Stall time limit)。若在 Stall time limit 设定的时间内,种群中的最优个体没有进化,算法停止。

8) 绘图函数(Plot functions)。包括最优个体的适应度函数值(Best fitness)、最优个体(Best individual)、种群中个体间的距离(Distance)等,只要选中相应的选项,GADST 就会在遗传算法的运行过程中绘制其随种群进化的变化情况。

9) 其他。其他还有一些选项,是遗传算法的延伸内容,这里不再展开。

(3) Quick Reference(快速参阅板块)。该板块对问题建立与结果板块及遗传算法选项设置板块的内容做了详细的解释,相对于快速的 Help,不需要时可以隐藏。

2. 命令行方式使用 GADST

用命令行方式使用 GADST 时,无需调出 GUI 界面,只需编写一个 M 文件。在该 M 文件内,需要设定遗传算法的相关参数,采用如下语句对遗传算法进行设定:

```
options = gaoptimset('Param1', value1, 'Param2', value2, ...);
```

其中,Param1、Param2 等是需要设定的参数,比如适应度函数句柄、变量个数、约束、精英数目、交叉后代比例、终止条件等;value1、value2 等是 Param 的具体值。Param 有专门的表述方式,比如,种群大小对应于 PopulationSize、精英数目对应于 EliteCount 等,更多的专用表述方式可以使用"doc gaoptimset"语句调出 Help 作为参考。

在设置完 options 之后,需要调用图 6-1 中所示的函数 ga 来运行遗传算法,函数 ga 的格式如下:

(1) 在 MATLAB 7.1 及以后的版本中,函数 ga 的调用格式为

[x_best,fval] = ga(fitnessfcn,nvars,A,b,Aeq,beq,lb,ub,nonlcon,options);

其中,x_best 为遗传算法得到的最优个体;fval 为最优个体 x_best 对应的适应度函数值;fitnessfcn 为适应度函数句柄;nvars 为变量数目;A、b、Aeq、beq 为线性约束,可以表示为 $A * X <= B$, $Aeq * X = Beq$;lb、ub 为上下限约束,可以表述为 $lb <= X <= ub$;nonlcon 为非线性约束,需要用 M 文件编写,该 M 文件返回的是 C 和 Ceq,非线性约束可以表述为 $C(X) <= 0$, $Ceq(X) = 0$;当没有约束时,用"[]"表示即可;options 即为函数 gaoptimset 所设置的参数。

(2) 在 MATLAB 7.0.4 版本下,函数 ga 的通用格式为

[x_best,fval] = ga(fitnessfcn,nvars,options);

其中,各参数的含义同上。可以看到,MATLAB 7.0.4 版本下的 GADST 没有支持带约束的优化问题。

6.3.3 使用 GADST 求解遗传算法相关问题

使用 GADST 求解优化问题的第一步是编写适应度函数的 M 文件。对于以上问题,适应度函数 GA_demo 的代码如下:

```
function f = GA_demo(x)
f1 = 4 * x(1).^3 + 4 * x(1) * x(2) + 2 * x(2).^2 - 42 * x(1) - 14;
f2 = 4 * x(2).^3 + 4 * x(1) * x(2) + 2 * x(1).^2 - 26 * x(1) - 22;
f = f1.^2 + f2.^2;
```

编写好适应度函数的 M 文件之后,就可以使用 GADST 进行优化了,可以使用 GUI 方式或者命令行方式。

1. 使用 GUI 方式

使用 GADST 的 GUI 方式求解上述非线性方程组的步骤如下:

(1) 打开 GADST 的 GUI 界面。

(2) 在 Fitness function 中输入适应度函数句柄,在本案例中即@GA_demo。注意,适应度函数必须在 Current Directory 内。

(3) 在 Number of variables 中输入个体所含的变量数目,在本案例中,因为适应度函数 GA_demo 的个体有两个变量,即 x_1 和 x_2,故 Number of variables 为 2。

(4) 因为本案例中没有约束条件,所以保持 Linear inequalities、Linear equalities、Bounds 及 Nonlinear constraint function 等处为空。

(5) 在 Population size 中,设置种群大小为 100;在 Reproduction 中,设置精英数目(Elite-Count)和交叉后代比例(CrossoverFraction)分别为 10 和 0.75;在 Stopping criteria 中,设置最大进化代数(Generations)、停止代数(Stall generations)和适应度函数值偏差(Function tolerance)分别为 500、500 和 1e-100,使得算法能够在进化 500 代后停止。

(6) 在 Plot functions 中,选中最优个体的适应度函数值(Best fitness)和最优个体(Best individual)。

(7) 其余选项保持默认设置。

(8) 单击 Start 开始运行遗传算法。

2. 使用命令行方式

使用命令行方式运行遗传算法的代码如下：

```
clear
clc
fitnessfcn = @GA_demo;                                      % 适应度函数句柄
nvars = 2;                                                  % 个体所含的变量数目
options = gaoptimset ('PopulationSize', 100, 'EliteCount', 10, 'CrossoverFraction', 0. 75,
'Generations',500,'StallGenLimit',500,'TolFun',1e − 100,'PlotFcns',{@ gaplotbestf, @ gaplot-
bestindiv});                                                % 参数设置
[x_best,fval] = ga(fitnessfcn,nvars,[],[],[],[],[],[],options);  % 调用函数 ga
```

可以看出，与使用 GUI 的方式一样，在编写好适应度函数的 M 文件之后，需要进行选项（Options）的参数设置。在 GUI 界面下可以设置的参数，在命令行方式下都可以实现，两者是相通的。设定好参数之后，只需调用函数 ga 即可运行遗传算法。

3. 结果分析

可以看到，在遗传算法的运行过程中，GADST 调用函数 gadsplot 绘制了名为 Genetic Algorithm 的图，且随着种群的不断进化，该图在不断更新。当遗传算法停止退出、种群进化完毕后，得到如图 6-4 所示的最优个体适应度函数值变化曲线和最优个体。需要说明的是，由于遗传算法中使用了 rand 等随机函数，因此每次运行的结果是不一样的。

在图 6-4 所示的最优个体适应度函数值变化曲线中，横坐标为进化代数，即 Options 中 Generations 的设定值，纵坐标为适应度函数值（包括种群的平均适应度函数值和最优个体对应的适应度函数值）。为了进一步分析其中最优个体对应的适应度函数值变化曲线，对其纵向局部放大，得到图 6-5，可以看到，随着种群代数的不断增加，最优个体的适应度函数值不断减小，也就是说，遗传算法搜索到的适应度函数（6-4）的值越来越小。

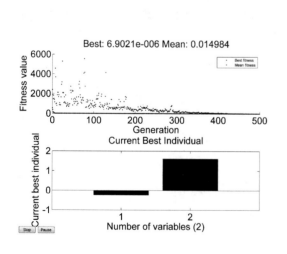

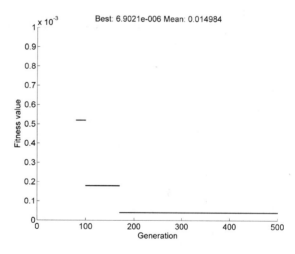

图 6-4 运行遗传算法得到的最优个体适应度函数值变化曲线和最优个体

图 6-5 局部放大后的最优个体适应度函数值变化曲线

当种群进化结束时，可以得到图 6-4 中下方图所示的最优个体。若使用 GUI 方式，该最优个体可以在图 6-3 所示 GUI 界面的 Final point 中看到；若使用命令行方式，该最优个体可以在 Workspace 中找到，即 x_best。此次运行得到的最优个体为

$$[x_1, x_2] = [-0.247\ 800\ 834\ 353\ 742, 1.621\ 315\ 728\ 684\ 96]$$

此最优个体对应的适应度函数值为 $6.902\ 1 \times 10^{-6}$，该值已经比较接近于 0，说明遗传算法比较好地找到了非线性方程组(6-2)的解。

最后需要指出的是，在 Options 的设置中，一般来讲，种群规模越大、进化代数越多，得到的最优个体对应的适应度函数值就越小，也就是结果越好，当然，相应的迭代时间也会越长。

6.4 延伸阅读

GADST 默认绘制的图中字体偏小，如果需要增大图中的字体，只需在相应的绘图函数（这里是 gaplotbestf. m 和 gaplotbestindiv. m）添加适当语句即可，具体的语句如表 6-2 所列。需要注意的是，所修改的绘图函数需要重新启动 MATLAB 才能生效。

表 6-2 改变图中默认字体大小的语句

函数名	添加的语句	添加语句的位置
gaplotbestf. m	set(gca,'Fontsize',20);	set(gca,'xlim',[0,options. Generations]);之后
	set(LegnD,'FontSize',20);	LegnD=legend('Best fitness','Mean fitness');之后
gaplotbestindiv. m	set(gca,'Fontsize',20);	set(gca,'xlim',[0,1+GenomeLength]);之后

参考文献

[1] MathWorks Inc. Genetic Algorithm and Direct Search Toolbox——MATLAB® version 2. 4. 1，User's guide，2009.

[2] MathWorks Inc. Genetic Algorithm and Direct Search Toolbox——MATLAB® version 2. 3，User's guide，2008.

[3] MathWorks Inc. Genetic Algorithm and Direct Search Toolbox——MATLAB® version 2. 0，User's guide，2005.

[4] MathWorks Inc. Genetic Algorithm and Direct Search Toolbox——MATLAB® version 1. 0. 3，User's guide，2005.

第 7 章

多种群遗传算法的函数优化算法

7.1 理论基础

7.1.1 遗传算法早熟问题

遗传算法是一种借鉴生物界自然选择和进化机制发展起来的高度并行、随机、自适应的全局优化概率搜索算法。由于优化时不依赖于梯度，具有很强的鲁棒性和全局搜索能力，因此，被广泛应用于机器学习、模式识别、数学规划等领域。然而，随着遗传算法的广泛应用以及研究的深入，其诸多缺陷与不足也暴露出来，例如，早熟收敛问题。

未成熟收敛是遗传算法中不可忽视的现象，主要表现在群体中的所有个体都趋于同一状态而停止进化，算法最终不能给出令人满意的解。未成熟收敛的发生主要和下列几个方面有关：

（1）选择操作是根据当前群体中个体的适应度值所决定的概率进行的，当群体中存在个别超常个体时（该个体的适应度比其他个体高得多），该个体在选择算子作用下将会多次被选中，下一代群体很快被该个体所控制，群体中失去竞争性，从而导致群体停滞不前。

（2）交叉和变异操作发生的频度是受交叉概率 P_c 和变异概率 P_m 控制的。P_c 和 P_m 的恰当设定涉及遗传算法全局搜索和局部搜索能力的均衡，进化搜索的最终结果对 P_c、P_m 的取值相当敏感，不同的 P_c、P_m 取值很可能会导致不同的计算结果。

（3）群体规模对遗传算法的优化性能也有较大的影响。当群体规模较小时，群体中多样性程度低，个体之间竞争性较弱，随着进化的进行，群体很快趋于单一化，交叉操作产生新个体的作用渐趋消失，群体的更新只靠变异操作来维持，群体很快终止进化；当群体规模取值较大时，势必造成计算量的增加，计算效率受到影响。

（4）遗传算法常用的终止判据是，当迭代次数到达人为规定的最大遗传代数时，则终止进化。如迭代次数过少，进化不充分，也会造成未成熟收敛。为克服未成熟收敛，许多学者对算法改进进行了一些有益的探索，特别对遗传控制参数的设定，提出了自适应的交叉和变异，并获得了一些有益的结论。但是，遗传算法的未成熟收敛与上述诸多因素有关，在应用遗传算法解决实际问题时，控制参数如何设定，遗传算子如何设计往往是根据实际问题试探性地给出的，不恰当的设定会在很大程度上影响算法的性能。

7.1.2 多种群遗传算法概述

针对遗传算法所存在的上述问题，一种多种群遗传算法（multiple population GA，MPGA）可以用来取代常规的标准遗传算法（SGA）。

MPGA 在 SGA 的基础上主要引入了以下几个概念：

（1）突破 SGA 仅靠单个群体进行遗传进化的框架，引入多个种群同时进行优化搜索；不同的种群赋以不同的控制参数，实现不同的搜索目的。

（2）各个种群之间通过移民算子进行联系，实现多种群的协同进化；最优解的获取是多个种群协同进化的综合结果。

（3）通过人工选择算子保存各种群每个进化代中的最优个体，并作为判断算法收敛的依据。

图7-1中，种群1～N的进化机制都是常规的SGA，采用轮盘赌选择、单点交叉和位点变异。

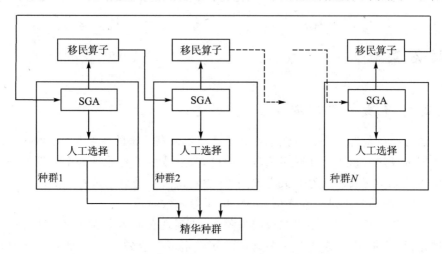

图7-1 MPGA的算法结构示意图

各种群取不同的控制参数。交叉概率 P_c 和变异概率 P_m 的取值决定了算法全局搜索和局部搜索能力的均衡。在SGA中，交叉算子是产生新个体的主要算子，它决定了遗传算法全局搜索的能力；而变异算子只是产生新个体的辅助算子，它决定了遗传算法的局部搜索能力。许多学者建议选择较大的 P_c(0.7～0.9)和较小的 P_m(0.001～0.05)。但是 P_c 和 P_m 的取值方式还是有无数种，对于不同的选择，优化结果差异也是很大的。MPGA弥补了SGA的这一不足，通过多个设有不同控制参数的种群协同进化，同时兼顾了算法的全局搜索和局部搜索。

各种群是相对独立的，相互之间通过移民算子联系。移民算子将各种群在进化过程中出现的最优个体定期地（每隔一定的进化代数）引入其他的种群中，实现种群之间的信息交换。具体的操作规则是，将目标种群中的最差个体用源种群的最优个体代替。移民算子在MPGA中至关重要，如果没有移民算子，各种群之间失去了联系，MPGA将等同于用不同的控制参数进行多次SGA计算，从而失去了MPGA的特色。

精华种群和其他种群有很大不同。在进化的每一代，通过人工选择算子选出其他种群的最优个体放入精华种群加以保存。精华种群不进行选择、交叉、变异等遗传操作，保证进化过程中各种群产生的最优个体不被破坏和丢失。同时，精华种群也是判断算法终止的依据，这里采用最优个体最少保持代数为终止判据。这种判据充分利用了遗传算法在进化过程中的知识积累，较最大遗传代数判据更为合理。

7.2 案例背景

7.2.1 问题描述

复杂二元函数求最值：

$$\max f(x,y) = 21.5 + x\sin(4\pi x) + y\sin(20\pi y)$$

$$\begin{cases} -3.0 \leqslant x \leqslant 12.1 \\ 4.1 \leqslant y \leqslant 5.8 \end{cases}$$

该函数的图形如图 7-2 所示。

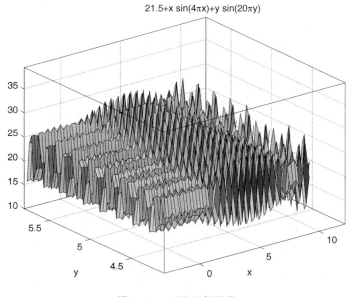

图 7-2 二元函数图像

从图 7-2 中可以看出,该非线性函数在给定范围内分布着许多局部极值,通常的寻优算法极易陷入局部极值或在各局部极值间振荡,比较适用于验证多种群遗传算法的性能。

7.2.2 解题思路及步骤

图 7-1 中的 SGA 流程图本书第 4 章图 4-1 已经述及,这里不再赘述。

本例 SGA 部分使用的是英国谢菲尔德大学推出的基于 MATLAB 的遗传算法工具箱,具体可以参考本书第 1 章中有关谢菲尔德大学 MATLAB 遗传算法工具箱的讲述。

本例使用到的工具箱函数如表 7-1 所列。

表 7-1 本例使用到的工具箱函数列表

算 子	函 数	功 能
创建种群	crtbp	创建基向量
适应度计算	ranking	常用的基于秩的适应度计算
选择函数	select	高级选择例程
	sus	随机遍历采样
	reins	一致随机和基于适应度的重插入
交叉算子	recombin	高级重组算子
	xovsp	单点交叉
变异算子	mut	离散变异

7.3 MATLAB 程序实现

SGA 部分直接使用英国谢菲尔德大学推出的基于 MATLAB 的遗传算法工具箱,所以对应的函数实现这里不做介绍,详细的可以参考工具箱函数。下面详细介绍移民算子和人工选择算子的实现。

7.3.1 移民算子

移民算子函数名为 immigrant,函数的输入、输出参数如表 7 - 2 所列。

表 7 - 2 函数 immigrant 的输入、输出参数

	变量名	类 型	意 义
输入参数	Chrom	Cell	每个元胞单元为一个种群的编码(移民前的)
	ObjV	Cell	每个元胞为一个种群所有个体的目标值(移民前的)
输出参数	Chrom	Cell	每个元胞单元为一个种群的编码(移民后的)
	ObjV	Cell	每个元胞为一个种群所有个体的目标值(移民后的)

具体函数代码如下:

```
function [Chrom,ObjV] = immigrant(Chrom,ObjV)
%%移民算子
MP = length(Chrom);
for i = 1:MP
    [MaxO,maxI] = max(ObjV{i});        % 找出第 i 种群中最优的个体
    next_i = i + 1;                    % 目标种群(移民操作中)
    if next_i>MP;next_i = mod(next_i,MP);end
    [MinO,minI] = min(ObjV{next_i});   % 找出目标种群中最劣的个体
    %% 目标种群最劣个体替换为源种群最优个体
    Chrom{next_i}(minI,:) = Chrom{i}(maxI,:);
    ObjV{next_i}(minI) = ObjV{i}(maxI);
end
```

7.3.2 人工选择算子

人工选择算子函数名为 EliteInduvidual,函数的输入、输出参数如表 7 - 3 所列。

表 7 - 3 函数 EliteInduvidual 的输入、输出参数

	变量名	类 型	意 义
输入参数	Chrom	Cell	每个元胞单元为一个种群的编码(移民前的)
	ObjV	Cell	每个元胞为一个种群所有个体的目标值(移民前的)
	MaxObjV	Double	各个种群当前最优个体的目标值(选择前的)
	MaxChrom	Double	各个种群当前最优个体的编码(选择前的)
输出参数	MaxObjV	Double	各个种群当前最优个体的目标值(选择后的)
	MaxChrom	Double	各个种群当前最优个体的编码(选择后的)

具体函数代码如下:

```
function [MaxObjV,MaxChrom] = EliteInduvidual(Chrom,ObjV,MaxObjV,MaxChrom)
%%人工选择算子
MP = length(Chrom);                    % 种群数
for i = 1:MP
    [MaxO,maxI] = max(ObjV{i});        % 找出第 i 种群中最优个体
    if MaxO>MaxObjV(i)
```

```
        MaxObjV(i) = MaxO;                      % 记录各种群的精华个体
        MaxChrom(i,:) = Chrom{i}(maxI,:);       % 记录各种群精华个体的编码
    end
end
```

7.3.3　目标函数

针对 7.2.1 节中提出的问题，写出目标函数，函数名为 ObjectFunction，代码如下：

```
function obj = ObjectFunction(X)
%% 待优化的目标函数
% X 的每行为一个个体
col = size(X,1);
for i = 1:col
    obj(i,1) = 21.5 + X(i,1) * sin(4 * pi * X(i,1)) + X(i,2) * sin(20 * pi * X(i,2));
end
```

7.3.4　标准遗传算法主函数

先使用标准遗传算法解决 7.2.1 节中的问题——复杂二元函数优化。

实现的主函数代码如下：

```
%% 标准遗传算法 SGA
clear
clc
pc = 0.7;
pm = 0.05;
% 定义遗传算法参数
NIND = 40;                                      % 个体数目
MAXGEN = 500;                                   % 最大遗传代数
NVAR = 2;                                       % 变量的维数
PRECI = 20;                                     % 变量的二进制位数
GGAP = 0.9;                                     % 代沟
trace = zeros(MAXGEN,1);
FieldD = [rep(PRECI,[1,NVAR]);[-3,4.1;12.1,5.8];rep([1;0;1;1],[1,NVAR])];   % 建立区域描述器
Chrom = crtbp(NIND, NVAR * PRECI);              % 创建初始种群
gen = 0;                                        % 代计数器
maxY = 0;                                       % 最优值
ObjV = ObjectFunction(bs2rv(Chrom, FieldD));    % 计算初始种群个体的目标函数值
while gen<MAXGEN                                 % 迭代
    FitnV = ranking( - ObjV);                   % 分配适应度值(assign fitness values)
    SelCh = select('sus', Chrom, FitnV, GGAP);  % 选择
    SelCh = recombin('xovsp', SelCh, pc);       % 重组
    SelCh = mut(SelCh,pm);                      % 变异
    ObjVSel = ObjectFunction(bs2rv(SelCh, FieldD)); % 计算子代目标函数值
    [Chrom ObjV] = reins(Chrom, SelCh, 1, 1, ObjV, ObjVSel);   % 重插入
    gen = gen + 1;                              % 代计数器增加
    if maxY<max(ObjV)
        maxY = max(ObjV);
```

```
        end
        trace(gen,1) = maxY;
    end

    %% 进化过程图
    plot(1:gen,trace(:,1));

    %% 输出最优解
    [Y,I] = max(ObjV);
    X = bs2rv(Chrom, FieldD);
    disp(['最优值为:',num2str(Y)])
    disp(['对应的自变量取值:',num2str(X(I,:))])
```

7.3.5 多种群遗传算法主函数

使用多种群遗传算法解决 7.2.1 节中的问题——复杂二元函数优化。

实现的主函数,代码如下:

```
%% 多种群遗传算法
clear;
clc
close all
NIND = 40;                                          % 个体数目
NVAR = 2;                                           % 变量的维数
PRECI = 20;                                         % 变量的二进制位数
GGAP = 0.9;                                         % 代沟
MP = 10;                                            % 种群数目
FieldD = [rep(PRECI,[1,NVAR]);[-3,4.1;12.1,5.8];rep([1;0;1;1],[1,NVAR])];      % 译码矩阵
for i = 1:MP
    Chrom{i} = crtbp(NIND, NVAR * PRECI);           % 创建初始种群
end
pc = 0.7 + (0.9 - 0.7) * rand(MP,1);                % 在[0.7,0.9]区间内随机产生交叉概率
pm = 0.001 + (0.05 - 0.001) * rand(MP,1);           % 在[0.001,0.05]区间内随机产生变异概率
gen = 0;                                            % 初始遗传代数
gen0 = 0;                                           % 初始保持代数
MAXGEN = 10;                                        % 最优个体最少保持代数
maxY = 0;                                           % 最优值
for i = 1:MP
    ObjV{i} = ObjectFunction(bs2rv(Chrom{i}, FieldD)); % 计算各初始种群个体的目标函数值
end
MaxObjV = zeros(MP,1);                              % 记录精华种群
MaxChrom = zeros(MP,PRECI * NVAR);                  % 记录精华种群的编码
while gen0 < = MAXGEN
    gen = gen + 1;                                  % 遗传代数加 1
    for i = 1:MP
        FitnV{i} = ranking( - ObjV{i});             % 各种群的适应度
        SelCh{i} = select('sus', Chrom{i}, FitnV{i},GGAP);   % 选择操作
        SelCh{i} = recombin('xovsp',SelCh{i}, pc(i));        % 交叉操作
```

```
            SelCh{i} = mut(SelCh{i},pm(i));                    % 变异操作
            ObjVSel = ObjectFunction(bs2rv(SelCh{i}, FieldD)); % 计算子代目标函数值
            [Chrom{i},ObjV{i}] = reins(Chrom{i},SelCh{i},1,1,ObjV{i},ObjVSel);    % 重插入操作
        end
        [Chrom,ObjV] = immigrant(Chrom,ObjV);                  % 移民操作
        [MaxObjV,MaxChrom] = EliteInduvidual(Chrom,ObjV,MaxObjV,MaxChrom);   % 人工选择精华种群
        YY(gen) = max(MaxObjV);                                % 找出精华种群中最优的个体
        if YY(gen)>maxY                                        % 判断当前优化值是否与前一次优化
                                                               % 值相同

            maxY = YY(gen);                                    % 更新最优值
            gen0 = 0;
        else
            gen0 = gen0 + 1;                                   % 最优值保持次数加 1
        end
end
%% 进化过程图
plot(1:gen,YY)
xlabel('进化代数')
ylabel('最优解变化')
title('进化过程')
xlim([1,gen])
%% 输出最优解
[Y,I] = max(MaxObjV);                                          % 找出精华种群中最优的个体
X = (bs2rv(MaxChrom(I,:), FieldD));                           % 最优个体的解码解
disp(['最优值为:',num2str(Y)])
disp(['对应的自变量取值:',num2str(X)])
```

7.3.6　结果分析

标准遗传算法运行 5 次得到的结果如表 7-4 所列,其进化过程图如图 7-3 所示。

表 7-4　最优解和对应的 x、y

第 i 次	x	y	最优解
1	11.599 5	4.724 88	37.234 3
2	11.655 6	5.512 47	36.196 2
3	12.099 1	4.816 36	37.087 4
4	11.646 8	5.129 71	37.619 4
5	11.633 8	5.429 54	38.272 7

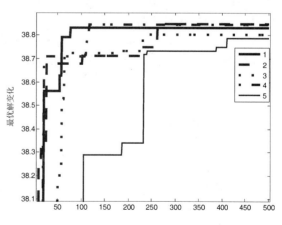

图 7-3　标准遗传算法运行 5 次的进化过程图

从表 7-4 和图 7-3 可以看出,5 次得到的优化结果均不相同,标准遗传算法很不稳定,而且在接近 500 代的时候仍然未稳定下来,说明最优解还有上升的可能。对于这种复杂的函数优化,使用标准的遗传算法已经很难得到最优解了。

多种群遗传算法运行5次得到的结果如表7-5所列,其进化过程如图7-4所示。

从表7-5和图7-4可以看出,多种群遗传算法运行5次的结果完全一致,说明多种群遗传算法稳定性很好,而且使用的遗传代数都很小,最大的不超过70代。可见,多种群遗传算法的收敛速度快,适合复杂问题的优化。

表 7-5 最优解和对应的 x、y

第 i 次	x	y	最优解
1	11.625 5	5.725 04	38.850 3
2	11.625 5	5.725 04	38.850 3
3	11.625 5	5.725 04	38.850 3
4	11.625 5	5.725 04	38.850 3
5	11.625 5	5.725 04	38.850 3

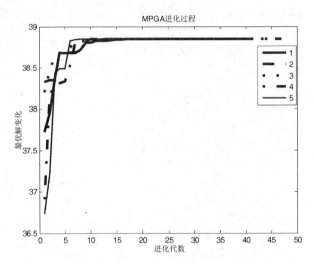

图 7-4 多种群遗传算法运行5次的进化过程图

因为 MPGA 中采用了多个种群同时对解空间进行协同搜索,兼顾了算法的全局搜索和局部搜索,计算结果对遗传控制参数的敏感性大大降低,对克服未成熟收敛有显著的效果。

7.4 延伸阅读

在遗传算法的基础上,MPGA 将 SGA 算法结构进行了扩展,引入了多个种群同时对解空间进行协同搜索,兼顾了算法全局搜索和局部搜索能力的均衡,大大降低了遗传控制参数的不当设定对规划结果的影响,对抑制未成熟收敛的发生有明显的效果。实际算例表明,MPGA 用于复杂函数优化是非常有效的。

7.2.1 节中的问题是对二元函数的优化,MPGA 对于单元或者是其他任意元的函数优化均可以实现,只是需要稍微做些修改。例如在[0,1]区间求最大值:

$$\max f(x) = \exp\left(\frac{x-0.1}{0.8}\right)^2 \times \left[\sin(5\pi x)\right]^6$$

修改目标函数为

```
function obj = ObjectFunction(X)
%% 待优化的目标函数
col = size(X,1);
for i = 1:col
    obj(i,1) = exp((((X(i,1) - 0.1)/0.8)^2) * (sin(5 * pi * X(i,1)))^6;
end
```

然后修改主函数中变量的维数和译码矩阵,程序代码如下:

```
NVAR = 1;                      % 变量的维数
FieldD = [PRECI;0;1;1;0;1;1];  % 译码矩阵
```

对于更高维的函数优化,参照以上程序修改即可。

参考文献

[1] 叶在福,单渊达. 基于多种群遗传算法的输电系统扩展规划[J]. 电力系统自动化,2000(05):24-27,35.

[2] 余健明,吴海峰,杨文宇. 基于改进多种群遗传算法的配电网规划[J]. 电网技术,2005,29(07):36-40,55.

[3] 郝翔,李人厚. 适用于复杂函数优化的多群体遗传算法[J]. 控制与决策,1998,17(03):184-188.

[4] 周文彬,蔡永铭,陈华艳. 实值多种群遗传算法求解动态规划问题[J]. 控制工程,2007,5(14):103-104,124.

[5] 陈曦,王希诚. 一种改进的多种群遗传算法[J]. 辽宁科技大学学报,2009,32(2):160-163.

第 **8** 章

基于量子遗传算法的函数寻优算法

8.1 理论基础

8.1.1 量子遗传算法概述

量子遗传算法(quantum genetic algorithm, QGA)是量子计算与遗传算法相结合的产物,是一种新发展起来的概率进化算法。

遗传算法是处理复杂优化问题的一种方法,其基本思想是模拟生物进化的优胜劣汰规则与染色体的交换机制,通过选择、交叉、变异三种基本操作寻找最优个体。由于 GA 不受问题性质、优化准则形式等因素的限制,仅用目标函数在概率引导下进行全局自适应搜索,能够处理传统优化方法难以解决的复杂问题,具有极高鲁棒性和广泛适用性,因而得到了广泛应用并成为跨学科研究的热点。但是,若选择、交叉、变异的方式不当,GA 会表现出迭代次数多、收敛速度慢、易陷入局部极值的现象。

量子计算中采用量子态作为基本的信息单元,利用量子态的叠加、纠缠和干涉等特性,通过量子并行计算可以解决经典计算中的 NP 问题。1994 年 Shor 提出第一个量子算法,求解了大数质因子分解的经典计算难题,该算法可用于公开密钥系统 RSA;1996 年 Grover 提出随机数据库搜索的量子算法,在量子计算机上可实现对未加整理的数据库 $\sqrt{N}$ 量级的加速搜索。量子计算正以其独特的计算性能迅速成为研究的热点。

量子遗传算法就是基于量子计算原理的一种遗传算法。将量子的态矢量表达引入遗传编码,利用量子逻辑门实现染色体的演化,达到了比常规遗传算法更好的效果。

量子遗传算法建立在量子的态矢量表示的基础之上,将量子比特的几率幅表示应用于染色体的编码,使得一条染色体可以表达多个态的叠加,并利用量子逻辑门实现染色体的更新操作,从而实现了目标的优化求解。

8.1.2 量子比特编码

在量子计算机中,充当信息存储单元的物理介质是一个双态量子系统,称为量子比特。量子比特与经典位不同就在于它可以同时处在两个量子态的叠加态中,比如:

$$| \varphi \rangle = \alpha | 0 \rangle \beta | 1 \rangle$$

(α, β) 是两个幅常数,满足

$$| \alpha |^2 + | \beta |^2 = 1$$

其中,$| 0 \rangle$ 和 $| 1 \rangle$ 分别表示自旋向下和自旋向上态。所以一个量子比特可同时包含态 $| 0 \rangle$ 和 $| 1 \rangle$ 的信息。

在量子遗传算法中,采用量子比特存储和表达一个基因。该基因可以为"0"态或"1"态,或它们的任意叠加态。即该基因所表达的不再是某一确定的信息,而是包含所有可能的信息,对该基因的任一操作也会同时作用于所有可能的信息。

采用量子比特编码使得一个染色体可以同时表达多个态的叠加,使得量子遗传算法比经典遗传算法拥有更好的多样性特征。采用量子比特编码也可以获得较好的收敛性,随着$|\alpha|^2$或$|\beta|^2$趋于 0 或 1,量子比特编码的染色体将收敛到一个单一态。

8.1.3　量子门更新

量子门作为演化操作的执行机构,可根据具体问题进行选择,目前已有的量子门有很多种,根据量子遗传算法的计算特点,选择量子旋转门较为合适。量子旋转门的调整操作为

$$\boldsymbol{U}(\theta_i) = \begin{bmatrix} \cos(\theta_i) & -\sin(\theta_i) \\ \sin(\theta_i) & \cos(\theta_i) \end{bmatrix} \tag{8-1}$$

其更新过程如下:

$$\begin{bmatrix} \alpha'_i \\ \beta'_i \end{bmatrix} = \boldsymbol{U}(\theta_i) \begin{bmatrix} \alpha_i \\ \beta_i \end{bmatrix} = \begin{bmatrix} \cos(\theta_i) & -\sin(\theta_i) \\ \sin(\theta_i) & \cos(\theta_i) \end{bmatrix} \begin{bmatrix} \alpha_i \\ \beta_i \end{bmatrix} \tag{8-2}$$

其中,$(\alpha_i, \beta_i)^{\mathrm{T}}$ 和 $(\alpha'_i, \beta'_i)^{\mathrm{T}}$ 代表染色体第 i 个量子比特旋转门更新前后的概率幅;θ_i 为旋转角,它的大小和符号由事先设计的调整策略确定。

由式(8-2)可以得出 α'_i 和 β'_i 分别为:

$$\begin{cases} \alpha'_i = \alpha_i \cos(\theta_i) - \beta_i \sin(\theta_i) \\ \beta'_i = \alpha_i \sin(\theta_i) + \beta_i \cos(\theta_i) \end{cases}$$

所以

$$|\alpha'_i|^2 + |\beta'_i|^2 = [\alpha_i\cos(\theta_i) - \beta\sin(\theta_i)]^2 + [\alpha_i\sin(\theta_i) + \beta_i\cos(\theta_i)]^2 = |\alpha_i|^2 + |\beta_i|^2 = 1$$

可以看出变换之后$|\alpha'_i|^2 + |\beta'_i|^2$ 的值仍为 1。

8.2　案例背景

8.2.1　问题描述

复杂二元函数求最值

$$\max f(x,y) = x\sin(4\pi x) + y\sin(20\pi y)$$
$$\begin{cases} -3.0 \leqslant x_1 \leqslant 12.1 \\ 4.1 \leqslant x_2 \leqslant 5.8 \end{cases}$$

该函数的图形如图 8-1 所示。

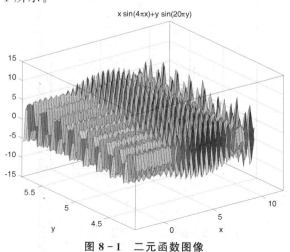

图 8-1　二元函数图像

从图8-1中可以看出,该非线性函数在给定范围内分布着许多局部极值,通常的寻优算法极易陷入局部极值或在各局部极值间振荡,比较适合于验证量子遗传算法的性能。

8.2.2 解题思路及步骤

1. 量子遗传算法流程

量子遗传算法的流程如下:

(1) 初始化种群 $Q(t_0)$,随机生成 n 个以量子比特为编码的染色体;

(2) 对初始种群 $Q(t_0)$ 中的每个个体进行一次测量,得到对应的确定解 $P(t_0)$;

(3) 对各确定解进行适应度评估;

(4) 记录最优个体和对应的适应度;

(5) 判断计算过程是否可以结束,若满足结束条件则退出,否则继续计算;

(6) 对种群 $Q(t)$ 中的每个个体实施一次测量,得到相应的确定解;

(7) 对各确定解进行适应度评估;

(8) 利用量子旋转门 $U(t)$ 对个体实施调整,得到新的种群 $Q(t+1)$;

(9) 记录最优个体和对应的适应度;

(10) 将迭代次数 t 加 1,返回步骤(5)。

对应的流程图如图8-2所示。

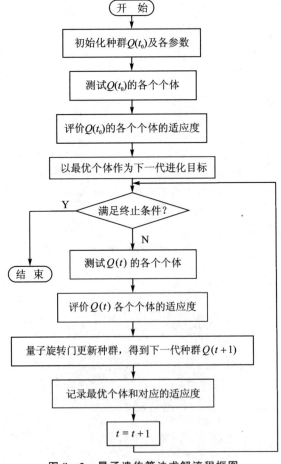

图 8-2 量子遗传算法求解流程框图

算法步骤(1)是初始化种群 $Q(t_0)$，种群中全部染色体的所有基因(α_i^t,β_i^t)都被初始化为 $\left(\dfrac{1}{\sqrt{2}},\dfrac{1}{\sqrt{2}}\right)$，这意味着一个染色体所表达的是其全部可能状态的等概率叠加：

$$|\psi_{q_j^t}\rangle=\sum_{k=1}^{2^m}\frac{1}{\sqrt{2^m}}|S_k\rangle$$

其中，S_k 为该染色体的第 k 种状态，表现形式为一长度为 m 的二进制串$(x_1,x_2,\cdots,x_m)$，x_i 的值为 0 或者 1。

算法的步骤(2)是对初始种群中的个体进行一次测量，以获得一组确定的解 $P(t)=\{p_1^t,p_2^t,\cdots,p_n^t\}$，其中，$p_j^t$ 为第 t 代种群中第 j 个解(第 j 个个体的测量值)，表现形式为长度为 m 的二进制串，其中每一位为 0 或 1，是根据量子比特的概率($|\alpha_i^t|^2$ 或 $|\beta_i^t|^2$，$i=1,2,\cdots,m$)选择得到的。测量过程为，随机产生一个$[0,1]$区间的数，若它大于概率幅的平方，则测量结果取值 1，否则取值 0。然后，对这一组解进行适应度评估，记录下最佳适应度个体作为下一步演化的目标值。

随后，算法进入循环迭代阶段，随着迭代的进行，种群的解逐渐向最优解收敛。在每一次迭代中，首先对种群进行测量，以获得一组确定解 $P(t)$，然后计算每个解的适应度值，再根据当前的演化目标和事先确定的调整策略，利用量子旋转门对种群中的个体进行调整，获得更新后的种群，记录下当前的最优解，并与当前的目标值进行比较，如果大于当前目标值，则以新的最优解作为下一次迭代的目标值，否则保持当前的目标值不变。

2. 量子遗传算法实现

(1) 量子比特编码

采用遗传算法中的二进制编码，对存在多态的问题进行量子比特编码，如两态用一个量子比特进行编码，四态用两个量子比特进行编码。该方法的优点是通用性好，且实现简单。采用多量子比特编码 m 个参数的基因如下：

$$q_j^t=\begin{pmatrix}\alpha_{11}^t & \alpha_{12}^t & \cdots & \alpha_{1k}^t & \alpha_{21}^t & \alpha_{22}^t & \cdots & \alpha_{2k}^t & \alpha_{m1}^t & \alpha_{m2}^t & \cdots & \alpha_{mk}^t \\ \beta_{11}^t & \beta_{12}^t & \cdots & \beta_{1k}^t & \beta_{21}^t & \beta_{22}^t & \cdots & \beta_{2k}^t & \beta_{m1}^t & \beta_{m2}^t & \cdots & \beta_{mk}^t\end{pmatrix}$$

其中，q_j^t 代表第 t 代，第 j 个个体的染色体；k 为编码每一个基因的量子比特数；m 为染色体的基因个数。

将种群各个个体的量子比特编码(α,β)都初始化为 $\left(\dfrac{1}{\sqrt{2}},\dfrac{1}{\sqrt{2}}\right)$，这意味着一个染色体所表达的全部可能状态是等概率的。

(2) 量子旋转门

量子遗传算法中，旋转门是最终实现演化操作的执行机构。这里使用一种通用的、与问题无关的调整策略，如表 8-1 所列。

其中，x_i 为当前染色体的第 i 位；$best_i$ 为当前的最优染色体的第 i 位；$f(x)$ 为适应度函数；$s(\alpha_i,\beta_i)$ 为旋转角方向；$\Delta\theta_i$ 为旋转角度大小，其值根据表 8-1 中所列的选择策略确定。该调整策略是将个体 q_j^t 当前的测量值的适应度 $f(x)$ 与该种群当前最优个体的适应度值 $f(best_i)$ 进行比较，如果 $f(x)>f(best)$，则调整 q_j^t 中相应位量子比特，使得几率幅对(α_i,β_i)向着有利于 x_i 出现的方向演化；反之，如果 $f(x)<f(best)$，则调整 q_j^t 中相应位量子比特，使得几率幅对(α_i,β_i)向着有利于 best 出现的方向演化。

表 8 - 1 旋转角选择策略

x_i	$best_i$	$f(x) > f(best)$	$\Delta\theta_i$	$s(\alpha_i, \beta_i)$			
				$\alpha_i\beta_i > 0$	$\alpha_i\beta_i < 0$	$\alpha_i = 0$	$\beta_i = 0$
0	0	FALSE	0	0	0	0	0
0	0	TRUE	0	0	0	0	0
0	1	FALSE	0.01π	$+1$	-1	0	±1
0	1	TRUE	0.01π	-1	$+1$	±1	0
1	0	FALSE	0.01π	-1	$+1$	±1	0
1	0	TRUE	0.01π	$+1$	-1	0	±1
1	1	FALSE	0	0	0	0	0
1	1	TRUE	0	0	0	0	0

8.3 MATLAB 程序实现

8.3.1 种群初始化

种群初始化函数为 InitPop,其作用是产生初始种群的量子比特编码矩阵 chrom。

```
function chrom = InitPop(M,N)
%% 初始化种群
% M 为种群大小×2,(α 和 β)
% N 为量子比特编码长度
for i = 1:M
    for j = 1:N
        chrom(i,j) = 1/sqrt(2);
    end
end
```

8.3.2 测量函数

对种群实施一次测量,得到二进制编码,函数名为 collapse。

```
function binary = collapse(chrom)
%% 对种群实施一次测量,得到二进制编码
% 输入 chrom:为量子比特编码
% 输出 binary:二进制编码
[M,N] = size(chrom);                    % 得到种群大小和编码长度
M = M/2;                                % 种群大小
binary = zeros(M,N);                    % 二进制编码大小初始化
for i = 1:M
    for j = 1:N
        pick = rand;                    % 产生[0,1]区间的随机数
        if pick>(chrom(2. * i-1,j)^2)   % 随机数大于 α 的平方
            binary(i,j) = 1;
        else
            binary(i,j) = 0;
```

```
                end
            end
        end
```

8.3.3　量子旋转门函数

旋转门是最终实现演化操作的执行机构,量子旋转门函数为 Qgate,代码如下:

```
function chrom = Qgate(chrom,fitness,best,binary)
%% 量子旋转门调整策略
% 输入    chrom:更新前的量子比特编码
%         fitness:适应度值
%         best:当前种群中最优个体
%         binary:二进制编码
% 输出    chrom:更新后的量子比特编码
sizepop = size(chrom,1)/2;
lenchrom = size(binary,2);
for i = 1:sizepop
    for j = 1:lenchrom
        A = chrom(2 * i - 1,j);       % α
        B = chrom(2 * i,j);           % β
        x = binary(i,j);
        b = best.binary(j);
        if ((x == 0)&(b == 0))||((x == 1)&(b == 1))
            delta = 0;                % delta 为旋转角的大小
            s = 0;                    % s 为旋转角的符号,即旋转方向
        elseif (x == 0)&(b == 1)&(fitness(i)<best.fitness)
            delta = 0.01 * pi;
            if A * B>0
                s = 1;
            elseif A * B<0
                s = -1;
            elseif A == 0
                s = 0;
            elseif B == 0
                s = sign(randn);
            end
        elseif (x == 0)&(b == 1)&(fitness(i)> = best.fitness)
            delta = 0.01 * pi;
            if A * B>0
                s = -1;
            elseif A * B<0
                s = 1;
            elseif A == 0
                s = sign(randn);
            elseif B == 0
                s = 0;
            end
```

```
        elseif (x == 1)&(b == 0)&(fitness(i)<best.fitness)
            delta = 0.01 * pi;
            if A * B>0
                s = -1;
            elseif A * B<0
                s = 1;
            elseif A == 0
                s = sign(randn);
            elseif B == 0
                s = 0;
            end
        elseif (x == 1)&(b == 0)&(fitness(i)> = best.fitness)
            delta = 0.01 * pi;
            if A * B>0
                s = 1;
            elseif A * B<0
                s = -1;
            elseif A == 0
                s = 0;
            elseif B == 0
                s = sign(randn);
            end
        end
        e = s * delta;                     % e 为旋转角
        U = [cos(e) -sin(e);sin(e) cos(e)];  % 量子旋转门
        y = U * [A B]';                     % y 为更新后的量子位
        chrom(2 * i - 1,j) = y(1);
        chrom(2 * i,j) = y(2);
    end
end
```

8.3.4 适应度函数

这里以求解最大值问题为例进行说明。如果是求解最小值问题,可以将之转变成求最大值问题(加个负号即可),目标值越大的个体,其适应度值也应该越大,所以可以直接将所优化的目标函数作为适应度函数。

适应度主函数 FitnessFunction 的代码如下:

```
function [fitness,X] = FitnessFunction(binary,lenchrom)
%% 适应度函数
% 输入:
% binary      二进制编码
% lenchrom    各变量的二进制位数
% 输出:
% fitness     适应度
% X           十进制数(待优化参数)
sizepop = size(binary,1);
fitness = zeros(1,sizepop);
```

```
num = size(lenchrom,2);
X = zeros(sizepop,num);
for i = 1:sizepop
    % 使用目标函数计算适应度
    [fitness(i),X(i,:)] = Objfunction(binary(i,:),lenchrom);
end
```

其中,函数 Objfunction 是待优化的目标函数,这里以 8.2.1 节中的函数为例进行说明。
函数 Objfunction 的代码:

```
function [Y,X] = Objfunction(x,lenchrom)
%% 目标函数
% 输入:
% x        二进制编码
% lenchrom  各变量的二进制位数
% 输出:
% Y        目标值
% X        十进制数
bound = [-3.0 12.1;4.1 5.8];    % 函数自变量的范围
将 binary 数组转换成十进制数组
X = bin2decFun(x,lenchrom,bound);
%% 计算适应度 - 函数值
Y = sin(4 * pi * X(1)) * X(1) + sin(20 * pi * X(2)) * X(2);
```

其中,函数 bin2decFun 是将二进制编码转换成十进制数,其代码如下:

```
function X = bin2decFun(x,lenchrom,bound)
%% 二进制转化成十进制
% 输入
% x        二进制编码
% lenchrom  各变量的二进制位数
% bound    各变量的范围
% 输出:
% X        十进制数
M = length(lenchrom);
n = 1;
X = zeros(1,M);
for i = 1:M
    for j = lenchrom(i) - 1: - 1:0
        X(i) = X(i) + x(n). * 2.^j;
        n = n + 1;
    end
end
X = bound(:,1)' + X. /(2.^lenchrom - 1). * (bound(:,2) - bound(:,1))';
```

8.3.5　量子遗传算法主函数

量子遗传算法主函数代码如下:

```matlab
clc;
clear all;
close all;
% ----------------参数设置----------------------
MAXGEN = 200;                                    % 最大遗传代数
sizepop = 40;                                    % 种群大小
lenchrom = [20 20];                              % 每个变量的二进制长度
trace = zeros(1,MAXGEN);
% ----------------------------------------------------
% 最佳个体,记录其适应度值、十进制值、二进制编码、量子比特编码
best = struct('fitness',0,'X',[],'binary',[],'chrom',[]);
%% 初始化种群
chrom = InitPop(sizepop * 2,sum(lenchrom));
%% 对种群实施一次测量,得到二进制编码
binary = collapse(chrom);
%% 求种群个体的适应度值和对应的十进制值
[fitness,X] = FitnessFunction(binary,lenchrom);  % 使用目标函数计算适应度
%% 记录最佳个体到 best
[best.fitness bestindex] = max(fitness);         % 找出最大值
best.binary = binary(bestindex,:);
best.chrom = chrom([2 * bestindex - 1;2 * bestindex],:);
best.X = X(bestindex,:);
trace(1) = best.fitness;
fprintf('% d\n',1)
%% 进化
for gen = 2:MAXGEN
    fprintf('% d\n',gen)                         % 提示进化代数
    %% 对种群实施一次测量
    binary = collapse(chrom);
    %% 计算适应度
    [fitness,X] = FitnessFunction(binary,lenchrom);
    %% 量子旋转门
    chrom = Qgate(chrom,fitness,best,binary);
    [newbestfitness,newbestindex] = max(fitness);  % 找到最佳值
    % 记录最佳个体到 best
    if newbestfitness>best.fitness
        best.fitness = newbestfitness;
        best.binary = binary(newbestindex,:);
        best.chrom = chrom([2 * newbestindex - 1;2 * newbestindex],:);
        best.X = X(newbestindex,:);
    end
    trace(gen) = best.fitness;
end

%% 画进化曲线
plot(1:MAXGEN,trace);
title('进化过程');
```

```
xlabel('进化代数');
ylabel('每代的最佳适应度');


%% 显示优化结果
disp(['最优解 X:',num2str(best.X)])
disp(['最大值 Y:',num2str(best.fitness)]);
```

8.3.6　结果分析

在 Command Window 窗口中输出优化结果：

```
最优解 X:11.6255          5.72504
最大值 Y:17.3503
```

量子遗传算法优化 200 代得到的进化过程如图 8 - 3 所示。

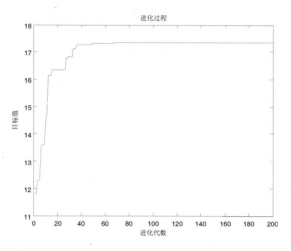

图 8 - 3　最子遗传算法进化过程图

本例是针对 8.2.1 节中的案例进行编写的，用户可以根据自己的实际问题修改函数 Obj-function(待优化的问题也并不局限在函数优化，可以是一个复杂的运算过程)，再简单修改下主函数中的相应变量设置即可。

8.4　延伸阅读

前面使用的是未改进的量子遗传算法，该算法可以做一些改进：

(1) 前面使用的是固定旋转角策略，可以根据进化进程动态调整量子门的旋转角大小。算法运行初期设置较大的旋转角，随着进化代数的增加逐渐减小旋转角。调整策略是对个体 q_j^t 进行测量，评估其适应度 $f(x_j)^t$，与保留的最优个体的适应度值 $f(best)$ 进行比较，根据比较结果调整 q_j^t 中相应位量子比特，使得 (α,β) 朝着有利于最优确定解的方向进化。

(2) 加入量子交叉操作。量子遗传算法中最能体现个体结构信息的是其进化目标，即个体当前最优确定解以及对应的适应度值，因此，可以考虑互换个体的进化目标以实现个体间信息的互换，从而实现量子交叉的目的。其基本操作就是在个体之间暂时交换最优确定解和最优适应度值，个体接受交叉操作后，它的进化方向将受到其他个体的影响，从而获取新的进化信息。

（3）加入量子变异操作。量子变异的作用是轻微地打乱某个个体当前的进化方向,以防止该个体的进化陷入局部最优。量子变异通过操作染色体编码实现,互换量子比特概率幅(α,β)的值,可将个体的进化方向彻底反转。量子变异操作采用单点变异和多点变异相结合的方式,以增强种群中基因的多样性。

（4）加入量子灾变。当算法经历数代稳定后,最优个体保持稳定时,算法可能陷入了局部最优解,此时采取量子灾变操作,可使其摆脱局部最优解。具体方法是,将种群中部分个体施加大的扰动,重新随机生成部分个体。

参考文献

[1] 杨俊安,庄镇泉. 量子遗传算法研究现状[J]. 计算机科学,2003(11):13-15,43.

[2] 曾成,赵锡均. 改进量子遗传算法在 PID 参数整定中应用[J]. 电力自动化设备,2009,29(10):125-127,139.

[3] 杨淑媛,焦李成,刘芳. 量子进化算法[J]. 工程数学学报,2006,23(02):235-246.

[4] 周传华,钱锋. 改进量子遗传算法及其应用[J]. 计算机应用,2008,28(02):286-288.

[5] 袁书卿,张葛祥.一种改进的遗传量子算法及其应用[J]. 计算机应用与软件,2003(10):1-2,14.

第 9 章

基于遗传算法的多目标优化算法

9.1 理论基础

9.1.1 多目标优化及 Pareto 最优解

多目标优化问题可以描述如下：

$$\min[f_1(x),f_2(x),\cdots,f_m(x)]$$

$$\text{s. t.}\begin{cases}lb\leqslant x\leqslant ub\\Aeq*x=beq\\A*x\leqslant b\end{cases}\tag{9-1}$$

其中，$f_i(x)$ 为待优化的目标函数；x 为待优化的变量；lb 和 ub 分别为变量 x 的下限和上限约束；Aeq * x = beq 为变量 x 的线性等式约束；A * x ≤ b 为变量 x 的线性不等式约束。

在图 9-1 所示的优化问题中，目标函数 f_1 和 f_2 是相互矛盾的。因为 $A_1 < B_1$ 且 $A_2 > B_2$，也就是说，某一个目标函数的提高需要以另一个目标函数的降低作为代价，称这样的解 A 和解 B 是非劣解（noninferiority solutions），或者说是 Pareto 最优解（Pareto optima）。多目标优化算法的目的就是要寻找这些 Pareto 最优解。

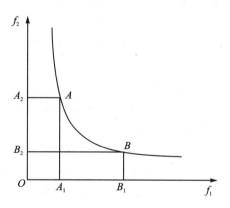

图 9-1 多目标优化问题

9.1.2 函数 gamultiobj

目前的多目标优化算法有很多，Kalyanmoy Deb 的带精英策略的快速非支配排序遗传算法（nondominated sorting genetic algorithm II，NSGA-II）无疑是其中应用最为广泛也是最为成功的一种。MATLAB R2009a 版本提供的函数 gamultiobj 所采用的算法就是基于 NSGA-II 改进的一种多目标优化算法（a variant of NSGA-II）。函数 gamultiobj 的出现，为在 MATLAB 平台下解决多目标优化问题提供了良好的途径。函数 gamultiobj 包含在遗传算法与直接搜索工具箱 GADST 中，其位置如下：MATLAB 安装目录\toolbox\globaloptim，这里称函数 gamultiobj 为基于遗传算法的多目标优化函数，相应的算法为基于遗传算法的多目标优化算法。GADST 的介绍可以参考本书第 6 章。本案例将以函数 gamultiobj 为基础，对基于遗传算法的多目标优化算法进行详细分析，并介绍函数 gamultiobj 的使用。

9.1.3 函数 gamultiobj 中的一些基本概念

在讲解函数 gamultiobj 之前,有必要介绍一下基于遗传算法的多目标优化算法中的一些概念,其他的概念如个体、种群、代、选择、交叉、变异和交叉后代比例等,可以参考本书第6章。事实上,由于函数 gamultiobj 是基于遗传算法的,因此,遗传算法(即第6章的函数 ga)中的很多概念和这里的函数 gamultiobj 是相同的,这也是函数 gamultiobj 位于 GADST 内的原因。

1. 支配(dominate)与非劣(non‐inferior)

在多目标优化问题中,如果个体 p 至少有一个目标比个体 q 的好,而且个体 p 的所有目标都不比个体 q 的差,那么称个体 p 支配个体 q(p dominates q),或者称个体 q 受个体 p 支配(q is dominated by p),也可以说,个体 p 非劣于个体 q(p is non‐inferior to q)。

2. 序值(rank)和前端(front)

如果 p 支配 q,那么 p 的序值比 q 的低。如果 p 和 q 互不支配,或者说,p 和 q 相互非劣,那么 p 和 q 有相同的序值。序值为1的个体属于第一前端,序值为2的个体属于第二前端,依次类推。显然,在当前种群中,第一前端是完全不受支配的,第二前端受第一前端中个体的支配。这样,通过排序,可以将种群中的个体分到不同的前端。

3. 拥挤距离(crowding distance)

拥挤距离用来计算某前端中的某个体与该前端中其他个体之间的距离,用以表征个体间的拥挤程度。显然,拥挤距离的值越大,个体间就越不拥挤,种群的多样性就越好。需要指出的是,只有处于同一前端的个体间才需要计算拥挤距离,不同前端之间的个体计算拥挤距离是没有意义的。

4. 最优前端个体系数(ParetoFraction)

最优前端个体系数定义为最优前端中的个体在种群中所占的比例,即最优前端个体数=min{ParetoFraction×种群大小,前端中现存的个体数目},其取值范围为0～1,详细讲解见9.3.2节中关于函数 trimPopulation 的介绍。需要指出的是,ParetoFraction 的概念是函数 gamultiobj 所特有的,在 NSGA‐II 中是没有的,这也是为什么称函数 gamultiobj 是一种多目标优化算法的原因。

9.2 案例背景

9.2.1 问题描述

待优化的多目标问题表述如下:

$$\min f_1(x_1,x_2) = x_1^4 - 10x_1^2 + x_1x_2 + x_2^4 - x_1^2x_2^2$$
$$\min f_2(x_1,x_2) = x_2^4 - x_1^2x_2^2 + x_1^4 + x_1x_2$$
$$\text{s. t.} \begin{cases} -5 \leqslant x_1 \leqslant 5 \\ -5 \leqslant x_2 \leqslant 5 \end{cases}$$

$$(9-2)$$

9.2.2 解题思路及步骤

这里将使用函数 gamultiobj 求解以上多目标优化问题。同函数 ga 的调用一样,函数 gamultiobj 的调用方式也有两种:GUI方式和命令行方式。

1. 通过 GUI 方式调用函数 gamultiobj

通过以下两种方式可以调出函数 gamultiobj 的 GUI 界面：

（1）在 MATLAB 主界面上依次单击 APPS→Optimization，在弹出的 Optimization Tool 对话框的 Solver 中选择"gamultiobj – Multiobjective optimization using Genetic Algorithm"。

（2）在 Command Window 中输入：

```
>> optimtool('gamultiobj')
```

命令，其他 MATLAB 版本的命令可以参阅其 Help。

可以看到，函数 gamultiobj 的 GUI 界面与函数 ga 的 GUI 界面大致相同，仅在以下几个方面存在区别：

（1）前者比后者多了 Distance measure function 和 Pareto front population fraction 两个参数。

（2）前者比后者少了参数 Elite count，这是因为函数 gamultiobj 的精英是自动保留的（见 9.3.2 节）；前者比后者少了 Scaling function，这是因为函数 gamultiobj 的选择是基于序值和拥挤距离的，故不再需要 Scaling 的处理；函数 gamultiobj 没有非线性约束。

（3）绘图函数不同及下列设置的默认值不同：种群大小（Population size）、选择函数（Selection function）、交叉函数（Crossover function）、最大进化代数（Generations）、停止代数（Stall generations）、适应度函数值偏差（Function tolerance）。

函数 gamultiobj GUI 界面的其他介绍和使用方法可以参考本书第 6 章，这里不再重复。

2. 通过命令行方式调用函数 gamultiobj

gamultiobj 的命令行调用格式为

[x,fval] = gamultiobj(fitnessfcn,nvars, A,b,Aeq,beq,lb,ub,options)

其中，x 为函数 gamultiobj 得到的 Pareto 解集；fval 为 x 对应的目标函数值；fitnessfcn 为目标函数句柄，同函数 ga 一样，需要编写一个描述目标函数的 M 文件；nvars 为变量数目；A、b、Aeq、beq 为线性约束，可以表示为 $A*X<=B$，$Aeq*X=Beq$；lb、ub 为上、下限约束，可以表述为 $lb<=X<=ub$，当没有约束时，用"[ ]"表示即可；options 中需要对多目标优化算法进行一些设置，即

```
options = gaoptimset('Param1', value1, 'Param2', value2, ...);
```

其中，Param1、Param2 等是需要设定的参数，如最优前端个体系数、拥挤距离计算函数、约束条件、终止条件等；value1、value2 等是 Param 的具体值。Param 有专门的表述方式，如最优前端个体系数对应于 ParetoFraction、拥挤距离计算函数对应于 DistanceMeasureFcn 等。

9.3　MATLAB 程序实现

9.3.1　gamultiobj 组织结构

MATLAB 自带的基于遗传算法的多目标优化函数 gamultiobj 的组织结构如图 9 - 2 所示。

可以看到，在函数 gamultiobj 中，先调用函数 gacommon 确定优化问题的约束类型，然后调用函数 gamultiobjsolve 对多目标优化问题进行求解。在函数 gamultiobjsolve 中，先调用函数 gamultiobjMakeState 产生初始种群，接着判断是否可以退出算法，若退出，则得到 Pareto 最优解，若不退出，则调用函数 stepgamultiobj 使种群进化一代，然后调用函数 gadsplot 进行

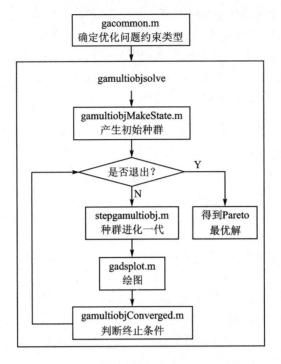

图 9 - 2　函数 gamultiobj 的组织结构

绘图,并调用函数 gmultiobjConverged 判断终止条件。

可以看到,在以上循环迭代过程中,函数 stepgamultiobj 是关键函数,下面将对该函数进行讲解。

9.3.2　函数 stepgamultiobj 分析

1. 函数 stepgamultiobj 结构及图形描述

函数 stepgamultiobj 的代码位于:MATLAB 安装目录\toolbox\globaloptim\globaloptim\private,其结构如图 9 - 3 所示。

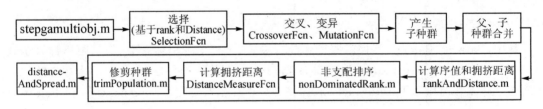

图 9 - 3　函数 stepgamultiobj 结构

图 9 - 4 形象地表达了函数 stepgamultiobj 的过程,其中的大框表示种群,种群被分为若干前端,标有数字的小框表示前端,相应的数字表示该前端的序值,相应的操作及所用的函数与图 9 - 3 一致。

2. 选择(selectiontournament. m)

不同于函数 ga,函数 gamultiobj 的选择操作只使用锦标赛选择(selectiontournament),程序代码如下:

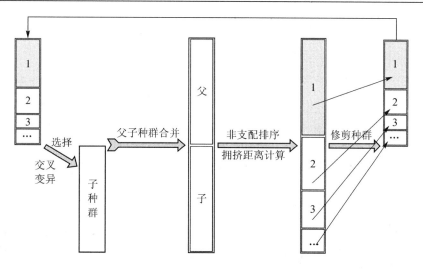

图 9 - 4　函数 stepgamultiobj 的形象描述

```
function parents = selectiontournament(expectation,nParents,options,tournamentSize)
% 锦标赛选择函数,用于函数 gamultiobj 的选择操作
% 输入参数 expectation 在函数 stepgamultiobj 中赋值,且赋值为[ - rank,Distance]
if nargin < 4 || isempty(tournamentSize)          % 函数 gamultiobj 已经将 tournamentSize 赋值为 2
    tournamentSize = 4;
end
playerlist = ceil(size(expectation,1) * rand(nParents,tournamentSize));
% 产生 nParents 行 tournamentSize 的矩阵,其元素为 0～size(expectation,1)之间的整数。因为选择
% 操作是锦标赛,该矩阵可以形象地理解为运动员名单,该名单中有 nParents 组,每组有 tournament-
% Size 个运动员
parents = tournament(playerlist,expectation);    % 调用下面的 tournament,返回选出的 parents
function champions = tournament(playerlist,expectation)
playerSize = size(playerlist,1);                 % 计算 playerlist 的行数,可以形象地理解为计算
                                                 % 运动员名单中的组数
champions = zeros(1,playerSize);                 % 产生空矩阵用于存放获胜者 champions,即最后
                                                 % 返回的 parents
for i = 1:playerSize
    players = playerlist(i,:);                    % 顺序选择运动员名单中的一组进行比赛
    winner = players(1);                          % 假设第一个运动员获胜
    for j = 2:length(players)
        score1 = expectation(winner,:);          % 第一个运动员的成绩
        score2 = expectation(players(j),:);      % 第 j 个运动员的成绩
        if score2(1) > score1(1)
            winner = players(j);                 % 序值(rank)小的运动员获胜(不管拥挤距离如何)
        elseif score2(1) == score1(1)
            try
                if score2(2) > score1(2)
                    winner = players(j);         % 如果序值(rank)相同,拥挤距离大的运动员获胜
                                                 % (拥挤距离越大,种群多样性越好)
                end
            catch
            end
```

```
                end
            end
        champions(i) = winner;                          % 返回获胜者
    end
```

从以上代码的分析中可以看出,函数 gamultiobj 的选择操作是基于序值和拥挤距离的,具体地说,对于两个个体,当序值不同时,序值小的个体将被选中而不论其拥挤距离如何,这是因为"如果 p 支配 q,那么 p 的序值比 q 的低";当序值相同时,拥挤距离大的个体将被选中,这是因为拥挤距离越大,种群多样性越好。序值和拥挤距离的赋值在函数 stepgamultiobj 中通过[-rank,Distance]巧妙地实现。

3. 交叉、变异、产生子种群和父子种群合并

函数 gamultiobj 默认的交叉函数和变异函数分别为函数 crossoverintermediate 和函数 mutationadaptfeasible,实现的功能与函数 ga 是一致的,可以参考本书第 6 章,这里不再展开。需要说明的是,由于函数 gamultiobj 中使用了支配和排序的思想,其精英是自动保留的,因此,不再具有函数 ga 中的精英保留操作,以下产生子种群的语句说明了这一点:

```
nextPopulation = [xoverKids,mutateKids ];          % 函数 stepgamultiobj 中的子种群产生
nextPopulation = [ eliteKids,xoverKids,mutateKids ];   % 函数 stepGA 中的子种群产生(参考本书
                                                    % 第 6 章)
```

父子种群的合并通过函数 stepgamultiobj 中的以下语句实现:

```
population = [population;nextPopulation];
```

4. 计算序值和拥挤距离

函数 rankAndDistance 依次调用函数 nonDominatedRank、函数 DistanceMeasureFcn 和函数 trimPopulation,下面分别介绍。

(1) 函数 nonDominatedRank

非支配排序函数 nonDominatedRank 的作用是对父、子种群合并后的种群中的个体进行排序,程序代码如下:

```
function nondominatedRank = nonDominatedRank(score,nParent)
% 非支配排序函数,对种群中的个体进行排序
% 输入参数 score 为目标函数值,其行数为合并后种群中的个体数,列数为目标函数个数
popSize = size(score,1);                % 计算需要排序的个体数目
if nargin < 2
nParent = popSize;
end
rankedIndiv = false(popSize,1);         % 表征个体是否已经是被赋予序值的矩阵,默认每个个体都没
                                        % 有排序
nondominatedRank = inf(popSize,1);      % 函数返回的序值矩阵,初始序值为 inf
rankCounter = 1;                        % 序值从 1 开始,依次加 1。也就是说,从第一前端开始,依次
                                        % 往后
while ~all(rankedIndiv) && nnz(isfinite(nondominatedRank)) < = nParent
                                        % 直到所有个体都被排序为止
    front = false(popSize,1);
    for p = 1:popSize                   % 依次对每个个体进行排序
        if rankedIndiv(p)               % 若该个体已被排序,则跳出循环
```

```
        continue;
    end
    dominates = true;                    % 表征某个体是否支配的标志,默认为 1
    for q = 1:popSize                    % 个体 p 依次与个体 q 比较
        if rankedIndiv(q) || p == q      % 若个体 q 已被排序或者 p,q 为同一个体,则跳出循环
            continue;
        end
        if any(score(q,:) < score(p,:)) && all(score(q,:) <= score(p,:))
                                         % 检查个体 q 是否支配个体 p(参考 9.1.3 节中支配的定义)
            dominates = false;           % 若 q 支配 p,标志 dominates 为 0
            break;
        end
    end
    if dominates                         % 根据标志 dominates 判断
        nondominatedRank(p) = rankCounter;   % 若标志 dominates 为 1,则将当前序值 rankCounter
                                         % 赋予个体 p,个体 p 被排序
        front(p) = true;                 % 否则,个体 p 序值为默认的 inf,要等到下一个
                                         % rankCounter 再被赋予序值
    end
end
rankedIndiv(front) = true;               % 更新 rankedIndiv,以便 continue 语句判断
rankCounter = rankCounter + 1;           % 序值 rankCounter 依次加 1
end
```

从以上代码的分析中可以看出,非支配排序函数 nonDominatedRank 的基本思想是:序值 rankCounter 从 1 开始,依次加 1,在每一轮 rankCounter 中,依次将种群中未被排序(判断个体是否已被排序的矩阵每轮更新一次)的个体 p 与其余所有未被排序的个体 q 进行比较,检查个体 q 是否支配个体 p,若否,则个体 p 被赋予当前序值 rankCounter;反之,因为个体 p 受个体 q 支配,故个体 p 的序值高于当前 rankCounter,应参与下一轮的排序。通过排序,种群中的所有个体被分到了不同的前端。接着进行的是前端中的拥挤距离计算。

(2) 函数 DistanceMeasureFcn

拥挤距离计算函数 DistanceMeasureFcn 的作用是计算某一前端内每个个体与其相邻个体的距离,与函数 nonDominatedRank 计算出的序值一起,为函数 selectiontournament 的选择提供依据,同时,也为接下来的函数 trimPopulation 做好准备。默认的拥挤距离计算函数是 distancecrowding,程序代码如下:

```
function crowdingDistance = distancecrowding(pop,score,options,space)
% 计算某一前端中每一个体的拥挤距离
% 输入参数为种群 pop、目标函数值 score、设置的选项 options 和空间类型 space
% 输出为计算出的拥挤距离 crowdingDistance
if nargin < 4
    space = 'phenotype';
end
if strcmpi(space,'phenotype') && nnz(~isfinite(score)) == 0   % 从函数 gamultiobj 中可以看出,
                                                              % 默认的 space 为 phenotype
    y = score;
else
```

```
        y = pop;
    end
    popSize = size(y,1);                        % 计算种群大小
    numData = size(y,2);                        % 计算目标函数个数
    crowdingDistance = zeros(popSize,1);        % 产生空矩阵,用以存放拥挤距离
    for m = 1:numData                           % 每个目标函数循环一次
        data = y(:,m);                          % 取某一个目标函数的目标函数值
        data = data./(1 + max(abs(data(isfinite(data)))));    % 将取到的某列目标函数值映射到
                                                              % 区间(-1,1)

        [sorteddata,index] = sort(data);        % 对映射后的目标函数值进行升序排列,返回指示
                                                % 向量 index
        crowdingDistance([index(1),index(end)]) = Inf;    % 目标函数值中的最大值和最小值对应的
                                                          % 个体的拥挤距离为 inf。也就是说,位于
                                                          % 某前端两头的两个个体的拥挤距离为 inf
        i = 2;
        while i < popSize                       % 对于不是位于某前端两头的个体
            crowdingDistance(index(i)) = crowdingDistance(index(i)) + ...
                min(Inf, (data(index(i + 1)) - data(index(i - 1))));    % 计算拥挤距离
            i = i + 1;
        end
    end
end
```

从以上代码的分析中可以看出,拥挤距离计算函数 DistanceMeasureFcn 的基本思想是:对多目标中的每一个目标,分别计算一次相应的拥挤距离,再将这些拥挤距离相加得到最后的拥挤距离。在每个目标对应的拥挤距离的计算中,前端两头的两个个体的拥挤距离为 inf,其余个体的拥挤距离为与该个体相邻的前后两个个体在(-1,1)区间映射后的目标函数值之差,这里的相邻是指同一前端中个体间的目标函数值大小接近。显然,某个体的拥挤距离越大,表示该个体与相邻个体的目标函数值差别越大,也就是多样性越好,故在序值相同的条件下,在函数 selectiontournament 中就越应该被选中,在接下来的函数 trimPopulation 中就越不会被裁减掉。

(3) 函数 trimPopulation

由于父子种群的合并,使得函数 rankAndDistance 中的 popSize 为两倍的种群大小(该种群大小在 options 中设置,稍后述及),而函数 rankAndDistance 中的 nParents 即为种群大小,故其中的条件"nParents == popSize"不成立,需要调用函数 trimPopulation 以修剪种群。种群修剪函数 trimPopulation 的作用是:在两倍于种群大小的个体中修剪出个数等于种群大小的个体,程序代码如下:

```
function [pop,score,nonDomRank,crowdingDistance] = trimPopulation(pop,score,nonDomRank,crowd-
ingDistance, ...popSize,nScore,nParents,ParetoFraction)
% 种群修剪函数,作用是修剪出 nParents 个个体
% 输入参数为:待修剪的种群 pop、待修剪种群的目标函数值 score、待修剪种群的序值 nonDomRank、待
%            修剪种群的拥挤距离 crowdingDistance、待修剪种群的大小 popSize、目标函数个数
%            nScore、修剪后的个体数目 nParents 及参数 ParetoFraction
% 输出参数为:修剪后的种群 pop、修剪后种群的目标函数值 score、修剪后种群的序值 nonDomRank、
%            修剪后种群的拥挤距离 crowdingDistance
if nScore > 1
```

```
    [pop,score,nonDomRank,crowdingDistance,popSize] = frontDiversity(pop,score,nonDomRank,
crowdingDistance,...popSize,nParents,ParetoFraction);    % 对于多目标问题,调用函数
                                            % frontDiversity
end
[pop,score,nonDomRank,crowdingDistance] = distanceDiversity(pop,score,nonDomRank,crowding-
Distance,...nParents,popSize);    % 调用函数 distanceDiversity,将个体修剪至 nParents 个
    % --------------------------------------------------------------
function [pop,score,nonDomRank,crowdingDistance] = distanceDiversity(pop,score,nonDomRank,
...crowdingDistance,nParents,popSize)
% 函数 distanceDiversity 的作用是将经函数 frontDiversity 修剪的个体再次精确地修剪到 nParents 个
to_remove = length(nonDomRank) − nParents;
% 计算需要剪掉的个体数,length(nonDomRank)为经函数 frontDiversity 修剪后的个体数,nParents 为
% options 中设置的种群大小
if to_remove > 0
[unused,I] = sortrows([nonDomRank,crowdingDistance],[1,−2]);
% 先按 nonDomRank 进行升序排列,对于 nonDomRank 相同的个体,再按 crowdingDistance 的降序排列,这
% 与 9.3.2 节中将参数 expectation 在赋值为[−rank,Distance]的思想是一致的
indiv_to_remove = I(popSize;−1:(popSize − to_remove+1));
% 将被 remove 的是 I 中倒数的几个,也就是 nonDomRank 最高且 crowdingDistance 最小的几个个体
    pop(indiv_to_remove,:) = [];            % 通过将相应的个体赋值为空矩阵,将该个体 remove
    score(indiv_to_remove,:) = [];          % 相应的 score 也被 remove
    nonDomRank(indiv_to_remove) = [];       % 序值也是
    crowdingDistance(indiv_to_remove) = []; % 拥挤距离也是
end
    % --------------------------------------------------------------
function [pop,score,nonDomRank,crowdingDistance,popSize] = frontDiversity(pop,score,nonDom-
Rank,crowdingDistance,...popSize,nParents,ParetoFraction)
% 函数 frontDiversity 的作用是对父子合并后的种群,按一定的参数和公式进行修剪
numRank = unique(nonDomRank);                   % 唯一地返回出现的序值,并按升序排列 numRank will
                                                % be sorted
totalNumOfRank = length(numRank);               % 计算序值个数 numRank
retainIndiv = zeros(totalNumOfRank,1);          % 产生空矩阵,用以存放每个前端中保留的个体数目
availableIndiv = zeros(totalNumOfRank,1);       % 产生空矩阵,用以存放每个前端中现存的个体数目
availableIndiv(1) = nnz(nonDomRank == 1);       % 计算第一前端中现存的个体数目
allowedIndiv = ceil(nParents * ParetoFraction); % 计算第一前端中允许保留的个体数目,参数
                                                % ParetoFraction 在此发挥作用
if allowedIndiv < = availableIndiv(1)           % 如果第一前端中允许保留的个体数目不大于现存
                                                % 的个体数目
    retainIndiv(1) = allowedIndiv;              % 那么保留的个体数目即是允许保留的个体数目
else
    retainIndiv(1) = availableIndiv(1);         % 否则,保留的个体数目是现存的个体数目
end
if totalNumOfRank > 1                           % 对于非第一前端的其他前端
    gpRatio = 0.8;                              % 先定义一个固定的系数
    carryover = 0;                              % 和另外一个可以更新的参数
    for i = numRank(2:end)'
        availableIndiv(i) = nnz(nonDomRank == i);
```

```
                    allowedIndiv = ceil(nParents * gpRatio^(i - 1) * ((1 - gpRatio)/(1 - gpRatio^to-
talNumOfRank))) + carryover;          % 然后按一定的公式计算该前端中允许保留的个体数目
        if allowedIndiv <= availableIndiv(i)% 实际保留的个体数目的计算方法与第一前端的相同
            retainIndiv(i) = allowedIndiv;
        else
            retainIndiv(i) = availableIndiv(i);
            carryover = allowedIndiv - availableIndiv(i);
        end
    end
end
front = totalNumOfRank; increase = 0.10;
while sum(retainIndiv) <= ceil(nParents)          % 当各前端保留的个体之和小于 nParents 时,需要
                                                  % 调整 retainIndiv
    if retainIndiv(front) < availableIndiv(front)
        retainIndiv(front) = min(availableIndiv(front), ceil(retainIndiv(front) * (1 + in-
crease)));                      % 这里保留的个体数不再受 allowedIndiv 的约束
        increase = increase * 0.95;  % 更新系数
    end
    if front == 1                    % 当前端递减到第一前端时
        front = totalNumOfRank;      % 跳回最高前端
        increase = 0.10;             % 系数也重新赋初始值
    else
        front = front - 1;           % 前端依次递减
    end
end
for i = numRank'                     % 每个前端都要根据 retainIndiv(i)所保留的数目将 pop 中多
                                     % 余的个体除掉

    popIndices = 1:popSize;
    index = (nonDomRank == i);       % 指示相应前端的个体
    if retainIndiv(i) < nnz(index)   % 当保留的个体数目小于实际存在的个体数目时,需要修剪前端
        if retainIndiv(i) == 0
            continue;
        end
        playerlist = popIndices(index);% 所有同一前端的个体都要参与 play
        losers = tournament(playerlist,crowdingDistance,retainIndiv(i));
                                     % 通过锦标赛选择决定需要去除的个体
        pop(losers,:) = [];          % 通过将相应的个体赋值为空矩阵,实现个体的去除,即种群的
                                     % 修剪
        score(losers,:) = [];        % 相应个体的目标函数值也要去除
        nonDomRank(losers) = [];     % 序值也是
        crowdingDistance(losers) = []; % 拥挤距离也是
        popSize = size(score,1);     % 计算修剪后种群的大小
    else

    end
end
% -------------------------------------------------------------------
function losers = tournament(playerlist,expectation,allowed)
```

```
% 锦标赛选择函数,作用是选出将被去除的个体
% 这里的 expectation 即是函数 frontDiversity 中的拥挤距离 crowdingDistance
[sortedExpectation,sortedIndex] = sort(expectation(playerlist),'descend');
% 按拥挤距离的降序排列
losers = playerlist(sortedIndex(allowed + 1:end));    % 拥挤距离最小的几个个体将被去除,这是因
                                                      % 为同一前端中,拥挤距离的值越大,个体间
                                                      % 就越不拥挤,种群的多样性就越好
```

从以上代码的分析中可以看出,种群修剪函数 trimPopulation 的基本思想是:

① 根据设定的系数 ParetoFraction 计算第一前端中允许保留的个体数目,按照一定的公式计算其余前端中允许保留的个体数目,则某前端中保留的个体数目为 min{允许保留的个体数目,现存的个体数目}。也就是说,对于第一前端,所设定的系数 ParetoFraction 直接决定了该前端中允许保留的个体数目,当允许保留的个体数目小于前端中现存的个体数目时,系数 ParetoFraction 所决定的允许保留的个体数目对该前端中保留的个体数目有限制作用,对于其他前端,也有类似思想。

② 某前端中保留的个体数目计算出来以后,剩下的就是执行了,也就是说,将该前端中的个体数目修剪至保留的个体数目,这是通过锦标赛选择实现的。前已述及,对于同一前端,个体的拥挤距离越小,则多样性越差,因此,在锦标赛选择中,就越应该成为失败者而被选中淘汰,这种思想与函数 selectiontournament 中将 expectation 赋值为[−rank,Distance]是异曲同工的。另外,个体的去除通过将其赋值为空矩阵巧妙地实现。

③ 通过以上操作后,若保留下来的各前端的个体之和比 Options 中设置的种群大小多,那么需要进一步修剪,将最终的种群大小精减为 Options 中设置的种群大小。其中所用的思想与函数 selectiontournament 的选择思想也是一致的。

5. 函数 distanceAndSpread

该函数的作用是计算种群的平均距离和 spread,后者参与图 9−2 中函数 gamultiobjConverged 对终止条件的判断,由于只涉及数学运算,限于篇幅,这里不再展开。

9.3.3　使用函数 gamultiobj 求解多目标优化问题

(1) 使用函数 gamultiobj 求解多目标优化问题的第一步是编写目标函数的 M 文件。对于以上问题,函数名为 my_first_multi,目标函数代码如下:

```
function f = my_first_multi(x)
f(1) = x(1)^4 − 10 * x(1)^2 + x(1) * x(2) + x(2)^4 − (x(1)^2) * (x(2)^2);
f(2) = x(2)^4 − (x(1)^2) * (x(2)^2) + x(1)^4 + x(1) * x(2);
```

(2) 使用命令行方式调用 gamultiobj 函数,代码如下:

```
clear
clc


fitnessfcn = @my_first_multi;    % 适应度函数句柄
nvars = 2;                       % 变量个数
lb = [−5, −5];                   % 下限
ub = [5,5];                      % 上限
A = []; b = [];                  % 非线性不等式约束
Aeq = []; beq = [];              % 非线性等式约束
```

```
options = gaoptimset ('ParetoFraction', 0.3, 'PopulationSize', 100, 'Generations', 200,
'StallGenLimit',200,'TolFun',1e-100,'PlotFcns',@gaplotpareto);
[x,fval] = gamultiobj(fitnessfcn,nvars, A,b,Aeq,beq,lb,ub,options);
```

其中,fitnessfcn 即(1)中定义的目标函数 M 文件,设置的最优前端个体系数 ParetoFraction 为 0.3,种群大小 PopulationSize 为 100,最大进化代数 Generations 为 200,停止代数 StallGenLimit 也为 200,适应度函数值偏差 TolFun 为 1e-100,绘制 Pareto 前端。当然,也可以通过 GUI 方式调用函数 gamultiobj,其方法与函数 ga 的调用相同,可以参考本书第 6 章,这里不再赘述。

9.3.4 结果分析

可以看到,在基于遗传算法的多目标优化算法的运行过程中,自动绘制了第一前端中个体的分布情况,且分布随着算法进化一代而更新一次。当迭代停止后,得到如图 9-5 所示的第一前端个体分布图。同时,Worksapce 中返回了函数 gamultiobj 得到的 Pareto 解集 x 及与 x 对应的目标函数值,如表 9-1 所列。需要说明的是,由于算法的初始种群是随机产生的,因此每次运行的结果不一样。

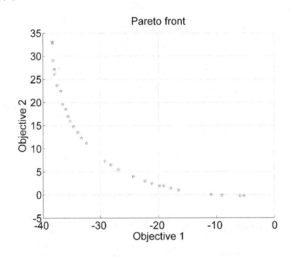

图 9-5　第一前端个体分布图

表 9-1　某次运行得到的 Pareto 最优解

序　号	x_1	x_2	f_1	f_2
1	2.671 823 200 885 69	−1.976 724 079 153 20	−38.333 397 919 419 4	33.052 994 248 491 0
2	0.707 101 560 748 952	−0.707 146 253 379 293	−5.249 926 167 554 41	−0.249 999 995 418 363
3	2.593 929 297 925 38	−1.940 872 826 665 27	−38.202 745 796 991 4	29.081 946 229 365 2
4	2.179 660 134 074 38	−1.554 677 165 991 97	−33.967 704 925 430 9	13.541 478 075 300 3
5	0.753 535 496 935 387	−0.786 235 439 671 463	−5.917 074 116 710 37	−0.238 916 665 293 762
6	1.391 476 597 630 14	−1.254 186 076 740 69	−17.929 689 487 435 6	1.432 3817 300 878 4
7	2.436 089 002 196 04	−1.650 800 950 980 12	−36.894 190 295 886 1	22.451 105 970 318 7
8	1.590 234 080 294 42	−1.342 090 827 720 61	−22.338 253 507 241 9	2.950 190 794 056 45
9	2.370 148 622 034 35	−1.788 316 324 980 09	−36.594 976 725 535 8	19.581 068 179 777 7
10	2.474 596 216 770 25	−1.870 569 618 694 73	−37.549 909 190 782 8	23.686 355 169 753 4
11	1.683 295 762 762 47	−1.383 326 218 969 21	−24.395 058 028 753 5	3.939 788 220 587 24

序 号	x_1	x_2	f_1	f_2
12	2. 263 410 6247 788 2	−1. 752 813 225 060 74	−35. 252 595 477 116 6	15. 977 681 086 499 8
13	0. 945 303 220 720 804	−0. 842 511 616 137 752	−9. 064 339 393 325 88	−0. 128 357 602 274 638
14	1. 450 306 018 274 88	−1. 327 258 057 556 76	−19. 136 639 777 417 8	1. 897 235 689 025 60
15	2. 293 549 403 417 10	−1. 681 650 288 247 16	−35. 667 915 913 787 4	16. 935 772 745 361 8
16	1. 534 115 712 158 25	−1. 282 977 851 294 87	−21. 128 865 496 492 6	2. 406 244 686 415 39
17	2. 530 846 250 679 32	−1. 887 862 223 788 25	−37. 929 308 600 616 3	26. 122 518 845 159 4
18	2. 593 929 297 925 38	−1. 940 872 826 665 27	−38. 202 745 796 991 4	29. 081 946 229 365 2
19	2. 334 713 698 036 78	−1. 621 393 088 241 39	−36. 000 916 008 761 8	18. 507 964 509 244 0
20	2. 223 463 769 655 79	−1. 629 637 546 053 44	−34. 696 757 419 268 2	14. 741 153 930 451 4
21	2. 088 764 935 211 12	−1. 674 422 058 745 61	−32. 463 278 966 081 8	11. 166 110 579 593 2
22	1. 864 472 567 140 59	−1. 413 110 873 626 51	−28. 267 055 670 760 9	6. 495 523 865 437 40
23	1. 047 863 647 777 58	−0. 920 662 834 156 010	−10. 951 509 848 683 0	0. 028 672 394 654 435 3
24	2. 552 019 079 987 64	−1. 845 160 929 151 46	−38. 002 494 712 818 2	27. 125 519 133 391 3
25	1. 326 957 980 036 85	−1. 012 800 261 166 79	−16. 605 631 287 325 1	1. 002 543 520 509 58
26	1. 473 445 120 207 14	−1. 232 840 215 288 78	−19. 803 183 499 187 4	1. 907 221 7234 349 6
27	1. 800 480 472 614 51	−1. 397 860 665 354 78	−26. 941 521 866 987 4	5. 475 777 455 674 18
28	2. 135 992 406 167 15	−1. 560 799 121 620 15	−33. 322 453 090 843 5	12. 302 182 501 193 8
29	2. 665 864 892 808 41	−1. 965 072 188 712 00	−38. 331 718 759 362 0	32. 736 637 507 722 2
30	1. 910 683 108 434 79	−1. 492 591 671 918 13	−29. 201 220 731 502 8	7. 305 878 677 077 39

从图 9 - 5 可以看到,第一前端的 Pareto 最优解分布均匀。从表 9 - 1 可以看到,返回的 Pareto 最优解个数为 30 个,而种群大小为 100,可见,ParetoFraction 为 0.3 的设置发挥了作用。另外,个体被限制在了[−5,5]的上下限范围内。

参考文献

[1] MathWorks Inc.. Genetic Algorithm and Direct Search Toolbox——MATLAB® version 2. 4. 1，User's guide，2009.

[2] MathWorks Inc.. Genetic Algorithm and Direct Search Toolbox——MATLAB® version 2. 3，User's guide，2008.

[3] KALYANMOY D，AMRIT P，SAMEER A，et al. A Fast and Elitist Multiobjective Genetic Algorithm：NSGA - II[J]. IEEE Transactions on Evolutionary Computation，2002，6(2)：182 - 197.

第 10 章

基于粒子群算法的多目标搜索算法

10.1 理论基础

在实际工程优化问题中,多数问题是多目标优化问题。相对于单目标优化问题,多目标优化问题的显著特点是优化各个目标使其同时达到综合的最优值。然而,由于多目标优化问题的各个目标之间的相互影响,多个目标难以同时达到最优,因此,一般适用于单目标问题的方法难以用于多目标问题的求解。

多目标优化问题很早就引起了人们的重视,现已经发展出多种求解多目标优化问题的方法。多目标优化问题求解中最重要的概念是非劣解和非劣解集,两者的定义如下。

非劣解(noninferior solution):在多目标优化问题的可行域中存在一个问题解,若不存在另一个可行解,使得一个解中的目标全部劣于该解,则该解称为多目标优化问题的非劣解。所有非劣解的集合叫做非劣解集(noninferior set)。

在求解实际问题中,过多的非劣解是无法直接应用的,决策者只能选择其中最满意的一个非劣解作为最终解。最终解选择主要有三种方法。第一种是求非劣解的生成法,包括加权法、约束法、加权法和约束法结合的混合法以及多目标遗传算法,即先求出大量的非劣解,构成非劣解的一个子集,然后按照决策者的意图找出最终解。第二种为交互法,主要为求解线性约束多目标优化的 Geoffrion 法,不先求出很多的非劣解,而是通过分析者与决策者对话的方式,逐步求出最终解。第三种是事先要求决策者提供目标之间的相对重要程度,算法以此为依据,将多目标问题转化为单目标问题进行求解。

利用进化算法求解多目标优化问题是近年来的研究热点,1967 年,Rosenberg 就建议采用基于进化的搜索来处理多目标优化问题,但没有具体实现。1975 年,Holland 提出了遗传算法,10 年后,Schaffer 提出了矢量评价遗传算法,第一次实现了遗传算法与多目标优化问题的结合。1989 年,Goldberg 在其著作《Genetic Algorithms for Search, Optimization, and Machine Learning》中,提出了把经济学中的 Pareto 理论与进化算法结合来求解多目标优化问题的新思路,对于后续进化多目标优化算法的研究具有重要的指导意义。目前,采用多目标进化算法求解多目标问题已成为进化计算领域中的一个热门方向,粒子群优化、蚁群算法、人工免疫系统、分布估计算法、协同进化算法、进化算法等一些新的进化算法陆续被用于求解多目标优化问题。本案例采用多目标粒子群算法求解多目标背包问题。

10.2 案例背景

10.2.1 问题描述

假设存在五类物品,每类物品中又包含四种具体物品,现要求从这五种类别物品中分别选择一种物品放入背包中,使得背包内物品的总价值最大、总体积最小,并且背包的总质量不超

过 92 kg。背包问题的数学模型为

$$\max \boldsymbol{P}_x = \sum_{i=1}^{4} P_i * \boldsymbol{X}$$

$$\min \boldsymbol{R}_x = \sum_{i=1}^{4} R_i * \boldsymbol{X} \qquad (10-1)$$

$$\text{s. t.} \quad \boldsymbol{C} * \boldsymbol{X} \leqslant (92 \quad 92 \quad 92 \quad 92)'$$

其中，$\boldsymbol{P}_x$ 表示背包内物品价值；$\boldsymbol{R}_x$ 表示背包内物品体积；$\boldsymbol{C}$ 表示物品质量；$\boldsymbol{X}$ 为选择物品。$\boldsymbol{P}$ 为每个物品的价值，$\boldsymbol{R}$ 为每个物品的体积。$\boldsymbol{P}, \boldsymbol{R}, \boldsymbol{C}$ 的取值如下：

$$\boldsymbol{P} = \begin{bmatrix} 3 & 4 & 9 & 15 & 2 \\ 4 & 6 & 8 & 10 & 2.5 \\ 5 & 7 & 10 & 12 & 3 \\ 3 & 5 & 10 & 10 & 2 \end{bmatrix}, \quad \boldsymbol{R} = \begin{bmatrix} 0.2 & 0.3 & 0.4 & 0.6 & 0.1 \\ 0.25 & 0.35 & 0.38 & 0.45 & 0.15 \\ 0.3 & 0.37 & 0.5 & 0.5 & 0.2 \\ 0.3 & 0.32 & 0.45 & 0.6 & 0.2 \end{bmatrix}$$

$$\boldsymbol{C} = \begin{bmatrix} 10 & 13 & 24 & 32 & 4 \\ 12 & 15 & 22 & 26 & 5.2 \\ 14 & 18 & 25 & 28 & 6.8 \\ 14 & 14 & 28 & 32 & 6.8 \end{bmatrix}$$

10.2.2　算法流程

基于粒子群算法的多目标搜索算法流程如图 10-1 所示。其中，种群初始化模块随机初始化粒子的位置 x 和速度 v，适应度值计算模块根据适应度值计算公式计算个体适应度值，粒子最优更新模块根据新的粒子位置更新个体最优粒子。非劣解集更新模块根据新粒子支配关系筛选非劣解。粒子速度和位置更新模块根据个体最优粒子位置和全局粒子位置更新粒子速度和位置。

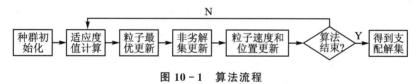

图 10-1　算法流程

10.2.3　适应度计算

粒子适应度值参考式(10-1)，每个个体的适应度值有两个，即价值和体积，同时个体须满足质量约束。

10.2.4　筛选非劣解集

筛选非劣解集主要分为初始筛选非劣解集和更新非劣解集。初始筛选非劣解集是指在粒子初始化后，当一个粒子不受其他粒子支配（即不存在其他粒子的 $\boldsymbol{P}_x, \boldsymbol{R}_x$ 均优于该粒子）时，把粒子放入非劣解集中，并且在粒子更新前从非劣解集中随机选择一个粒子作为群体最优粒子。更新非劣解集是指当新粒子不受其他粒子以及当前非劣解集中粒子的支配时，把新粒子放入非劣解集中，并且每次粒子更新前都从非劣解集中随机选择一个粒子作为群体最优粒子。

10.2.5　粒子速度和位置更新

粒子更新公式如下：

$$V^{k+1} = \omega V^k + c_1 r_1 (P_{id}^k - X^k) + c_2 r_2 (P_{gd}^k - X^k) \qquad (10-2)$$

$$X^{k+1} = X^k + V^{k+1} \qquad (10-3)$$

其中,ω 为惯性权重;r_1 和 r_2 为分布于$[0,1]$区间的随机数;k 是当前迭代次数;P_{id}^k为个体最优粒子位置;P_{gd}^k为全局最优粒子位置;c_1 和 c_2 为常数;V 为粒子速度;X 为粒子位置。

10.2.6　粒子最优

粒子最优包括个体最优粒子和群体最优粒子,其中个体最优粒子的更新方式是从当前新粒子和个体最优粒子中选择支配粒子,当两个粒子都不是支配粒子时,从中随机选择一个粒子作为个体最优粒子。群体最优粒子为从非劣解集中随机选择的一个粒子。

10.3　MATLAB 程序实现

根据多目标搜索算法原理,在 MATLAB 中实现基于粒子群算法的多目标搜索算法。

10.3.1　种群初始化

初始化种群并且计算初始化粒子的适应度值,程序代码如下:

```
Dim = 5;                            % 粒子维数
xSize = 50;                         % 种群个数


% 初始化粒子位置和速度
x = rand(xSize,Dim);
x = ceil(x * objnum);               % 粒子初始化
v = zeros(xSize,Dim);               % 速度初始化


xbest = x;                          % 个体最佳值
gbest = x(1,:);                     % 粒子群最佳位置


% 计算初始种群适应度值
for i = 1:xSize
    for j = 1:Dim
        px(i) = px(i) + P(x(i,j),j);    % 粒子价值
        rx(i) = rx(i) + R(x(i,j),j);    % 粒子体积
        cx(i) = cx(i) + C(x(i,j),j);    % 粒子质量
    end
end
pxbest = px;rxbest = rx;cxbest = cx;    % 粒子历史最优
```

10.3.2　种群更新

种群更新根据全局最优粒子和个体最优粒子更新当前个体的速度和位置,其中全局最优粒子为非劣解集中随机选取的粒子。程序代码如下:

```
% 从非劣解中选择全局最优个体
index = randi(size(fljx,1),1,1);
gbest = fljx(index,:);
```

```
%% 种群更新
for i = 1:xSize
        v(i,:) = w * v(i,:) + c1 * rand(1,1) * (xbest(i,:) − x(i,:)) + c2 * rand(1,1) * (gbest − x
(i,:));                                    % 速度更新
        x(i,:) = x(i,:) + v(i,:);
        x(i,:) = rem(x(i,:),objnum)/double(objnum);        % 位置更新
        index1 = find(x(i,:)< = 0);
        if length(index1)~ = 0
            x(i,index1) = rand(size(index1));
        end
        x(i,:) = ceil(4 * x(i,:));
    end
```

10.3.3　更新个体最优粒子

根据新粒子和当前最优粒子的支配关系,更新个体最优粒子,即当两个粒子存在支配粒子时,选择支配粒子,否则从中随机选取一个粒子作为新的个体最优粒子。程序代码如下:

```
%% 更新历史最佳
for i = 1:xSize
        % 新个体支配历史最佳则代替
        if ((px(i)<ppx(i)) &&  (rx(i)<rrx(i))) ||((abs(px(i) − ppx(i)) <tol)&&  (rx(i)<rrx
(i)))||((px(i)<ppx(i)) &&  (abs(rx(i) − rrx(i))<tol)) || (cx(i)>weight)
                xbest(i,:) = x(i,:);
                pxbest(i) = ppx(i);rxbest(i) = rrx(i);cxbest(i) = ccx(i);
        end


        % 彼此不受支配,随机选择
        if ~( ((px(i)<ppx(i)) &&  (rx(i)<rrx(i)) ||((abs(px(i) − ppx(i))< tol)&&(rx(i)<rrx
(i)))||((px(i)<ppx(i))&&(abs(rx(i) − rrx(i))<tol))|| (cx(i)> weight))&&~(((ppx(i)<px(i))&&
(rrx(i)<rx(i)))||((abs(ppx(i) − px(i))<tol)&&  (rrx(i)<rx(i)))||((ppx(i)<px(i))&&(abs(rrx(i)
− rx(i))<tol))|| (ccx(i)>weight) )
                if rand(1,1)<0.5
                    xbest(i,:) = x(i,:);
                        pxbest(i) = ppx(i);rxbest(i) = rrx(i);cxbest(i) = ccx(i);
                end
        end
    end
end
```

10.3.4　非劣解筛选

非劣解集筛选分为两步,第一步是把新非劣解集和旧非劣解集合并,得到新的非劣解集。程序代码如下:

```
% 新个体非劣解
px = ppx;
rx = rrx;
cx = ccx;
```

```
s = size(flj,1);

% 解集合并
pppx = zeros(1,s + xSize);
rrrx = zeros(1,s + xSize);
cccx = zeros(1,s + xSize);
pppx(1:xSize) = pxbest;pppx(xSize + 1:end) = flj(:,1)';
rrrx(1:xSize) = rxbest;rrrx(xSize + 1:end) = flj(:,2)';
cccx(1:xSize) = cxbest;cccx(xSize + 1:end) = flj(:,3)';
xxbest = zeros(s + xSize,Dim);
xxbest(1:xSize,:) = xbest;
xxbest(xSize + 1:end,:) = fljx;
```

第二步是根据非劣解集中的支配关系,筛选出新的非劣解集。程序代码如下:

```
% 筛选非劣
flj = [];
fljx = [];
k = 0;
tol = 1e - 7;
for i = 1:xSize + s
    flag = 0;                                           % 是否被支配标志
    for j = 1:xSize + s
        if j~ = i
            if ((pppx(i)<pppx(j))&&(rrrx(i)<rrrx(j))) ||((abs(pppx(i) - pppx(j))<tol)&&
(rrrx(i)<rrrx(j)))||((pppx(i)<pppx(j))&&  (abs(rrrx(i) - rrrx (j))<tol))||(cccx(i)>weight)
                                                        % 判断支配关系
                flag = 1;
                break;
            end
        end
    end

    % 根据是否被支配构建新解集
    if flag == 0
        k = k + 1;
        flj(k,1) = pppx(i);flj(k,2) = rrrx(i);flj(k,3) = cccx(i);    % 记录非劣解
        fljx(k,:) = xxbest(i,:);                                     % 非劣解位置
    end
end
```

10.3.5 仿真结果

本案例问题中,每类物品的价值、体积和质量如表 10 - 1 所列。

从每类物品中选择一个物品放入背包,使背包的总价值最大,体积最小,并且背包总质量小于 92 kg。粒子群算法参数为:粒子个数为 50,迭代次数为 200,最终得到的非劣解在目标空间中的分布如图 10 - 2 所示。

表 10 - 1　物品价值、体积、质量

	第一类	第二类	第三类	第四类	第五类
价值/百元	3 4 5 3	4 6 7 5	9 8 10 10	15 10 12 10	2 2.5 3 2
体积/L	0.2 0.25 0.3 0.3	0.3 0.35 0.37 0.32	0.4 0.38 0.5 0.45	0.6 0.45 0.5 0.6	0.1 0.15 0.2 0.2
质量/kg	10 12 14 14	13 15 18 14	24 22 25 28	32 26 28 32	4 5.2 6.8 6.8

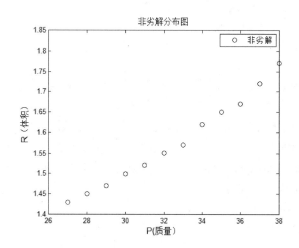

图 10 - 2　非劣解空间分布

由图 10 - 2 可知,算法搜索到的非劣解构成了 Pareto 面,算法搜索取得了很好的效果。

10.4　延伸阅读

多目标搜索算法相对于单目标算法来说,更加贴近于实际问题,求解结果更具有参考价值。通过多目标搜索算法最终得到的不是一个最优解,而是一个非劣解集,需要从非劣解集中根据实际问题的需要选择一个解作为该问题的最终解。常用的基于进化算法的多目标搜索算法除了本案例介绍的方法之外,还有基于遗传算法的多目标搜索算法、基于免疫算法的多目标搜索算法等。

参考文献

[1] 刘淳安. 非线性规划问题的极大熵多目标粒子群算法[J]. 计算机工程与技术,2008,29(4):914 - 916.

[2] 马晶晶,杨咚咚. 免疫非支配自适应粒子群多目标优化[J]. 西安电子科技大学学报,2010,10:845 - 851.

[3] 李凌晶,陈云芳. 基于知识域的多目标优化免疫算法[J].计算机工程,2010,10:161 - 163.

[4] 尚荣华,马文萍,焦李成. 用于求解多目标优化问题的克隆选择算法[J]. 西安电子科技大学学报,2007,10:716 - 721.

第 11 章

基于多层编码遗传算法的车间调度算法

11.1 理论基础

遗传算法具有较强的问题求解能力,能够解决非线性优化问题。遗传算法中的每个染色体表示问题中的一个潜在最优解。对于简单的问题来说,染色体可以充分表达问题的潜在解;然而,对于较为复杂的优化问题,染色体难以充分表达问题的解。多层编码遗传算法把个体编码分为多层,每层编码均表示不同的含义,多层编码共同完整表达了问题的解,从而用一个染色体准确表达出了复杂问题的解。多层编码遗传算法扩展了遗传算法的使用领域,使得遗传算法可以方便用于复杂问题的求解。

11.2 案例背景

11.2.1 问题描述

车间调度是指根据产品制造的合理需求分配加工车间顺序,从而达到合理利用产品制造资源、提高企业经济效益的目的。车间调度问题从数学上可以描述为有 n 个待加工的零件要在 m 台机器上加工,其数学模型如下:

(1) 机器集 $M=\{m_1,m_2,\cdots,m_m\}$,m_j 表示第 j 台机器,$j=1,2,\cdots,m$。

(2) 零件集 $P=\{p_1,p_2,\cdots,p_n\}$,p_i 表示第 i 个零件,$i=1,2,\cdots,n$。

(3) 工序序列集 $OP=\{op_1,op_2,\cdots,op_n\}$,$op_i=\{op_{i1},op_{i2},\cdots,op_{ik}\}$ 表示零件 p_i 的工序序列。

(4) 可选机器集 $OPM=\{op_{i1},op_{i2},\cdots,op_{ik}\}$,$op_{ij}=\{op_{ij1},op_{ij2},\cdots,op_{ijk}\}$ 表示零件 p_i 的工序 j 可以选择的加工机器。

(5) 使用机器加工零件的时间矩阵 $\boldsymbol{T}$,$t_{ij}\in\boldsymbol{T}$,表示第 i 个零件 p_i 使用第 j 个机器的时间。

(6) 使用机器加工零件的费用矩阵 $\boldsymbol{C}$,$c_{ij}\in\boldsymbol{C}$ 表示第 i 个零件 p_i 使用第 j 个机器的加工费用。

另外,问题需要满足的条件包括每个零件的各道工序使用每台机器不多于 1 次,每个零件都按照一定的顺序进行加工。

车间调度问题具有普遍性、复杂性、动态模糊性、多约束性等难点,一般可用优化调度算法和启发式求解,本案例采用多层编码遗传算法求解车间调度问题。

11.2.2 模型建立

基于多层编码遗传算法的车间调度算法流程如图 11-1 所示。其中,种群初始化模块初始化种群构成问题的初始解集;适应度值计算模块计算染色体的适应度值;选择操作采用轮盘赌法选择优秀个体;交叉操作采用整数交叉法得到优秀个体;变异操作采用整数变异法得到优秀个体。

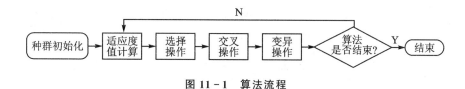

图 11 - 1　算法流程

11.2.3　算法实现

1. 个体编码

染色体编码方式为整数编码,每个染色体个体表示待优化问题的一个可行解,在本案例中对应工件的加工顺序,当待加工的工件总数为 n,工件 n_i 的加工工序共为 m_j 时,则个体表示为长度为 $2\sum_{i=1}^{k}n_im_j$ 的整数串。其中,染色体的前半部分表示所有工件在机器上的加工顺序,后半部分表示工件每道工序的加工机器序号。如个体

$$[2\ 4\ 3\ 1\ 1\ 2\ 3\ 4\ 2\ 1\ 3\ 3\ 2\ 2\ 1\ 3]$$

该个体表达了 4 个加工工序都是 2 次的工件在 3 台机器上的加工顺序。其中,前 8 位表示工件的加工顺序,为工件 2→工件 4→工件 3→工件 1→工件 1→工件 2→工件 3→工件 4;9 到 16 位表示加工机器,依次为机器 2→机器 1→机器 3→机器 3→机器 2→机器 2→机器 1→机器 3。

2. 适应度值

染色体的适应度值为全部工件的完成时间,适应度值计算公式为

$$\text{fitness}(i) = \text{time} \tag{11-1}$$

其中,time 指全部任务完成时间。全部工件完成时间越短,该染色体越好。

3. 选择操作

选择操作采用轮盘赌法选择适应度较好的染色体,个体选择概率为

$$\text{pi}(i) = \text{Fitness}(i)/\sum_{i-1}^{n}\text{Fitness}(i)$$
$$\text{Fitness}(i) = 1/\text{fitness}(i) \tag{11-2}$$

其中,pi(i)表示染色体 i 在每次选择中被选中的概率。

4. 交叉操作

种群通过交叉操作获得新染色体,从而推动整个种群向前进化,交叉操作采用整数交叉法。交叉操作首先从种群中随机选取两个染色体,并取出每个染色体的前 $\sum_{i=1}^{k}n_im_j$ 位,然后随机选择交叉位置进行交叉。操作方法如下:交叉位置为 5,只对个体前 $\sum_{i=1}^{k}n_im_j$ 位进行交叉。

个体-$[112\ 3\ 2\ 2\ 3\ 31112121222]$ 交叉$[2213223311112121222]$
极值-$[22133121311221\ 211\ 1]$ → $[11233121311221\ 211\ 1]$

交叉后某些工件的工序多余(如个体中的工件 2),某些工件的工序缺失(如个体中的工件 1),因此,把工件工序多余的操作变为工件工序缺失的操作,并按交叉前个体的操作机器来调整个体 $\left(\sum_{i=1}^{k}n_im_j+1\right)$ 位到 $2\sum_{i=1}^{k}n_im_j$ 位的加工机器,如下所示:

交叉后个体-$[2213223311112121222]$ 调整$[2213123311112221222]$

5. 变异操作

种群通过变异操作获得新的个体,从而推动整个种群向前进化。变异算子首先从种群中

随机选取变异个体,然后选择变异位置 pos1 和 pos2,最后把个体中 pos1 和 pos2 位的加工工序以及对应的加工机器序号对换,如下所示,交叉位置为 2 和 4。

$$个体-\begin{bmatrix}2213223311112121222\end{bmatrix}\xrightarrow{交叉}个体-\begin{bmatrix}2312223311112121222\end{bmatrix}$$

11.3 MATLAB 程序实现

根据多层编码遗传算法原理,在 MATLAB 中编程实现基于多层编码遗传算法的车间调度算法,算法全部代码如下。

11.3.1 主函数

主函数首先进行个体初始化,然后采用选择、交叉和变异操作搜索最佳个体,得到最优的车间调度方法,主要代码如下:

```
[PNumber MNumber] = size(Jm);        % 工件个数、工序个数
trace = zeros(2, MAXGEN);            % 寻优结果记录
WNumber = PNumber * MNumber;         % 工序总个数


Number = zeros(1,PNumber);           % PNumber 工件个数
for i = 1:PNumber
    Number(i) = MNumber;             % MNumber 工序个数
end

% 个体编码,第一层工序,第二层机器
Chrom = zeros(NIND,2 * WNumber);
for j = 1:NIND
    WPNumberTemp = Number;
    for i = 1:WNumber
        % 随机产生工序
        val = unidrnd(PNumber);
        while WPNumberTemp(val) == 0
            val = unidrnd(PNumber);
        end
        % 第一层代码表示工序
        Chrom(j,i) = val;
        WPNumberTemp(val) = WPNumberTemp(val) - 1;
        % 第二层代码表示机器
        Temp = Jm{val,MNumber - WPNumberTemp(val)};
        SizeTemp = length(Temp);
        % 随机产生工序机器
        Chrom(j,i + WNumber) = unidrnd(SizeTemp);
    end
end

% 计算目标函数值
[PVal ObjV P S] = cal(Chrom,JmNumber,T,Jm);

%% 循环寻找最优解
```

```
while gen<MAXGEN
        % 分配适应度值
        FitnV = ranking(ObjV);
        % 选择操作
        SelCh = select('rws', Chrom, FitnV, GGAP);
        % 交叉操作
        SelCh = across(SelCh,XOVR,Jm,T);
        % 变异操作
        SelCh = aberranceJm(SelCh,MUTR,Jm,T);

        % 计算个体适应度值
        [PVal ObjVSel P S] = cal(SelCh,JmNumber,T,Jm);
    end
```

11.3.2　适应度值计算

适应度值计算用来计算个体的适应度值。个体的适应度值计算主要有两个难点，第一点是如何把染色体完整还原为加工顺序，第二点是在计算工件当前工序开始加工时间时要考虑到上个工序的加工结束时间以及等待机器闲置时间。适应度计算的主函数为 cal，函数 calp 根据染色体 S 生成调度工序，计算工序完成时间函数为 calptime。

```
function P = calp(S,PNumber)
    %% 该函数根据染色体S生成调度工序P
    % S              input        染色体
    % PNumber        input        工件个数
    % P              output       调度

    WNumber = length(S);        % 工序总个数
    WNumber = WNumber/2;

    S = S(1,1:WNumber);         % 取工序基因

    % 初始化
    temp = zeros(1,PNumber);
    P = zeros(1,WNumber);

    % 解码生成调度工序
    for i = 1: WNumber

      % 工序加 1
      temp(S(i)) = temp(S(i)) + 1;
      P(i) = S(i) * 100 + temp(S(i));
    end
```

这样得到了由三位数表示的工件加工顺序，比如 301，表示工件 3 的第 1 道加工工序。

函数 caltime 用于计算某工件工序的完成时间，主要是通过比较工件工序开始时间、该工件上一道工序的结束时间以及机器加工完成上一工序的时间来确定当前工件的开始加工时间，代码如下：

```matlab
function PVal = caltime(S,P,JmNumber,T,Jm)
%% 根据调度工序计算调度工序时间
% P                input      调度工序
% JmNumber         input      机器个数
% T                input      工件各工序加工时间
% Jm               input      工件各工序使用机器
% PVal             output     工序开始

[PNumber MNumber] = size(Jm);                        % 工件个数、工序个数
M = S(1,PNumber * MNumber + 1:PNumber * MNumber * 2); % 机器基因
WNumber = length(P);                                  % 工序总个数

% 初始化
TM = zeros(1,JmNumber);
TP = zeros(1,PNumber);
PVal = zeros(2,WNumber);

% 计算调度工序时间
for i = 1: WNumber
    val = P(1,i);                        % 机器号
    a = (mod(val,100));                  % 工件
    b = ((val - a)/100);                 % 工序
    Temp = Jm{b,a};
    m = Temp(M(1,i));

    % 取加工时间
    Temp = T{b,a};
    t = Temp(M(1,i));

    % 本工序开始时间和前工序完成时间
    TMval = TM(1,m);
    TPval = TP(1,b);
    % 时间大于本工序开始时间
    if TMval>TPval
        val = TMval;
    % 取前一道工序的完成时间
    else
        val = TPval;
    end
    % 计算时间
    PVal(1,i) = val;
    PVal(2,i) = val + t;

    % 记录机器时间和工序时间
    TM(1,m) = PVal(2,i);
    TP(1,b) = PVal(2,i);
end
```

11.3.3　交叉函数

交叉函数从种群中随机选择两个个体进行交叉,交叉后可能存在某些工件加工次数多余、某些工件加工次数缺少的现象,在这种情况下,通过补缺操作确保每个工件的加工次数满足要求。交叉函数的主要代码如下:

```
% 取两交叉的个体
S1 = Chrom(SelNum(i),1:WNumber);
S2 = Chrom(SelNum(i + 1),1:WNumber);
S11 = S2;S22 = S1;                       % 初始化新个体

Pos = unidrnd(WNumber);                  % 交叉位置
% 新个体中间片段
S11(1:Pos) = S1(1:Pos);
S22(1:Pos) = S2(1:Pos);
% 比较 S11 相对于 S1,S22 相对于 S2 多余和缺失的基因
S3 = S11;S4 = S1;
S5 = S22;S6 = S2;
for j = 1:WNumber
    Pos1 = find(S4 == S3(j),1);
    Pos2 = find(S6 == S5(j),1);
    if Pos1>0
        S3(j) = 0;
        S4(Pos1) = 0;
    end
    if Pos2>0
        S5(j) = 0;
        S6(Pos2) = 0;
    end
end
for j = 1:WNumber
    if S3(j)~ = 0                        % 多余的基因
        Pos1 = find(S11 == S3(j),1);
        Pos2 = find(S4,1);              % 查找缺失的基因
        S11(Pos1) = S4(Pos2);           % 用缺失基因补多余基因
        S4(Pos2) = 0;
    end
    if S5(j)~ = 0
        Pos1 = find(S22 == S5(j),1);
        Pos2 = find(S6,1);
        S22(Pos1) = S6(Pos2);
        S6(Pos2) = 0;
    end
end
```

11.3.4　变异函数

变异函数首先随机选择一个变异个体,然后选择个体的两个位置进行交叉,交叉完后判断工件的工序是否符合要求,不符合要求则进行调整。变异操作的主要代码如下:

```
% 取一个个体
S = Chrom(i,:);

% 工件交换
temp = S(Pos1);
S(Pos1) = S(Pos2);
S(Pos2) = temp;

% 加工机器调整
temp = S(Pos1 + WNumber);
S(Pos1 + WNumber) = S(Pos2 + WNumber);
S(Pos2 + WNumber) = temp;

% 判断个体加工工序是否符合要求
WPNumberTemp = Number;
for j = 1:WNumber

    JMTemp = Jm{S(j), WPNumberTemp(S(j))};
    SizeTemp = length(JMTemp);

    % 不符合调整
    if SizeTemp < S(j + WNumber)
        S(j + WNumber) = selectJm(S(j + + WNumber),T{S(j),WPNumberTemp(S(j))});
    end
        WPNumberTemp(S(j)) = WPNumberTemp(S(j)) + 1;
end
```

11.3.5 仿真结果

采用多层编码遗传算法求解车间调度问题,共有 6 个工件,在 10 台机器上加工,每个工件都要经过 6 道加工工序,每个工序可选择机器序号如表 11-1 所列。

表 11-1 工序可选机器表

工 件	工件 1	工件 2	工件 3	工件 4	工件 5	工件 6
工序 1	3,10	2	3,9	4	5	2
工序 2	1	3	4,7	1,9	2,7	4,7
工序 3	2	5,8	6,8	3,7	3,10	6,9
工序 4	4,7	6,7	1	2,8	6,9	1
工序 5	6,8	1	2,10	5	1	5,8
工序 6	5	4,10	5	6	4,8	3

每道工序的加工时间如表 11-2 所列。

表 11-2 工序加工时间

工 件	工件 1	工件 2	工件 3	工件 4	工件 5	工件 6
工序 1	3,5	6	1,4	7	6	2
工序 2	10	8	5,7	4,3	10,12	4,7
工序 3	9	1,4	5,6	4,6	7,9	6,9
工序 4	5,4	5,6	5	3,5	8,8	1
工序 5	3,3	3	9,11	1	5	5,8
工序 6	10	3,3	1	3	4,7	3

算法的基本参数为:种群数目为 40,最大迭代次数为 50,交叉概率为 0.8,变异概率为 0.6,算法搜索得到的全部工件完成的最短时间为 47 s,算法搜索过程如图 11-2 所示。

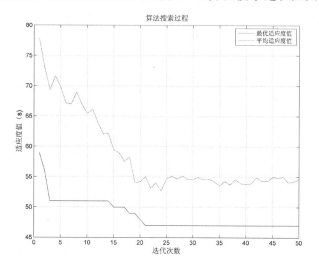

图 11-2　算法搜索过程

最优个体对应的零件加工甘特图如图 11-3 所示。

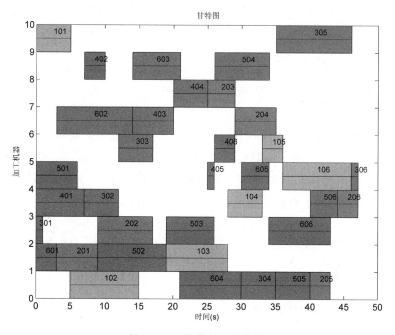

图 11-3　零件加工甘特图

11.4　案例扩展

11.4.1　模糊目标

在实际的车间调度问题中,工件的加工时间往往需要在客户要求的时间窗口内。因此,对工件加工完成时间进行改进采用了遵循顾客提货期要求的模糊提交时间。对于工件 p_i 的交货期,梯形模糊数如图 11-4 所示。

模糊分布函数为

$$\mu_d(x) = \begin{cases} 0, & x \leqslant d_i^1, \quad x \geqslant d_i^4 \\ \dfrac{x - d_i^1}{d_i^2 - d_i^1}, & d_i^1 < x < d_i^2 \\ \dfrac{d_i^4 - x}{d_i^4 - d_i^3}, & d_i^3 < x < d_i^4 \\ 1, & d_i^2 < x < d_i^3 \end{cases} \tag{11-3}$$

其中,$\mu_d(x)$ 表示 x 属于模糊集 D_i 的隶属程度,表示顾客对提交时间的满意程度,其范围为 0 到 1 之间的数,每得到一个工件的提交时间,都计算提交时间的模糊隶属度作为该个体适应度值中的提交时间。本案例中工件提交模糊隶属矩阵如表 11-3 所列。

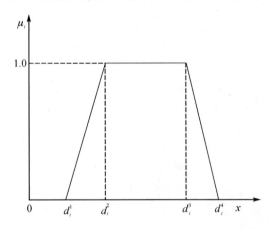

图 11-4　梯形模糊数

表 11-3　工件提交模糊隶属矩阵

模糊时间隶属表	d^1	d^2	d^3	d^4
工件 1	40	55	60	70
工件 2	30	40	50	55
工件 3	65	80	90	110
工件 4	45	50	65	75
工件 5	60	70	80	95
工件 6	50	55	70	80

适应度函数在考虑模糊完成时间的同时考虑生产成本,适应度函数为

$$\text{fitness}(i) = k_1 / \text{tjsj}(i) + k_2 \text{cost}(i) \tag{11-4}$$

其中,$\text{tjsj}(i)$ 表示所有任务的提交时间模糊隶属度和;$\text{cost}(i)$ 表示所有任务所需费用和;k_1,k_2 为系数;$\text{fitness}(i)$ 为染色体 i 对应的适应度值。$\text{cost}(i)$ 的计算公式为

$$\text{cost}(i) = \text{cost } d(i) + \text{cost } s(i) + \text{cost } m(i) \tag{11-5}$$

其中,$\text{cost } d(i)$ 为机器加工成本;$\text{cost } s(i)$ 为机器转换成本;$\text{cost } m(i)$ 为原材料成本。

11.4.2　代码分析

适应度函数中成本计算的代码如下:

```
Cost = sum(costm);                    % 原材料成本
for i = 1 : WNumber

    val = P(1,i);                     % 取机器号
    a = (mod(val,100));               % 工序
    b = ((val - a)/100);              % 工件
    Temp = Jm{b,a};
    m = Temp(M(1,i));                 % 机器号

    t = stime(m);                     % 设置时间
```

```
    stimexl = [stimexl t];
    Cost = Cost + t * costs(m);                    % 设置费用

    Temp = T{b,a};                                 % 加工时间
    t = t + Temp(M(1,i));
    Cost = Cost + Temp(M(1,i)) * costd(m);         % 动态费用
 end
```

11.4.3　仿真结果

算法的参数设置与 11.3.5 节一致,得到的最优零件加工顺序甘特图如图 11-5 所示。

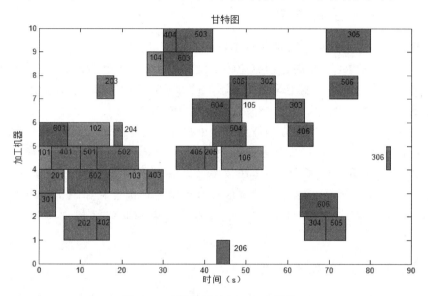

图 11-5　最优零件加工顺序甘特图

提交时间模糊隶属度、提交时间和模糊值如表 11-4 所列。

表 11-4　模糊提交时间表

提交时间模糊隶属度				提交时间	模糊值
40	55	60	70	54	0.93
30	40	50	55	47	1
65	80	90	110	85	1
45	50	65	75	66	0.9
60	70	80	95	77	1
50	55	70	80	72	0.8

参考文献

[1] 金志勇.基于遗传算法的车间调度系统研究[D].武汉:武汉理工大学,2006.

[2] 蒋丽雯.基于遗传算法的车间作业调度问题研究[D].上海:上海交通大学,2006.

[3] 严坤.基于遗传算法的模糊目标柔性车间调度问题[J].机械科学与技术,2006,25(10):318-322.

[4] 孙志峻,朱剑英.具有柔性加工路径的生产车间智能优化调度[J].机械科学与技术,2001,20(6):255-259.

第 **12** 章

免疫优化算法在物流配送中心选址中的应用

12.1 理论基础

12.1.1 物流中心选址问题

随着世界经济的快速发展以及现代科学技术的进步,物流业作为国民经济的一个新兴服务部门,正在全球范围内迅速发展。物流业的发展给社会的生产和管理、人们的生活和就业乃至政府的职能以及社会的法律制度等都带来巨大的影响,因此物流业被认为是国民经济发展的动脉和基础产业,被形象地喻为促进经济发展的"加速器"。

在物流系统的运作中,配送中心的任务就是根据各个用户的需求及时、准确和经济地配送商品货物。配送中心是连接供应商与客户的中间桥梁,其选址方式往往决定着物流的配送距离和配送模式,进而影响着物流系统的运作效率。另外,物流中心的位置一旦被确定,其位置难以再改变。因此,研究物流配送中心的选址具有重要的理论意义和现实应用意义。一般说来,物流中心选址模型是非凸和非光滑的带有复杂约束的非线性规划模型,属 NP – hard 问题。

12.1.2 免疫算法的基本思想

生物免疫系统是一个高度进化的生物系统,它旨在区分外部有害抗原和自身组织,从而保持有机体的稳定。从计算角度看,生物免疫系统是一个高度并行、分布、自适应和自组织的系统,具有很强的学习、识别和记忆能力。

免疫系统具有如下特征:

(1)产生多样抗体的能力。通过细胞的分裂和分化作用,免疫系统可产生大量的抗体来抵御各种抗原。

(2)自我调节机构。免疫系统具有维持免疫平衡的机制,通过对抗体的抑制和促进作用,能自我调节产生适当数量的必要抗体。

(3)免疫记忆功能。产生抗体的部分细胞会作为记忆细胞被保存下来,对于今后侵入的同类抗原,相应的记忆细胞会迅速激发而产生大量的抗体。

免疫算法(immune algorithm)正是受生物免疫系统启发,在免疫学理论基础上发展起来的一种新兴的智能计算方法。它利用免疫系统的多样性产生和维持机制来保持群体的多样性,克服了一般寻优过程尤其是多峰函数寻优过程中难处理的"早熟"问题,最终求得全局最优解。与其他智能算法相比,免疫算法的研究起步较晚,其发展历史只有短短二十几年。Farmer 等于 1986 年率先基于免疫网络学说构造了免疫系统的动态模型,并探讨了免疫系统与其他人工智能方法的联系,从而开创了免疫系统的研究。

免疫算法和遗传算法都是采用群体搜索策略,并且强调群体中个体间的信息交换,因此有许多相似之处,比如两者具有大致相同的算法结构,都要经过"初始种群产生→评价标准计算

→种群间个体信息交换→新种群产生"这一循环过程,最终以较大的概率获得问题的最优解。另外,两者本质上具有并行性,具有与其他智能计算方法结合的固有优势等。

免疫算法和遗传算法之间也存在一些区别,主要表现为对个体的评价、选择及产生的方式不同。遗传算法中个体的评价是通过计算个体适应度得到的,算法选择父代个体的唯一标准是个体适应度;而免疫算法对个体的评价则是通过计算亲和度(affinity)得到的,个体的选择也是以亲和度为基础进行的。个体的亲和度包括抗体-抗原之间的亲和度(匹配程度)和抗体-抗体之间的亲和度(相似程度),它反映了真实的免疫系统的多样性,因此免疫算法对个体的评价更加全面,其个体选择方式也更为合理。此外,遗传算法通过交叉、变异等遗传操作产生新个体,而在免疫算法中,虽然交叉、变异等固有的遗传操作也被广泛应用,但是新抗体的产生还可以借助克隆选择、免疫记忆、疫苗接种等遗传算法中所欠缺的机理,同时免疫算法中还对抗体的产生进行促进或者抑制,体现了免疫反应的自我调节功能,保证了个体的多样性。

本案例把免疫优化算法用于物流配送中心选址问题中。在考虑该问题的约束条件和优化目标的基础上,建立了物流配送中心选址问题的数学模型,并采用免疫优化算法求解最佳物流配送中心选址模型。

12.2　案例背景

12.2.1　问题描述

在物流配送中心选址模型中做如下假设:

(1) 配送中心的规模容量总可以满足需求点需求,并由其配送辐射范围内的需求量确定;

(2) 一个需求点仅由一个配送中心供应;

(3) 不考虑工厂到配送中心的运输费用。

基于以上假设,建立如下模型。该模型是一个选址/分配模型,在满足距离上限的情况下,需要从 n 个需求点中找出配送中心并向各需求点配送物品。目标函数是各配送中心到需求点的需求量和距离值的乘积之和最小,目标函数为

$$\min F = \sum_{i \in N} \sum_{j \in M_i} \omega_i d_{ij} Z_{ij} \tag{12-1}$$

约束条件为

$$\sum_{j \in M_i} Z_{ij} = 1, \quad i \in N \tag{12-2}$$

$$Z_{ij} \leqslant h_j, \quad i \in N, \quad j \in M_i \tag{12-3}$$

$$\sum_{j \in M_i} h_j = p \tag{12-4}$$

$$Z_{ij}, h_j \in \{0,1\}, \quad i \in N, \quad j \in M_i \tag{12-5}$$

$$d_{ij} \leqslant s \tag{12-6}$$

其中, $N = \{1, 2, \cdots, n\}$ 是所有需求点的序号集合; M_i 为到需求点 i 的距离小于 s 的备选配送中心集合, $i \in N$, $M_i \subseteq N$; ω_i 表示需求点的需求量; d_{ij} 表示从需求点 i 到离它最近的配送中心 j 的距离; Z_{ij} 为 0-1 变量,表示用户和物流中心的服务需求分配关系,当其为 1 时,表示需求点 j 的需求量由配送中心 j 供应,否则 $Z_{ij} = 0$; h_j 是 0-1 变量,当其为 1 时,表示点 j 被选为配送中心; s 为新建配送中心离由它服务的需求点的距离上限。

式(12-2)保证每个需求点只能由一个配送中心服务;式(12-3)确保需求点的需求量只

能被设为配送中心的点供应,即没有配送中心的地点不会有客户;式(12-4)规定了被选为配送中心的数量为 p;式(12-5)表示变量 Z_{ij} 和 h_j 是 0-1 变量;式(12-6)保证了需求点在配送中心可配送到的范围内。

12.2.2 解题思路及步骤

1. 算法流程

免疫算法流程如图 12-1 所示。

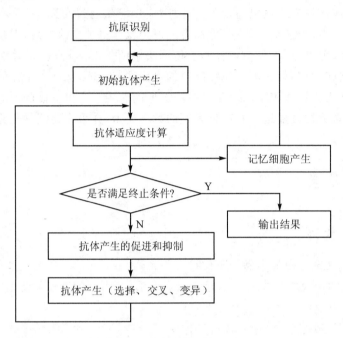

图 12-1 免疫算法流程图

免疫算法具体实现步骤如下:

(1)分析问题。对问题及其解的特性进行分析,设计解的合适表达形式。

(2)产生初始抗体群。随机产生 N 个个体并从记忆库中提取 m 个个体构成初始群体,其中 m 为记忆库中个体的数量。

(3)对上述群体中各个抗体进行评价。在本算法中对个体的评价是以个体的期望繁殖率 P 为标准的。

(4)形成父代群体。将初始群体按期望繁殖率 P 进行降序排列,并取前 N 个个体构成父代群体;同时取前 m 个个体存入记忆库中。

(5)判断是否满足结束条件,是则结束;反之,则继续下一步操作。

(6)新群体的产生。基于步骤(4)的计算结果对抗体群体进行选择、交叉、变异操作得到新群体,再从记忆库中取出记忆的个体,共同构成新一代群体。

(7)转去执行步骤(3)。

2. 初始抗体群的产生

如果记忆库非空,则初始抗体群从记忆库中选择生成。否则,在可行解空间随机产生初始抗体群。此处采用简单编码方式。每个选址方案可形成一个长度为 p 的抗体(p 表示配送中心数量),每个抗体代表被选为配送中心的需求点的序列。例如,考虑包含 31 个需求点的问题。1,2,…,31 代表需求点的序号。从中选出 6 个作为配送中心。抗体[2 7 15 21 29 11]代

表一个可行解,它表示 2,7,15,21,29,11 被选为配送中心。这种编码方式能够满足约束条件式(12-4)和式(12-5)。

3. 解的多样性评价

(1) 抗体与抗原间亲和力

抗体与抗原之间的亲和力用于表示抗体对抗原的识别程度,此处针对上述配送中心选址模型设计亲和力函数 A_v

$$A_v = \frac{1}{F_v} = \frac{1}{\sum\limits_{i \in N} \sum\limits_{j \in M_i} \omega_i d_{ij} Z_{ij} - C \sum\limits_{i \in N} \min\left\{ \left(\sum\limits_{j \in M_i} Z_{ij} \right) - 1, 0 \right\}} \tag{12-7}$$

其中,F_v 为目标函数;分母中第二项表示对违反距离约束的解给予惩罚,C 取一个比较大的正数。

(2) 抗体与抗体间亲和力

抗体与抗体之间的亲和力反映了抗体之间的相似程度。此处借鉴由 Forrest 等提出的 R 位连续方法计算抗体与抗体间的亲和力。R 位连续方法实际是一种部分匹配规则。该方法的关键是确定一个 R 值,代表亲和度判定的阈值。两种个体编码有超过 R 位或者连续 R 位的编码相同,则表示这两种抗体近似"相同",否则表示两种个体不同。此处抗原的编码方法,各位之间不需考虑排序,可参考变形的 R 位连续方法计算抗体间亲和度,即

$$S_{v,s} = \frac{k_{v,s}}{L} \tag{12-8}$$

其中,$k_{v,s}$ 为抗体 v 与抗体 s 中相同的位数;L 为抗体的长度。例如,两个抗体为[2 7 15 21 5 11]、[15 8 14 26 5 2],经比较,有 3 个值是相同的,此时可计算出它们的亲和度 $S_{v,s}$ 为 0.5。

(3) 抗体浓度

抗体的浓度 C_v 即群体中相似抗体所占的比例,即

$$C_v = \frac{1}{N} \sum\limits_{j \in N} S_{v,s} \tag{12-9}$$

其中,N 为抗体总数;$S_{v,s} = \begin{cases} 1, S_{v,s} > T \\ 0, 其他 \end{cases}$;$T$ 为预先设定的一个阈值。

(4) 期望繁殖概率

在群体中,每个个体的期望繁殖概率由抗体与抗原间亲和力 A_v 和抗体浓度 C_v 两部分共同决定,即

$$P = \alpha \frac{A_v}{\sum A_v} + (1 - \alpha) \frac{C_v}{\sum C_v} \tag{12-10}$$

其中,α 为常数。由上式可见,个体适应度越高,则期望繁殖概率越大;个体浓度越大,则期望繁殖概率越小。这样既鼓励了适应度高的个体,同时抑制了浓度高的个体,从而确保了个体多样性。

免疫算法在抑制高浓度个体时,与抗原亲和度最高的个体也可能因其浓度高而受到抑制,从而导致已求得的最优解丢失,因此采取精英保留策略,在每次更新记忆库时,先将与抗原亲和度最高的若干个个体存入记忆库,再按照期望繁殖概率将剩余群体中优秀个体存入记忆库。

4. 免疫操作

(1) 选择:按照轮盘赌选择机制进行选择操作,个体被选择的概率即为式(12-10)计算出的期望繁殖概率。

(2) 交叉:本文采用单点交叉法进行交叉操作。

(3) 变异:采用常用的变异方法,即随机选择变异位进行变异。

12.3　MATLAB 程序实现

在 MATLAB 软件中编程实现免疫优化算法求解物流配送中心选址问题,代码如下。

12.3.1　免疫算法主函数

```
%% 免疫优化算法求解
clc
clear
% 算法基本参数
sizepop = 30;              % 种群规模
overbest = 10;             % 记忆库容量
MAXGEN = 20;               % 迭代次数
pcross = 0.5;              % 交叉概率
pmutation = 0.4;           % 变异概率
ps = 0.95;                 % 多样性评价参数
length = 6;                % 配送中心数
M = sizepop + overbest;
% 步骤(1)识别抗原,将种群信息定义为一个结构体
Individuals = struct('fitness',zeros(1,M),'concentration',zeros(1,M),
                    'excellence',zeros(1,M),'chrom',[]);
% 步骤(2)产生初始抗体群
individuals.chrom = popinit(M,length);
trace = [];                % 记录每代最优个体适应度和平均适应度
% 迭代寻优
for iii = 1:MAXGEN
        % 步骤(3)抗体群多样性评价
        for i = 1:M
            individuals.fitness(i) = fitness(individuals.chrom(i,:));    % 抗体与抗原亲和度计算
            individuals.concentration(i) = concentration(i,M,individuals);  % 抗体浓度计算
        end
        % 综合亲和度和浓度评价抗体优秀程度,得出期望繁殖概率
        individuals.excellence = excellence(individuals,M,ps);
        % 记录当代最佳个体和种群平均适应度
        [best,index] = min(individuals.fitness);                         % 找出最优适应度
        bestchrom = individuals.chrom(index,:);                         % 找出最优个体
        average = mean(individuals.fitness);                            % 计算平均适应度
        trace = [trace;best,average];                                   % 记录
        % 步骤(4)根据 excellence,形成父代群,更新记忆库(加入精英保留策略,可由 s 控制)
        bestindividuals = bestselect(individuals,M,overbest);          % 更新记忆库
        individuals = bestselect(individuals,M,sizepop);               % 形成父代群
        % 步骤(6)选择、交叉、变异操作,再加入记忆库中抗体,产生新种群
        individuals = Select(individuals,sizepop);                     % 选择
        individuals.chrom = Cross(pcross,individuals.chrom,sizepop,length);       % 交叉
        individuals.chrom = Mutation(pmutation,individuals.chrom,sizepop,length); % 变异
        % 加入记忆库中抗体
        individuals = incorporate(individuals,sizepop,bestindividuals,overbest);
end
```

12.3.2　多样性评价

1. 适应度计算

函数 Fitness 用于计算个体的适应度值：

```
function fit = fitness(individual)
% 计算个体适应度值
% individual      input      个体
% fit             output     适应度值
% 城市坐标
city_coordinate = [1304,2312;3639,1315;4177,2244;3712,1399;3488,1535;3326,1556;
            3238,1229;4196,1044;4312,790;4386,570;3007,1970;2562,1756;
            2788,1491;2381,1676;1332,695;3715,1678;3918,2179;4061,2370;
            3780,2212;3676,2578;4029,2838;4263,2931;3429,1908;3507,2376;
            3394,2643;3439,3201;2935,3240;3140,3550;2545,2357;2778,2826;
            2370,2975];
% 货物量
carge = [20,90,90,60,70,70,40,90,90,70,60,40,40,40,20,80,90,70,100,50,50,50,80,
        70,80,40,40,60,70,50,30];
% 找出最近配送点
for i = 1:31
    distance(i,:) = dist(city_coordinate(i,:),city_coordinate(individual,:)');
end
[a,b] = min(distance');
% 计算费用
for i = 1:31
    expense(i) = carge(i) * a(i);
end
% 距离大于 3000 取一个惩罚值
fit = sum(expense) + 4.0e + 4 * length(find(a>3000));
end
```

2. 相似度计算

函数 similar 计算个体之间的相似程度：

```
function resemble = similar(individual1,individual2)
% 计算个体 individual1 和 individual2 的相似度
% individual1,individual2     input      两个个体
% resemble                    output     相似度
k = zeros(1,length(individual1));
for i = 1:length(individual1)
    if find(individual1(i) == individual2)
        k(i) = 1;
    end
end
resemble = sum(k)/length(individual1);
end
```

3. 浓度计算

函数 concentration 用于计算个体之间的浓度:

```
function concentration = concentration(i,M,individuals)
% 计算个体浓度值
% i                input        第 i 个抗体
% M                input        种群规模
% individuals      input        个体
% concentration    output       浓度值
concentration = 0;
for j = 1:M
% 第 i 个个体与种群个体间的相似度
    xsd = similar(individuals.chrom(i,:),individuals.chrom(j,:));      % 相似度大于阈值
    if xsd>0.7
        concentration = concentration + 1;
    end
end
concentration = concentration/M;
end
```

4. 期望繁殖概率计算

函数 excellence 计算个体繁殖概率:

```
function exc = excellence(individuals,M,ps)
% 计算个体繁殖概率
% individuals    input        种群
% M              input        种群规模
% ps             input        多样性评价参数
% exc            output       繁殖概率
fit = 1./individuals.fitness;
sumfit = sum(fit);
con = individuals.concentration;
sumcon = sum(con);
for i = 1:M
    exc(i) = fit(i)/sumfit * ps + con(i)/sumcon * (1 - ps);
end
end
```

12.3.3 免疫操作

1. 选择函数根据个体适应度值采用轮盘赌法选择个体

```
function ret = Select(individuals,sizepop)
% 轮盘赌选择
% individuals    input        种群信息
% sizepop        input        种群规模
% ret            output       选择后得到的种群
 excellence = individuals.excellence;
 pselect = excellence./sum(excellence);
```

```
% 事实上 pselect = excellence;
index = [];
for i = 1:sizepop                          % 转 sizepop 次轮盘
    pick = rand;
    while pick == 0
        pick = rand;
    end
    for j = 1:sizepop
        pick = pick - pselect(j);
        if pick<0
            index = [index j];
            break;                         % 寻找落入的区间,此次转轮盘选中了染色体 j
        end
    end
end
% 注意:在转 sizepop 次轮盘的过程中,有可能会重复选择某些染色体
individuals.chrom = individuals.chrom(index,:);
individuals.fitness = individuals.fitness(index);
individuals.concentration = individuals.concentration(index);
individuals.excellence = individuals.excellence(index);
ret = individuals;
end
```

2. 交叉操作采用实数交叉法进行交叉

```
function ret = Cross(pcross,chrom,sizepop,length)
% 交叉操作
% pcorss        input        交叉概率
% chrom         input        抗体群
% sizepop       input        种群规模
% length        input        抗体长度
% ret           output       交叉得到的抗体群
% 每一轮 for 循环中,可能会进行一次交叉操作,是否进行交叉操作则由交叉概率(continue)控制
for i = 1:sizepop
    % 随机选择两个染色体进行交叉
    pick = rand;
    while prod(pick) == 0
        pick = rand(1);
    end
    if pick>pcross
        continue;
    end
    % 找出交叉个体
    index(1) = unidrnd(sizepop);
    index(2) = unidrnd(sizepop);
    while index(2) == index(1)
        index(2) = unidrnd(sizepop);
    end
```

```
        % 选择交叉位置
        pos = ceil(length * rand);
        while pos == 1
            pos = ceil(length * rand);
        end
        % 个体交叉
        chrom1 = chrom(index(1),:);
        chrom2 = chrom(index(2),:);
        k = chrom1(pos:length);
        chrom1(pos:length) = chrom2(pos:length);
        chrom2(pos:length) = k;
        % 满足约束条件赋予新种群
        flag1 = test(chrom(index(1),:));
        flag2 = test(chrom(index(2),:));
        if flag1 * flag2 == 1
            chrom(index(1),:) = chrom1;
            chrom(index(2),:) = chrom2;
        end
    end
ret = chrom;
end
```

3. 变异操作采用实数变异法进行变异

```
function ret = Mutation(pmutation,chrom,sizepop,length1)
% 变异操作
% pmutation      input      变异概率
% chrom          input      抗体群
% sizepop        input      种群规模
% iii            input      进化代数
% MAXGEN         input      最大进化代数
% length1        input      抗体长度
% ret            output     变异得到的抗体群
for i = 1:sizepop      % 每一轮 for 循环中可能会进行一次变异操作
    % 变异概率
    pick = rand;
    while pick == 0
        pick = rand;
    end
    index = unidrnd(sizepop);
    % 判断是否变异
    if pick>pmutation
        continue;
    end
    pos = unidrnd(length1);
    while pos == 1
        pos = unidrnd(length1);
    end
```

```
        nchrom = chrom(index,:);
        nchrom(pos) = unidrnd(31);
        while length(unique(nchrom)) == (length1 - 1)
            nchrom(pos) = unidrnd(31);
        end
        flag = test(nchrom);
        if flag == 1
            chrom(index,:) = nchrom;
        end
    end
    ret = chrom;
end
```

4. 产生新种群

```
function newindividuals = incorporate(individuals,sizepop,bestindividuals,overbest)
% 将记忆库中抗体加入,形成新种群
% individuals        input        抗体群
% sizepop            input        抗体数
% bestindividuals    input        记忆库
% overbest           input        记忆库容量
m = sizepop + overbest;
newindividuals = struct('fitness',zeros(1,m),'concentration',zeros(1,m),
'excellence',zeros(1,m),'chrom',[]);
% 遗传操作得到的抗体
for i = 1:sizepop
    newindividuals.fitness(i) = individuals.fitness(i);
    newindividuals.concentration(i) = individuals.concentration(i);
    newindividuals.excellence(i) = individuals.excellence(i);
    newindividuals.chrom(i,:) = individuals.chrom(i,:);
end
% 记忆库中抗体
for i = sizepop + 1:m
    newindividuals.fitness(i) = bestindividuals.fitness(i - sizepop);
    newindividuals.concentration(i) = bestindividuals.concentration(i - sizepop);
    newindividuals.excellence(i) = bestindividuals.excellence(i - sizepop);
    newindividuals.chrom(i,:) = bestindividuals.chrom(i - sizepop,:);
end
end
```

12.3.4 仿真实验

为证明算法的可行性和有效性,采集了全国 31 个城市的坐标,每个用户的位置及其物资需求量由表 12-1 给出,这里的物资需求量是经过规范化处理后的数值,并不代表实际值。从中选择 6 个作为物流配送中心。

根据配送中心选址模型,按照免疫算法步骤对算例进行求解,算法的参数分别为:种群规模为 50,记忆库容量为 10,迭代次数为 100,交叉概率为 0.5,变异概率为 0.4,多样性评价参数设为 0.95,求得配送中心的选址方案为[18 25 5 27 9 14],此方案下以各需求点需求量为权重的距离和为$5.68×10^5$。

表 12-1　用户的位置及其物资需求量

j	(U_j, V_j)	b_j	j	(U_j, V_j)	b_j	j	(U_j, V_j)	b_j
1	(1 304,2 312)	20	12	(2 562,1 756)	40	23	(3 429,1 908)	80
2	(3 639,1 315)	90	13	(2 788,1 491)	40	24	(3 507,2 376)	70
3	(4 177,2 244)	90	14	(2 381,1 676)	40	25	(3 394,2 643)	80
4	(3 712,1 399)	60	15	(1 332,695)	20	26	(3 439,3 201)	40
5	(3 488,1 535)	70	16	(3 715,1 678)	80	27	(2 935,3 240)	40
6	(3 326,1 556)	70	17	(3 918,2 179)	90	28	(3 140,3 550)	60
7	(3 238,1 229)	40	18	(4 061,2 370)	70	29	(2 545,2 357)	70
8	(4 196,1 044)	90	19	(3 780,2 212)	100	30	(2 778,2 826)	50
9	(4 312,790)	90	20	(3 676,2 578)	50	31	(2 370,2 975)	30
10	(4 386,570)	70	21	(4 029,2 838)	50			
11	(3 007,1 970)	60	22	(4 263,2 931)	50			

免疫算法收敛曲线如图12-2所示。

得到的物流配送中心选址方案如图12-3所示。

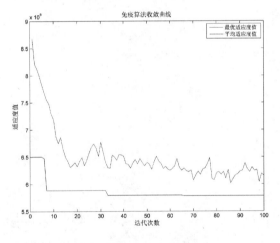

图 12-2　免疫算法收敛曲线

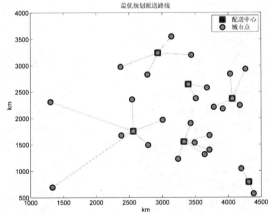

图 12-3　物流配送中心选址方案

图12-3中方框表示配送中心,圆点表示城市点,若点间有连线表示该城市点的物资由连接的配送中心配送。

12.4　案例扩展

人工免疫算法的研究还处于起步阶段,并且由于免疫机理复杂,系统庞大,人工免疫系统可借鉴的成果不多,免疫算法在系统建模、算法等方面存在诸多问题。目前,免疫算法的研究热点包括如下几个方面:

(1)免疫算法性能研究。免疫算法性能包括收敛性、动态性能以及有效性,目前研究较少,研究的有效途径可以参考进化算法和人工神经网络的相关研究成果。

(2)免疫算法与进化算法等其他智能算法的对比研究。该方法不仅能够深入认识人工免疫系统特点,还可以促进多种智能策略的互补融合。

（3）免疫算法在网络、智能系统和鲁棒系统中的应用。神经网络、内分泌及免疫这三大调节系统相互联系、相互补充和配合、相互制约的机理为基于人工免疫系统的智能综合集成提供了生物学基础，网络和智能成为免疫算法发展的不可缺少的特征，也是其重要应用领域。免疫算法能增强系统的鲁棒性，而且免疫性与鲁棒性之间存在的必然联系使得免疫算法将在鲁棒系统中得到较好的应用。

参考文献

[1] 肖人彬.曹鹏彬,刘勇,等.工程免疫计算[M].北京:科学出版社,2007.

[2] 刘冰.人工免疫算法及其应用研究[D].重庆:重庆大学,2004.

[3] 郭莉.随机需求下的物流配送中心动态选址研究[D].成都:西南交通大学,2006.

第 13 章

粒子群算法的寻优算法

13.1 理论基础

粒子群算法(particle swarm optimization, PSO)是计算智能领域,除了蚁群算法、鱼群算法之外的一种群体智能的优化算法。该算法最早由 Kennedy 和 Eberhart 在 1995 年提出的。PSO 算法源于对鸟类捕食行为的研究,鸟类捕食时,找到食物最简单有效的策略就是搜寻当前距离食物最近的鸟的周围区域。PSO 算法是从这种生物种群行为特征中得到启发并用于求解优化问题的,算法中每个粒子都代表问题的一个潜在解,每个粒子对应一个由适应度函数决定的适应度值。粒子的速度决定了粒子移动的方向和距离,速度随自身及其他粒子的移动经验进行动态调整,从而实现个体在可解空间中的寻优。

PSO 算法首先在可行解空间中初始化一群粒子,每个粒子都代表极值优化问题的一个潜在最优解,用位置、速度和适应度值三项指标表示该粒子特征,适应度值由适应度函数计算得到,其值的好坏表示粒子的优劣。粒子在解空间中运动,通过跟踪个体极值 Pbest 和群体极值 Gbest 更新个体位置。个体极值 Pbest 是指个体粒子搜索到的适应度值最优位置,群体极值 Gbest 是指种群中的所有粒子搜索到的适应度最优位置。粒子每更新一次位置,就计算一次适应度值,并且通过比较新粒子的适应度值和个体极值、群体极值的适应度值更新个体极值 Pbest 和群体极值 Gbest 位置。

假设在一个 D 维的搜索空间中,由 n 个粒子组成的种群 $X = (X_1, X_2, \cdots, X_n)$,其中第 i 个粒子表示为一个 D 维的向量 $X_i = (x_{i1}, x_{i2}, \cdots, x_{iD})^T$,代表第 i 个粒子在 D 维搜索空间中的位置,亦代表问题的一个潜在解。根据目标函数即可计算出每个粒子位置 X_i 对应的适应度值。第 i 个粒子的速度为 $V_i = (V_{i1}, V_{i2}, \cdots, V_{iD})^T$,其个体极值为 $P_i = (P_{i1}, P_{i2}, \cdots, P_{iD})^T$,种群的群体极值为 $P_g = (P_{g1}, P_{g2}, \cdots, P_{gD})^T$。

在每次迭代过程中,粒子通过个体极值和群体极值更新自身的速度和位置,即

$$V_{id}^{k+1} = \omega V_{id}^k + c_1 r_1 (P_{id}^k - X_{id}^k) + c_2 r_2 (P_{gd}^k - X_{id}^k) \tag{13-1}$$

$$X_{id}^{k+1} = X_{id}^k + V_{k+1\ id} \tag{13-2}$$

其中,ω 为惯性权重;$d = 1, 2, \cdots, D$;$i = 1, 2, \cdots, n$;k 为当前迭代次数;V_{id} 为粒子的速度;c_1 和 c_2 是非负的常数,称为加速度因子;r_1 和 r_2 是分布于 $[0, 1]$ 区间的随机数。为防止粒子的盲目搜索,一般建议将其位置和速度限制在一定的区间 $[-X_{\max}, X_{\max}]$、$[-X_{\max}, X_{\max}]$。

13.2 案例背景

13.2.1 问题描述

本案例寻优的非线性函数为

$$f(x) = \frac{\sin \sqrt{x^2 + y^2}}{\sqrt{x^2 + y^2}} + e^{\frac{\cos 2\pi x + \cos 2\pi y}{2}} - 2.712\ 89 \qquad (13-3)$$

函数图形如图 13-1 所示。

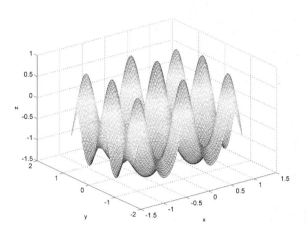

图 13-1 函数图形

从函数图形可以看出,该函数有很多局部极大值点,而极限位置为(0,0),在(0,0)附近取得极大值,极大值约为 1.0054。

13.2.2 解题思路及步骤

基于 PSO 算法的函数极值寻优算法流程图如图 13-2 所示。

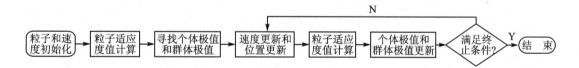

图 13-2 算法流程

其中,粒子和速度初始化随机初始化粒子速度和粒子位置;根据式(13-3)计算粒子适应度值;根据初始粒子适应度值确定个体极值和群体极值;根据式(13-1)与式(13-2)更新粒子速度和位置;根据新种群中粒子适应度值更新个体极值和群体极值。

本案例中,适应度函数为函数表达式,适应度值为函数值。种群粒子数为 20,每个粒子的维数为 2,算法迭代进化次数为 300。

13.3 MATLAB 程序实现

根据 PSO 算法原理,在 MATLAB 中编程实现基于 PSO 算法的函数极值寻优算法。

13.3.1 PSO 算法参数设置

设置 PSO 算法的运行参数,程序代码如下:

```
%清空运行环境
clc
clear

%速度更新参数
c1 = 1.49445;
c2 = 1.49445;

maxgen = 300;          %迭代次数
sizepop = 20;          %种群规模

%个体和速度最大最小值
popmax = 2;popmin = - 2;
Vmax = 0.5;Vmin = - 0.5;
```

13.3.2　种群初始化

随机初始化粒子位置和粒子速度,并根据适应度函数计算粒子适应度值。程序代码如下：

```
for i = 1:sizepop

    %随机产生一个种群
    pop(i,:) = 2 * rands(1,2);        %初始化粒子
    V(i,:) = 0.5 * rands(1,2);        %初始化速度

    %计算粒子适应度值
    fitness(i) = fun(pop(i,:));
end
```

适应度函数代码如下：

```
function y = fun(x)
%该函数计算粒子适应度值
% x          input          输入粒子位置
% y          output         粒子适应度值

 y = sm(sqrt(x(1).^2 + x(2).^2)./sqrt(x(1).^2 + x(2).^2) + ...exp((cos(2 * pi * x(1)) + cos(2 * pi
* x(2)))/2) - 2.71289;
```

13.3.3　寻找初始极值

根据初始粒子适应度值寻找个体极值和群体极值。

```
[bestfitness bestindex] = min(fitness);
zbest = pop(bestindex,:);        %群体极值位置
gbest = pop;                     %个体极值位置
fitnessgbest = fitness;          %个体极值适应度值
fitnesszbest = bestfitness;      %群体极值适应度值
```

13.3.4　迭代寻优

根据式(13 - 1)与式(13 - 2)更新粒子位置和速度,并且根据新粒子的适应度值更新个体极值和群体极值。程序代码如下:

```
% 迭代寻优
for i = 1:maxgen
        % 粒子位置和速度更新
    for j = 1:sizepop

            % 速度更新
            V(j,:) = V(j,:) + c1 * rand * (gbest(j,:) - pop(j,:)) + c2 * rand * (zbest - pop(j,:));
            V(j,find(V(j,:)>Vmax)) = Vmax;
            V(j,find(V(j,:)<Vmin)) = Vmin;

            % 粒子更新
            pop(j,:) = pop(j,:) + 0.5 * V(j,:);
            pop(j,find(pop(j,:)>popmax)) = popmax;
            pop(j,find(pop(j,:)<popmin)) = popmin;

            % 新粒子适应度值
            fitness(j) = fun(pop(j,:));
    end

        % 个体极值和群体极值更新
    for j = 1:sizepop

            % 个体极值更新
            if fitness(j) > fitnessgbest(j)
                gbest(j,:) = pop(j,:);
                fitnessgbest(j) = fitness(j);
            end

            % 群体极值更新
            if fitness(j) > fitnesszbest
                zbest = pop(j,:);
                fitnesszbest = fitness(j);
            end
    end

        % 每代最优值记录到 yy 数组中
    result(i) = fitnesszbest;

end
```

13.3.5　结果分析

PSO 算法反复迭代 300 次,画出每代最优个体适应度值变化图形。程序代码如下:

```
% 画出每代最优个体适应度值
plot(result)
title(' 最优个体适应度值 ','fontsize',12);
xlabel(' 进化代数 ','fontsize',12);ylabel(' 适应度值 ','fontsize',12);
```

最优个体适应度值变化如图 13 - 3 所示。

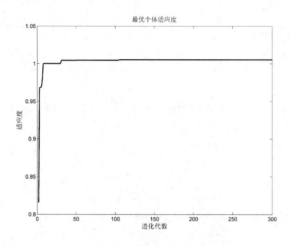

图 13 - 3 最优个体适应度值

最终得到的最优个体适应度值为 1.005 3,对应的粒子位置为(0.001 5,−0.000 8),PSO 算法寻优得到最优值接近函数实际最优值,说明 PSO 算法具有较强的函数极值寻优能力。

13.4 延伸阅读

13.4.1 惯性权重的选择

惯性权重 ω 体现的是粒子继承先前的速度的能力,Shi. Y 最先将惯性权重 ω 引入 PSO 算法中,并分析指出一个较大的惯性权值有利于全局搜索,而一个较小的惯性权值则更利于局部搜索。为了更好地平衡算法的全局搜索与局部搜索能力,Shi. Y 提出了线性递减惯性权重(linear decreasing inertia weight,LDIW),即

$$\omega(k) = \omega_{start}(\omega_{start} - \omega_{end})(T_{max} - k)/T_{max} \tag{13-4}$$

其中,ω_{start} 为初始惯性权重;ω_{end} 为迭代至最大次数时的惯性权重;k 为当前迭代代数;T_{max} 为最大迭代代数。一般来说,惯性权值 $\omega_{start} = 0.9$,$\omega_{end} = 0.4$ 时算法性能最好。这样,随着迭代的进行,惯性权重由 0.9 线性递减至 0.4,迭代初期较大的惯性权重使算法保持了较强的全局搜索能力,而迭代后期较小的惯性权重有利于算法进行更精确的局部搜索。线性惯性权重只是一种经验做法,常用的惯性权重的选择还包括如下几种:

$$\omega(k) = \omega_{start} - (\omega_{start} - \omega_{end})\left(\frac{k}{T_{max}}\right)^2 \tag{13-5}$$

$$\omega(k) = \omega_{start} + (\omega_{start} - \omega_{end})\left[\frac{2k}{T_{max}} - \left(\frac{k}{T_{max}}\right)^2\right] \tag{13-6}$$

$$\omega(k) = \omega_{end}\left(\frac{\omega_{start}}{\omega_{end}}\right)^{1/(1+ck/T_{max})} \tag{13-7}$$

几种 ω 的动态变化如图 13 - 4 所示。

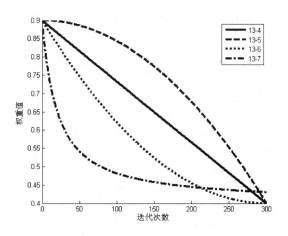

图 13 - 4 4 种惯性权重 w 的变化

13.4.2 ω 变化的算法性能分析

算法参数设置:种群规模 20,进化 300 代。每个实验设置运行 100 次,将 100 次的平均值作为最终结果。

在上述的参数设置下,运用 5 种 w 取值方法对函数进行求解,并比较所得解的平均值、失效次数和接近最优值的次数,来分析其收敛精度、收敛速度等性能。

每种 ω 的算法进化曲线如图 13 - 5 所示。

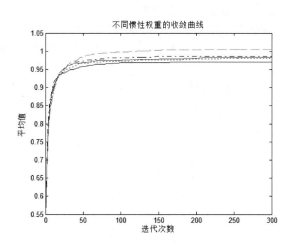

图 13 - 5 5 种惯性权重下函数平均值的收敛曲线

本案例中,将距离最优解 1.005 4 误差为 0.01 的解视为接近最优解,将 0.847 7 及更小的解视为陷入局部最优的解。

由图 13 - 5 和表 13 - 1 可以看出,惯性权重 w 不变的粒子群优化算法虽然具有较快的收敛速度,但其后期容易陷入局部最优,求解精度低;而几种 w 动态变化的算法虽然在算法初期收敛稍慢,但在后期局部搜索能力强,利于算法跳出局部最优而求得最优解,提高了算法的求解精度。

式(13 - 5)中 w 动态变化方法,前期 w 变化较慢,取值较大,维持了算法的全局搜索能力;后期 w 变化较快,极大地提高了算法的局部寻优能力,从而取得了很好的求解效果。

表 13-1　5 种惯性权重下的算法性能比较

W	求得最优值	平均值	陷入次优解次数	接近最优解次数
$w(k) = w_{start} = w_{end}$	1.005 4	0.970 8	21	79
$w(k) = w_{start} - (w_{start} - w_{end}) \left(\dfrac{k}{T_{max}} \right)$	1.005 4	0.980 1	16	84
$w(k) = w_{start} - (w_{start} - w_{end}) \left(\dfrac{k}{T_{max}} \right)^2$	1.005 4	1.005 2	0	100
$w(k) = w_{start} - (w_{start} - w_{end}) \left[\dfrac{2k}{T_{max}} - \left(\dfrac{k}{T_{max}} \right)^2 \right]$	1.005 4	0.986 4	12	88
$w(k) = w_{end} \left(\dfrac{w_{start}}{w_{end}} \right)^{1/(1+10k/T_{max})}$	1.005 4	0.983 6	12	88

参考文献

[1] KENNEDY J，EBERHART R C. Particle Swarm Optimization[EB/OL]. [2010-01]. http://www.en-gr.iupui.edu1~shi/Coference/psopap4.html.

[2] 梁军,程灿.改进的粒子群算法[J].计算机工程与设计,2008,29(11):2893-2896.

[3] 杨朝霞,方建文,李佳蓉,等.粒子群优化算法在多参数拟合中的作用[J].浙江师范大学学报,2008, 31(2):173-177.

[4] 江宝钏,胡俊溟.求解多峰函数的改进粒子群算法研究[J].宁波大学学报,2008,21(2):150-154.

[5] 薛婷.粒子群优化算法的研究与改进[D].大连:大连海事大学,2008.

[6] 杜玉平.关于粒子群算法改进的研究[D].西安:西北大学,2008.

[7] 孙林燕.一种新的改进粒子群算法[D].大连:大连海事大学,2008.

[8] 冯翔,陈国龙,郭文忠.粒子群优化算法中加速因子的设置与实验分析[J].集美大学学报,2006,11(2): 146-151.

[9] 张选平,杜玉平,秦国强.一种动态改变惯性权的自适应粒子群算法[J].西安交通大学学报,2005, 39(10),1039-1042.

第 **14** 章

基于粒子群算法的 **PID** 控制器优化设计

14.1 理论基础

PID 控制器应用广泛,其一般形式为

$$u(t) = K_p e(t) + K_i \int_0^t e(\tau)\mathrm{d}\tau + K_d \frac{\mathrm{d}e(t)}{\mathrm{d}t} \tag{14-1}$$

其中,$e(t)$ 是系统误差;K_p、K_i 和 K_d 分别是对系统误差信号及其积分与微分量的加权,控制器通过这样的加权就可以计算出控制信号,驱动受控对象。如果控制器设计合理,那么控制信号将能使误差朝减小的方向变化,达到控制的要求。

可见,PID 控制器的性能取决于 K_p、K_i、K_d 这 3 个参数是否合理,因此,优化 PID 控制器参数具有重要意义。目前,PID 控制器参数主要是人工调整,这种方法不仅费时,而且不能保证获得最佳的性能。PSO 已经广泛应用于函数优化、神经网络训练、模式分类、模糊系统控制以及其他应用领域,本案例将使用 PSO 进行 PID 控制器参数的优化设计。

14.2 案例背景

14.2.1 问题描述

PID 控制器的系统结构图如图 14-1 所示。

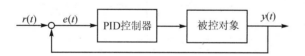

图 14-1 PID 控制器系统结构图

PID 控制器的优化问题就是确定一组合适的参数 K_p、K_i、K_d,使得指标达到最优。常用的误差性能指标包括 ISE、IAE、ITAE、ISTE 等,这里选用 ITAE 指标,其定义为

$$J = \int_0^\infty t \mid e(t) \mid \mathrm{d}t \tag{14-2}$$

选取的被控对象为以下不稳定系统:

$$G(s) = \frac{s+2}{s^4 + 8s^3 + 4s^2 - s + 0.4} \tag{14-3}$$

在 Simulink 环境下建立的模型如图 14-2 所示。

图 14-2 中,微分环节由一个一阶环节近似,输出端口 1 即为式(14-2)所示的 ITAE 指标,通过将时间及误差绝对值的乘积进行积分后得到。

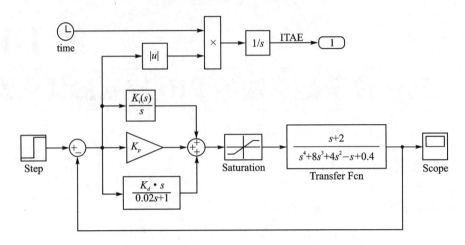

图 14 - 2　Simulink 环境下的 PID 控制系统模型

14.2.2　解题思路及步骤

1. 优化设计过程

利用粒子群算法对 PID 控制器的参数进行优化设计,其过程如图 14 - 3 所示。

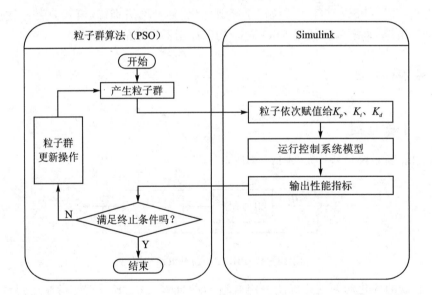

图 14 - 3　PSO 优化 PID 的过程示意图

图 14 - 3 中,粒子群算法与 Simulink 模型之间连接的桥梁是粒子(即 PID 控制器参数)和该粒子对应的适应值(即控制系统的性能指标)。优化过程如下:PSO 产生粒子群(可以是初始化粒子群,也可以是更新后的粒子群),将该粒子群中的粒子依次赋值给 PID 控制器的参数 K_p、K_i、K_d,然后运行控制系统的 Simulink 模型,得到该组参数对应的性能指标,该性能指标传递到 PSO 中作为该粒子的适应值,最后判断是否可以退出算法。

2. 粒子群算法实现

粒子群算法的基本原理在 13.1 节中已经述及,进一步地,粒子在搜索空间中的速度和位置根据以下公式确定:

$$v_{t+1} = wv_t + c_1 r_1 (P_t - x_t) + c_2 r_2 (G_t - x_t) \tag{14 - 4}$$

$$x_{t+1} = x_t + v_{t+1} \qquad (14-5)$$

其中，x 表示粒子的位置；v 表示粒子的速度；w 为惯性因子；c_1、c_2 为加速常数；r_1、r_2 为 $[0,1]$ 区间的随机数；P_t 是粒子迄今为止搜索到的最优位置；G_t 是整个粒子群迄今为止搜索到的最优位置。

PSO 的流程如下：

（1）初始化粒子群，随机产生所有粒子的位置和速度，并确定粒子的 P_t 和 G_t。

（2）对每个粒子，将其适应值与该粒子所经历过的最优位置 P_t 的适应值进行比较，若较好，则将其作为当前的 P_t。

（3）对每个粒子，将其适应值与整个粒子群所经历过的最优位置 G_t 的适应值进行比较，若较好，则将其作为当前的 G_t。

（4）按式(14-4)和式(14-5)更新粒子的速度和位置。

（5）如果没有满足终止条件(通常为预设的最大迭代次数和适应值下限值)，则返回步骤(2)；否则，退出算法，得到最优解。

14.3　MATLAB 程序实现

14.3.1　Simulink 部分的程序实现

图 14-3 所示的 PSO 优化 PID 过程示意图，其右侧的 Simulink 部分的程序实现如下：

```
function z = PSO_PID(x)
assignin('base','Kp',x(1));                          % 粒子依次赋值给 Kp
assignin('base','Ki',x(2));                          % 粒子依次赋值给 Ki
assignin('base','Kd',x(3));                          % 粒子依次赋值给 Kd
[t_time,x_state,y_out] = sim('PID_Model',[0,20]);    % 使用命令行运行控制系统模型
z = y_out(end,1);                                    % 返回性能指标
```

其中，x 为 PSO 中传递过来的粒子。首先，调用函数 assignin 将 x(1)、x(2)、x(3)的值赋值给 Workspace 中的 Kp、Ki、Kd，该语句实现了图 14-3 中从 PSO 部分到 Simulink 部分的参数传递；然后，调用函数 sim 对图 14-2 所示的模型进行仿真，其中，PID_Model 为 Simulink 模型的文件名，[0,20]为仿真时间，返回的 y_out 即为输出端子 1 的值；最后，将性能指标 ITAE 赋值给 z，以实现图 14-3 中从 Simulink 部分到 PSO 部分的参数传递。

14.3.2　PSO 部分的程序实现

设置 PSO 的参数为：惯性因子 $w=0.6$，加速常数 $c_1=c_2=2$，维数为 3(有 3 个待优化参数)，粒子群规模为 100，待优化函数为 14.3.1 节中的函数 PSO_PID，最大迭代次数为 100，最小适应值为 0.1，速度范围为 $[-1,1]$，3 个待优化参数范围均为 $[0,300]$。代码如下：

```
%% 清空环境
clear
clc
%% 参数设置
w = 0.6;                                             % 惯性因子
c1 = 2;                                              % 加速常数
c2 = 2;                                              % 加速常数
```

```
Dim = 3;                                              % 维数
SwarmSize = 100;                                      % 粒子群规模
ObjFun = @PSO_PID;                                    % 待优化函数句柄
MaxIter = 100;                                        % 最大迭代次数
MinFit = 0.1;                                         % 最小适应值
Vmax = 1;
Vmin = - 1;
Ub = [300 300 300];
Lb = [0 0 0];
%% 粒子群初始化
Range = ones(SwarmSize,1) * (Ub - Lb);
Swarm = rand(SwarmSize,Dim). * Range + ones(SwarmSize,1) * Lb;     % 初始化粒子群
VStep = rand(SwarmSize,Dim) * (Vmax - Vmin) + Vmin;               % 初始化速度
fSwarm = zeros(SwarmSize,1);
for i = 1:SwarmSize
    fSwarm(i,:) = feval(ObjFun,Swarm(i,:));          % 粒子群的适应值计算
end
%% 个体极值和群体极值
[bestf bestindex] = min(fSwarm);
zbest = Swarm(bestindex,:);                          % 全局最佳
gbest = Swarm;                                       % 个体最佳
fgbest = fSwarm;                                     % 个体最佳适应值
fzbest = bestf;                                      % 全局最佳适应值
%% 迭代寻优
iter = 0;
y_fitness = zeros(1,MaxIter);                        % 预先产生 4 个空矩阵
K_p = zeros(1,MaxIter);
K_i = zeros(1,MaxIter);
K_d = zeros(1,MaxIter);
while( (iter < MaxIter) && (fzbest > MinFit) )
    for j = 1:SwarmSize
        % 速度更新
        VStep(j,:) = w * VStep(j,:) + c1 * rand * (gbest(j,:) - Swarm(j,:)) + c2 * rand *
(zbest - Swarm(j,:));
        if VStep(j,:)>Vmax, VStep(j,:) = Vmax; end
        if VStep(j,:)<Vmin, VStep(j,:) = Vmin; end
        % 位置更新
        Swarm(j,:) = Swarm(j,:) + VStep(j,:);
        for k = 1:Dim
            if Swarm(j,k)>Ub(k), Swarm(j,k) = Ub(k); end
            if Swarm(j,k)<Lb(k), Swarm(j,k) = Lb(k); end
        end
        % 适应值
        fSwarm(j,:) = feval(ObjFun,Swarm(j,:));
        % 个体最优更新
        if fSwarm(j) < fgbest(j)
            gbest(j,:) = Swarm(j,:);
```

```
            fgbest(j) = fSwarm(j);
        end
        % 群体最优更新
        if fSwarm(j) < fzbest
            zbest = Swarm(j,:);
            fzbest = fSwarm(j);
        end
    end
    iter = iter + 1;                      % 迭代次数更新
y_fitness(1,iter) = fzbest;               % 为绘图做准备
K_p(1,iter) = zbest(1)
K_i(1,iter) = zbest(2);
K_d(1,iter) = zbest(3);
end
%% 绘图输出
figure(1)                                 % 绘制性能指标 ITAE 的变化曲线
plot(y_fitness,'LineWidth',2)
title('最优个体适应值 ','fontsize',18);
xlabel(' 迭代次数 ','fontsize',18);ylabel(' 适应值 ','fontsize',18);
set(gca,'Fontsize',18);
figure(2)                                 % 绘制 PID 控制器参数变化曲线
plot(K_p)
hold on
plot(K_i,'k','LineWidth',3)
plot(K_d,'-- r')
title('Kp、Ki、Kd 优化曲线 ','fontsize',18);
xlabel(' 迭代次数 ','fontsize',18);ylabel(' 参数值 ','fontsize',18);
set(gca,'Fontsize',18);
legend('Kp','Ki','Kd',1);
```

其中,MaxIter 和 MinFit 即终止条件;Vmax 和 Vmin 分别为速度的上限和下限;Ub(i) 和 Lb(i) 分别为第 i 个待优化参数的上限和下限。粒子群的初始化采用与遗传算法相似的方法(用函数 rand 且保证粒子在上下限范围内),迭代过程采用 while 进行大循环,速度更新和位置更新按照式(14-4)和式(14-5)进行(且在迭代更新过程中,若超出了限值,则将其设为限制)。

14.3.3　结果分析

运行以上代码,得到优化过程如图 14-4 和图 14-5 所示,前者为 PID 控制器 3 个参数 K_p、K_i、K_d 的变化曲线,后者为性能指标 ITAE 的变化曲线。得到的最优控制器参数及性能指标为

$$K_p = 33.6469, \quad K_i = 0.1662,$$
$$K_d = 38.7990, \quad ITAE = 1.0580$$

将以上参数代回图 14-2 所示的模型,得到的单位阶跃响应曲线如图 14-6 所示。

由图 14-5 可知,算法优化过程中,性能指标 ITAE 不断减小,PSO 不断寻找更优的参数。由图 14-6 可知,对于不稳定的被控对象,由 PSO 设计出的最优 PID 控制器使得 K_p、K_i、K_d 的选择合理,很好地控制了被控对象。

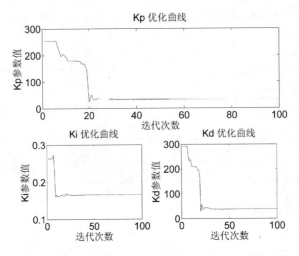

图 14 - 4　PSO 优化 PID 得到的 K_p、K_i、K_d 变化曲线

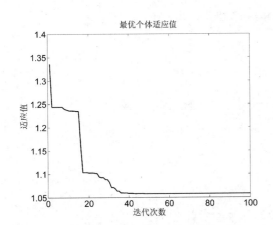

图 14 - 5　PSO 优化 PID 得到的性能指标
　　　　　 ITAE 变化曲线

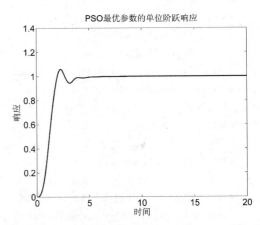

图 14 - 6　PSO 优化 PID 得到的最优参数对应的
　　　　　 单位阶跃响应曲线

14.4　延伸阅读

　　本案例使用粒子群算法优化 PID 控制器参数,事实上,其他的优化算法,比如遗传算法、模拟退火算法等,也可以用于 PID 控制器的参数优化。这里使用遗传算法对 PID 控制器进行参数优化。

　　PID 控制系统与 14.2.1 节所述相同,遗传算法优化 PID 的过程与图 14 - 3 所示过程类似,这里不再重复。遗传算法采用本书第 6 章介绍的遗传算法与直接搜索工具箱(genetic algorithm and direct search toolbox,GADST)实现,其参数设置如表 14 - 1 所列。

　　采用以下语句调用遗传算法:

```
clear
clc
fitnessfcn = @ PSO_PID;                    % 适应度函数句柄
nvars = 3;                                 % 个体变量数目
LB = [0 0 0];                              % 下限
UB = [300 300 300];                        % 上限
```

```
options = gaoptimset ('PopulationSize', 100, 'PopInitRange', [LB; UB], 'EliteCount', 10,
'CrossoverFraction',0.6,'Generations',100,'StallGenLimit',100,'TolFun',1e-100,'PlotFcns',{@
gaplotbestf,@gaplotbestindiv});                                        %算法参数设置
[x_best,fval]=ga(fitnessfcn,nvars,[],[],[],[],LB,UB,[],options);      %运行遗传算法
```

得到的进化过程曲线、最优参数对应的单位阶跃响应曲线分别如图 14 - 7 与图 14 - 8 所示。得到的最优控制器参数及性能指标为

$$K_p = 208.425\ 6, \quad K_i = 0.180\ 1, \quad K_d = 240.051\ 9$$
$$ITAE = 1.114\ 5$$

表 14 - 1　遗传算法的参数设置

参　数	说　明	参　数	说　明
编码方式	实数编码	选择函数	随机一致选择
初始种群	在上下限范围内随机产生	交叉函数	分散交叉
种群大小	100	变异函数	约束自适应变异
上限	[300 300 300]	最大进化代数	100
下限	[0 0 0]	停止代数	100
精英个数	10	适应度函数值偏差	1e-100
交叉后代比例	0.6	绘图函数	最优个体及其适应度函数值
排序函数	等级排序	适应度函数	@ PSO_PID

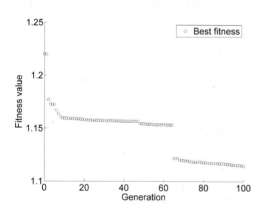

图 14 - 7　遗传算法进化过程

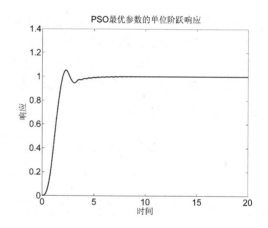

图 14 - 8　遗传算法优化 PID 得到的最优参数
对应的单位阶跃响应曲线

参考文献

[1] KENNEDY J，EBERHART R. Particle Swarm Optimization[C]. Proceedings of the IEEE International Conference on Neural Networks，1995(4):1942-1948.

[2] EBERHART R，KENNEDY J. A New Optimizer Using Particle Swarm Theory[C]. Proceedings of the Sixth International Symposium on Micro Machine and Human Science，1995：39-43.

[3] EBERHART R C，SHI Y H. Particle Swarm Optimization：Developments，Applications and Resources [C]. Proceedings of the IEEE Conference on Evolutionary Computation，2001(1):81-86.

[4] 薛定宇. 控制系统计算机辅助设计——MATLAB 语言及应用[M]. 2 版. 北京:清华大学出版社，2006.

第 15 章

基于混合粒子群算法的 TSP 搜索算法

15.1 理论基础

标准粒子群算法通过追随个体极值和群体极值完成极值寻优,虽然操作简单,且能够快速收敛,但是随着迭代次数的不断增加,在种群收敛集中的同时,各粒子也越来越相似,可能在局部最优解周边无法跳出。混合粒子群算法摒弃了传统粒子群算法中的通过跟踪极值来更新粒子位置的方法,而是引入了遗传算法中的交叉和变异操作,通过粒子同个体极值和群体极值的交叉以及粒子自身变异的方式来搜索最优解。

15.2 案例背景

15.2.1 问题描述

旅行商问题(traveling saleman problem ,TSP)又称为推销员问题、货郎担问题,该问题是最基本的路线问题。该问题寻求单一旅行者由起点出发,通过所有给定的需求点之后,最后再回到起点的最小路径成本。最早的旅行商问题的数学模型是由 Dantzig(1959)等人提出的。旅行商问题是车辆路线问题(VRP)的特例,已证明旅行商问题是 NP 难题。

15.2.2 算法流程

基于混合粒子群算法的 TSP 算法流程如图 15-1 所示。

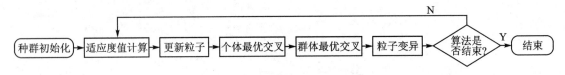

图 15-1 混合粒子群算法流程

其中,种群初始化模块初始化粒子群种群;适应度值计算模块计算粒子群个体的适应度值;更新粒子模块根据粒子适应度值更新个体最优粒子和群体最优粒子;个体最优交叉把个体和个体最优粒子进行交叉得到新粒子;群体最优交叉把个体和群体最优粒子进行交叉得到新粒子;粒子变异是指粒子自身变异得到新粒子。

15.2.3 算法实现

1. 个体编码

粒子个体编码采用整数编码的方式,每个粒子表示历经的所有城市,比如当历经的城市数为 10,个体编码为[9 4 2 1 3 7 6 10 8 5],表示城市遍历从 9 开始,经过 4,2,1,3,…最终返回城市 9,从而完成 TSP 遍历。

2. 适应度值

粒子适应度值表示为遍历路径的长度,计算公式为

$$\text{fitness}(i) = \sum_{i,j=1}^{n} \text{path}_{i,j} \tag{15-1}$$

其中,n 为城市数量;$\text{path}_{i,j}$ 为城市 i,j 间路径长度。

3. 交叉操作

个体通过和个体极值和群体极值交叉来更新,交叉方法采用整数交叉法。首先选择两个交叉位置,然后把个体和个体极值或个体与群体极值进行交叉,假定随机选取的交叉位置为 3 和 5,操作方法如下:

个体-[9 4 2 1 3 7 6 1 0 8 5] 交叉
极值-[9 2 1 6 3 7 4 1 0 8 5] ⟶ 新个体-[9 4 1 6 3 7 6 1 0 8 5]

产生的新个体如果存在重复位置则进行调整,调整方法为用个体中未包括的城市代替重复包括的城市,如下所示:

[9 4 1 6 3 7 6 1 0 8 5] 调整⟶ [9 4 2 1 3 7 6 1 0 8 5]

对得到的新个体采用了保留优秀个体策略,只有当新粒子适应度值好于旧粒子时才更新粒子。

4. 变异操作

变异方法采用个体内部两位互换方法,首先随机选择变异位置 pos1 和 pos2,然后把两个变异位置互换,假设选择的变异位置为 2 和 4,变异操作如下所示:

[9 4 2 1 3 7 6 1 0 8 5] 变异⟶ [9 1 2 4 3 7 6 1 0 8 5]

对得到的新个体采用了保留优秀个体策略,只有当新粒子适应度值好于旧粒子时才更新粒子。

15.3　MATLAB 程序实现

根据混合粒子群算法原理,在 MATLAB 中编程实现基于混合粒子群的 TSP 搜索算法。

15.3.1　适应度函数

适应度函数计算个体适应度值,个体适应度值为路径总长度,代码如下:

```
function indiFit = fitness(x,cityCoor,cityDist)
%%该函数用于计算个体适应度值
% x              input        个体
% cityCoor       input        城市坐标
% cityDist       input        城市距离
% indiFit        output       个体适应度值

m = size(x,1);
n = size(cityCoor,1);
indiFit = zeros(m,1);
for i = 1:m
    for j = 1:n-1
        indiFit(i) = indiFit(i) + cityDist(x(i,j),x(i,j+1));
```

```
        end
        indiFit(i) = indiFit(i) + cityDist(x(i,1),x(i,n));
    end
```

15.3.2 粒子初始化

粒子初始化用于初始化粒子,计算粒子适应度值,并根据适应度值确定个体最优粒子和群体最优粒子。程序代码如下:

```
nMax = 100;                                 % 进化次数
indiNumber = 100;                           % 个体数目
for i = 1:indiNumber
    individual(i,:) = randperm(n);          % 粒子位置
end


%% 计算种群适应度
indiFit = fitness(individual,cityCoor,cityDist);
[value,index] = min(indiFit);
tourPbest = individual;                     % 当前个体最优
tourGbest = individual(index,:);            % 当前全局最优
recordPbest = inf * ones(1,indiNumber);     % 个体最优记录
recordGbest = indiFit(index);               % 群体最优记录
```

15.3.3 交叉操作

交叉操作把粒子同个体极值和群体极值进行交叉,从而得到较好的个体,交叉操作代码如下:

```
%% 交叉操作
for i = 1:indiNumber
    %% 与个体最优进行交叉
    c1 = unidrnd(n-1);                          % 产生交叉位
    c2 = unidrnd(n-1);                          % 产生交叉位
    while c1 == c2
        c1 = round(rand * (n-2)) + 1;
        c2 = round(rand * (n-2)) + 1;
    end
    chb1 = min(c1,c2);
    chb2 = max(c1,c2);
    cros = tourPbest(i,chb1:chb2);              % 交叉区域矩阵
    ncros = size(cros,2);                       % 交叉区域元素个数
    % 删除与交叉区域相同的元素
    for j = 1:ncros
        for k = 1:n
            if xnew1(i,k) == cros(j)
                xnew1(i,k) = 0;
                for t = 1:n-k
```

```
                    temp = xnew1(i,k + t - 1);
                    xnew1(i,k + t - 1) = xnew1(i,k + t);
                     xnew1(i,k + t) = temp;
                end
             end
        end
end
% 插入交叉区域
xnew1(i,n - ncros + 1:n) = cros;
% 新路径长度短则接受
dist = 0;
for j = 1:n - 1
    dist = dist + cityDist(xnew1(i,j),xnew1(i,j + 1));
end
dist = dist + cityDist(xnew1(i,1),xnew1(i,n));
if indiFit(i)>dist
    individual(i,:) = xnew1(i,:);
end
```

15.3.4　变异操作

变异操作对自身进行变异,从而得到更好的个体。变异操作代码如下:

```
%% 变异操作
c1 = round(rand * (n - 1)) + 1;      % 产生变异位
c2 = round(rand * (n - 1)) + 1;      % 产生变异位
while c1 == c2
    c1 = round(rand * (n - 2)) + 1;
    c2 = round(rand * (n - 2)) + 1;
end
temp = xnew1(i,c1);
xnew1(i,c1) = xnew1(i,c2);
xnew1(i,c2) = temp;

% 新路径长度变短则接受
dist = 0;
for j = 1:n - 1
    dist = dist + cityDist(xnew1(i,j),xnew1(i,j + 1));
end
dist = dist + cityDist(xnew1(i,1),xnew1(i,n));
if indiFit(i)>dist
    individual(i,:) = xnew1(i,:);
end
```

15.3.5　仿真结果

采用混合粒子群算法规划 TSP 路径,各城市的初始位置如图 15－2 所示。

混合粒子群算法的进化次数为 100,种群规模为 100,算法进化过程中最优粒子适应度值变化和规划出的最优路径如图 15－3 和图 15－4 所示。

从图 15－3 与图 15－4 可以看到,混合粒子群算法能够较快找到连接各个城市的最优路径。

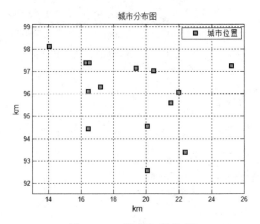

图 15－2　城市初始位置

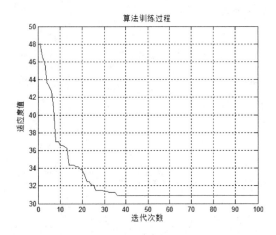

图 15－3　适应度值变化

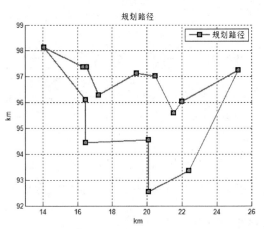

图 15－4　规划出的最优路径

15.4　延伸阅读

使用混合粒子群算法规划其他城市模型的最短路径。

城市分布图如图 15－5 所示,混合粒子群算法的进化次数为 200,种群规模为 1 000。

采用混合粒子群算法规划的路径如图 15－6 所示。

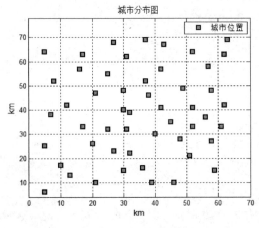

图 15－5　城市分布图

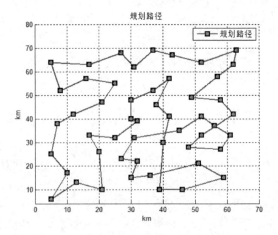

图 15－6　规划路径

从图 15-2～图 15-6 可以看出,基于混合粒子群算法的 TSP 算法可以解决规模较小的旅行商问题,对于规模较大的旅行商问题,混合粒子群算法也可以得到较优路径。

参考文献

[1] KENNEDY J,EBERHART R. Particle Swarm Optimization[EB/OL]. [2010-11]. http://www. engr. iupui. edu/～shi/Coference/Psopap4. html.

[2] 王伟. 混合粒子群算法及其优化效率评价[J]. 中国水运,2007,7(6):100-101.

[3] 屈稳太,丁伟. 一种改进的蚁群算法及其在 TSP 中的应用[J]. 系统工程与实践,2006,5:93-98.

[4] 蔡光跃,董恩清. 遗传算法和蚁群算法在求解 TSP 问题上的对比分析[J]. 计算机工程与应用,2007,43:96-98.

第 16 章

基于动态粒子群算法的动态环境寻优算法

16.1 理论基础

16.1.1 动态粒子群算法

基本粒子群算法首先在解空间中随机初始化所有粒子,每个粒子位置即代表问题的一个潜在解,在搜索过程中,采用适应度函数对每个粒子位置进行评价,适应度值好的粒子位置将被记忆,每个粒子通过跟踪自身记忆的个体最优位置和种群记忆的全局最优位置,逐渐逼近更优值位置。但是在动态环境下,迭代中记忆的个体最优位置和全局最优位置对应的适应度值是变化的,使得粒子陷入对先前环境的寻优,因此基本粒子群算法难以在动态环境下完成有效的寻优。

为了跟踪动态极值,需要对基本的粒子群算法进行两方面改进:第一是引入探测机制,使种群或粒子获得感知外部环境变化的能力;第二是引入响应机制,在探测到环境的变化后,采取某种响应方式对种群进行更新,以适应动态环境。基于敏感粒子的动态粒子群算法是一种典型的动态粒子群算法,它在算法初始化时随机生成敏感粒子,每次迭代中计算敏感粒子适应度值,当发现适应度值变化时,认为环境已发生变化。响应的方式是按照一定比例重新初始化粒子位置和粒子速度。

16.1.2 动态环境

动态环境是指最优值和最优位置随时间变化的环境,动态环境可以用来测试算法的动态响应能力,Eberhart 和 Shi.Y 按照环境中最优值及其位置不同的变化情况,定义了如下 4 种动态环境。

(1) 最优值位置发生改变(记作 DE1)。

(2) 最优值位置保持不变,最优值发生改变(记作 DE2)。

(3) 最优值位置和最优值都发生改变(记作 DE3)。

(4) 对于复杂的高维系统,最优值位置或最优值的改变可能发生在某一维或若干维,可能是独立的或同时的(记作 DE4)。

常用的动态模型包括:基于函数 Parabolic 的动态模型和基于函数 DF1 的动态模型。本案例构建了双峰 DF1 动态模型,在一个模型中模拟 DE1～DE4 共 4 种动态环境。DF1 动态模型的要点是,在动态环境中包括两个锥体,一个锥体的高度和中心位置不断变化,一个锥体的高度和中心位置不动,这样随着变化锥体的不断变化,整个动态环境的极值点和极值点位置也在不断变化,从而可以模拟出 DE1～DE4 的 4 种动态环境。

DF1 动态模型中的两个锥体分别记为 cone1 和 cone2。其中,cone1 设定为不变的锥体,高度为 410,顶点位置为(25,25),其高度和顶点位置保持不变;cone2 定义为变化的锥体,顶点初始位置为(-25,-25),初始高度为 450,其高度和顶点位置是不断变化的。高度和顶点位置共变化 1 200 次,变化规律为:迭代前 500 次,高度逐渐降低,每迭代 5 次降低 1,最终降低为 350,顶点位置由 $(-25,-25)$ 逐渐变为 $(0,-25)$;其后 500 次迭代中,高度逐渐升高,每迭代 10 次升高 3,最终高度升高为 500,顶点位置保持不变;最后再迭代 200 次,顶点高度不变,顶点位置由 $(0,-25)$ 逐渐变为 $(25,-25)$。图 16 - 1 为迭代次数为 400 时的三维图形。

在变化的过程中,随着变化锥体的不断变化,整个动态环境的最优值也在不断变化,动态环境的最优值变化规律如图 16 - 2 所示。

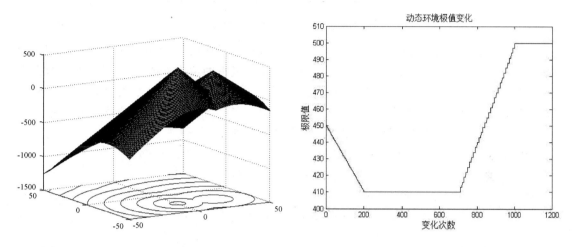

图 16 - 1 双峰 DF1 动态模型的三维视图　　　图 16 - 2 动态环境最优值变化规律

为了避免两个锥体顶点处的高度相互影响,即高的锥体对低的锥体的覆盖,须对锥体的倾斜度进行控制,使每个锥体在对方的顶点位置处形成的高度为 0,即

$$R_i = \frac{H_i}{d}, \qquad i = 1,2 \tag{16-1}$$

其中,d 为两个锥体顶点位置之间的距离;H、R 分别为锥体的高度和倾斜度。

双峰 DF1 动态模型对各种动态环境的模拟情况如表 16 - 1 所列。需要指出的是,对于第 4 种动态环境 DE4 的模拟贯穿整个迭代过程;$B1$ 段和 $B2$ 段之间的环境,虽然最优值及其位置并不改变,但是该环境并不同于常规的静态环境,因为局部位置(cone1 的影响区域)对应的次优解或其位置是不断改变的,本书将其定义为准动态环境,记作 DE0。

表 16 - 1 双峰 DF1 动态模型对动态环境的模拟

迭代区间	cone1		cone2		最优解	最优解位置	动态类型
	P_1	H_1	P_2	H_2			
$A:k=1\sim200$	不变	不变	右移	下降	H_2(下降)	P_2(右移)	DE3
$B1:k=201\sim500$	不变	不变	右移	下降	H_1(不变)	P_1(不变)	DE0
$B2:k=501\sim700$	不变	不变	不变	上升	H_1(不变)	P_1(不变)	DE0
$C:k=701\sim1\ 000$	不变	不变	不变	上升	H_2(上升)	P_2(不变)	DE2
$D:k=1\ 001\sim1\ 200$	不变	不变	右移	不变	H_2(不变)	P_2(右移)	DE1

注:P_1、H_1 为锥体 cone1 的位置和高度;P_2、H_2 是锥体 cone2 的位置和高度。

16.2 案例背景

基于动态粒子群算法的动态规划算法流程如图 16 - 3 所示。

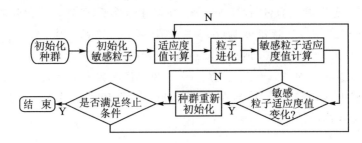

图 16 - 3　动态粒子群算法流程

其中,种群初始化模块初始化粒子群中粒子位置和粒子速度;敏感粒子初始化模块初始化敏感粒子的粒子位置;适应度值模块计算粒子在当前环境下的适应度值;粒子进化模块根据当前个体最优粒子和群体最优粒子更新粒子速度和粒子位置;敏感粒子适应度值计算模块根据当前环境计算敏感粒子适应度值;种群重新初始化模块是指当敏感粒子适应度值变化超过阈值时,按照一定比例重新初始化种群中粒子位置和粒子速度。

粒子和敏感粒子的适应度计算公式为

$$\text{fitness}(i) = \text{position } x(i) + \text{positon } y(i) \tag{16-2}$$

其中,$\text{fitness}(i)$ 为粒子 i 的适应度值;$\text{position } x(i)$ 和 $\text{positon } y(i)$ 为粒子 i 的位置。由式(16-2)可知,当粒子所在位置对应高度越高时,粒子适应度值越好。

16.3　MATLAB 程序实现

基于动态粒子群算法原理,在 MATLAB 中实现基于动态粒子群算法的动态寻优算法。

16.3.1　动态环境函数

动态环境函数根据锥体双峰的中心位置和高度计算动态环境坐标,程序代码如下:

```
function ff = DF1function(X1,Y1,H1,X2,Y2,H2)
%% 根据锥体双峰中心和高度计算动态环境坐标
% X1 Y1 H1    input    con1 锥体参数
% X2 Y2 H2    input    con2 锥体参数


%% 基本参数
XX = [X1,X2];YY = [Y1,Y2];N = 2;
Hbase = [H1,H2];
% 两山峰距离
D_ab = sqrt((XX(1) - XX(2))^2 + (YY(1) - YY(2))^2);
[x,y] = meshgrid( - 50:0.2:50);


%% 动态环境坐标
Hbase(1) = Hbase(1);
Rbase = [Hbase(1)/D_ab,Hbase(2)/D_ab];
for i = 1:N
    H(i) = Hbase(i);
    R(i) = Rbase(i);
    f(:,:,i) = H(i) - R(i) * sqrt((x - XX(i)).^2 + (y - YY(i)).^2);
end
```

```
[m,n,p] = size(f);
for i = 1:m
    for j = 1:n
        [OrderZ,IndexZ] = sort(f(i,j,:));
        ff(i,j) = f(i,j,IndexZ(N));
    end
end
```

16.3.2 种群初始化

种群初始化用于初始化种群粒子位置和速度、敏感粒子位置,并且计算种群粒子和敏感粒子的适应度值。程序代码如下:

```
%% 初始化粒子和敏感粒子
n = 20;                                  % 种群规模
pop = unidrnd(501,[n,2]);                % 初始化种群
popTest = unidrnd(501,[5 * n,2]);        % 初始化敏感粒子
h = DF1function(X1,Y1,H1,X2(1),Y2(1),H2(1));   % 环境坐标
V = unidrnd(100,[n,2]) - 50;             % 初始化速度
Vmax = 25;Vmin = - 25;


%% 计算粒子和敏感粒子适应度值
for i = 1:n
    fitness(i) = h(pop(i,1),pop(i,2));
    fitnessTest(i) = h(popTest(i,1),popTest(i,2));
end
oFitness = sum(fitnessTest);             % 敏感粒子适应度值
[value,index] = max(fitness);
popgbest = pop;
popzbest = pop(index,:);
fitnessgbest = fitness;
fitnesszbest = fitness(index);
```

16.3.3 循环动态寻找

动态粒子群算法在动态环境中通过探测和触发寻找动态环境的极限值。程序代码如下:

```
for k = 1:1200
    h = DF1function(X1,Y1,H1,X2(k),Y2(k),H2(k));   % 动态环境

    % 敏感粒子适应度值和
    for i = 1:n
        fitnessTest(i) = h(popTest(i,1),popTest(i,2));
    end
    oFitness = sum(fitnessTest);

    % 根据适应度值变化初始化种群
    if abs(oFitness - nFitness)>1
```

```
        index = randperm(20);
        pop(index(1:10),:) = unidrnd(501,[10,2]);
        V(index(1:10),:) = unidrnd(100,[10,2]) - 50;
    end


    % 粒子搜索
    for i = 1:Tmax
        for j = 1:n
            % 种群进化
                pop(j,:) = pop(j,:) + V(j,:);
                V(j,:) = V(j,:) + floor(rand * (popgbest(j,:) pop(j,:))) + floor(rand *
(popzbest - pop(j,:)));


            % 适应度值计算
            fitness(j) = h(pop(j,1),pop(j,2));

            % 个体极值和群体极值更新
            if fitness(j) > fitnessgbest(j)
                popgbest(j,:) = pop(j,:);
                fitnessgbest(j) = fitness(j);
            end
            if fitness(j) > fitnesszbest
                popzbest = pop(j,:);
                fitnesszbest = fitness(j);
            end

        end
    end


    fitnessRecord(k) = fitnesszbest;
    fitnesszbest = 0;
    fitnessgbest = zeros(1,20);
end
```

16.3.4 仿真结果

本案例用动态粒子群算法搜索动态环境中的最优目标,动态环境共变化 1 200 次,动态环境的变化规律见 16.1.2 节。种群粒子个数为 20,粒子群算法在每一个环境中进化次数为 100,敏感粒子个数为 20,种群按一定比例重新初始化的触发条件是动态环境两次变化间的敏感粒子的适应度值变化超过 1。在动态变化的环境中,粒子群算法的动态极值搜索结果如图 16 - 4 所示。

由图 16 - 4 可知,在动态变化的环境里,普通粒子群算法由于陷入了局部最优,难以动态跟踪全局环境变化。然而动态粒子群算法由于可以探测并且响应动态环境变化,所以可以实时跟踪动态全局最优值。

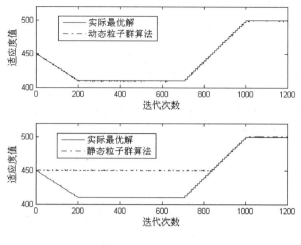

图 16 - 4　仿真结果

16.4　延伸阅读

动态粒子群算法除了本案例介绍的基于敏感粒子的动态粒子群算法外,常用的还有自适应粒子群算法(记为 APSO)、改进动态粒子群算法(记为 EPSO)和引入了蒸发系数的粒子群算法(记为 TDPSO)。

16.4.1　APSO

APSO 在环境中随机生成敏感粒子,每次迭代中重新计算敏感粒子对应的适应度值,当发现适应度值变化时,认为环境已发生变化。响应的方式是如果粒子当前位置的适应度值优于其个体最优位置对应的适应度值,则以当前位置更新个体最优位置。

16.4.2　EPSO

EPSO 通过监测全局最优位置对应的适应度值 $f(P_g)$ 来探测环境变化。对 $f(P_g)$ 的监测采用了两种不同的方法。一种是监测 $f(P_g)$ 是否变化(changed - gBest - value),每次迭代中重新评价 $f(P_g)$,当其变化时,触发响应。另一种方法则与第一种方法相反,是监测 $f(P_g)$ 是否不变(fixed - gBest - value),因为当算法已陷入先前环境中的全局最优位置时,使用第一种方法将无法监测到 $f(P_g)$ 的变化,反过来思考,即是说如果 $f(P_g)$ 在一定的迭代次数内没有发生变化,则意味着环境可能发生了变化。fixed - gBest - value 正是通过监测 $f(P_g)$ 在一定的迭代次数内是否不变来决定是否触发响应。EPSO 中响应的方式引入了对种群进行一定比例的重新初始化操作,使部分粒子重新在搜索空间进行搜索,以适应动态环境。

16.4.3　TDPSO

TDPSO 通过引入蒸发系数,使粒子逐渐遗忘自身的记忆,以适应动态环境。基本 PSO 算法粒子记忆的更新形式为

$$P_i(k+1) = \begin{cases} P_i(k), & f(X_i(k+1)) > f(X_i(k)) \\ X_i(k+1), & f(X_i(k+1)) \leqslant f(X_i(k)) \end{cases} \tag{16-3}$$

其中,$X_i(k)$ 表示第 i 个粒子第 k 次迭代时的位置;$P_i(k)$ 表示第 i 个粒子第 k 次迭代时记忆的

个体最优位置;$f(X_i(k))$表示 $X_i(k)$ 对应的适应度值。式(16-4)表示当粒子下一时刻的位置对应的适应度值优于其自身记忆的个体最优位置时,则以该位置作为个体自身最优位置。TDPSO 中粒子记忆的更新形式为

$$P_i(k+1) = \begin{cases} P_i(k)T, & f(X_i(k+1)) > f(P_i(k)T) \\ X_i(k+1), & f(X_i(k+1)) \leqslant f(P_i(k)T) \end{cases} \qquad (16-4)$$

其中,T 为蒸发系数,取值范围为[0,1]。可见引入 T 可以使粒子记忆的个体最优位置逐渐被遗忘,从而使粒子免于陷入先前的环境中,对动态环境具有一定的适应能力,但是对于复杂的动态环境的适应性较差。

参考文献

[1] EBERHAN R C,SHI Y. Tracking and Optimizing Dynamic Systems with Particle Swarms[EB/OL]. [2010-11]. http://ieeexplore.ieee.org/xpl/freeabs_all.jsp? arnumber=934376.

[2] CARLISLE A,DOZIER. Adapting Particle Swarm Optimization to Dynamic Environments[EB/OL]. [2010-11]. http://www.eisti.fr/~vg/These/Papiers/Bibli2/Carlisle00.pdf.

[3] CARLISLE A,DOZIER. Tracking Changing Extrema with Adaptive Particle Swarm Optimizer[EB/OL]. [2010-11]. http://ieeexplore.ieee.org/iel5/8124/22475/01049555.pdf? arnumber=1049555.

[4] HU X,EBERHART R C. Adaptive Particle Swarm Optimization:Detection and Response to Dynamic Systems[EB/OL]. [2010-11]. http://62.49.17.3/~streetm/wcci_2002/CEC02/PDFFiles/Papers/9201.PDF.

[5] PARSOPOULOS K E,VRAHATIS M N. Unified Particle Swarm Optimization in Dynamic Environments[J]. EvoWorks,2005,3449:590-599.

第 17 章

基于 PSO 工具箱的函数寻优算法

17.1 理论基础

17.1.1 工具箱介绍

粒子群算法具有操作简单、算法搜索效率较高等优点,该算法对优化函数没有连续可微的要求,通用性较强,对多变量、非线性、不连续及不可微的问题求解有较大的优势。PSO 工具箱由美国北卡罗来纳州立大学航天航空与机械系教授 Brian Birge 开发,该工具箱将 PSO 算法的核心部分封装起来,提供给用户的为算法的可调参数,用户只需要定义需要优化的函数,并设置好函数自变量的取值范围、每步迭代允许的最大变化量等,即可进行优化。

17.1.2 工具箱函数解释

PSO 工具箱中包括的主要函数如表 17-1 所列。

表 17-1 函数名称及功能

函数名称	函数功能	函数名称	函数功能
goplotpso	绘图函数	Normmat	格式化矩阵数据函数
pso_Trelea_vectorized	粒子群优化主函数	linear_dyn, spiral_dyn	时间计算函数
forcerow. m, forcecol	向量转化函数		

该工具箱的主要函数是 pso_Trelea_vectorized,通过配置该函数的输入参数,即可进行函数的优化。函数 pso_Trelea_vectorized 一共包含 8 个参数,具体解释如下:

[optOUT,tr,te] = pso_Trelea_vectorized(functname, D, mv, VarRange, minmax, PSOparams, plotfcn, PSOseedValue)

(1) functname:优化函数名称。

(2) D:待优化函数的维数。

(3) mv:最大速度取值范围。

(4) VarRange:粒子位置取值范围。

(5) minmax:寻优参数,决定寻找的是最大化模型、最小化模型还是和某个值最接近。当 minmax=1 时,表示算法寻找最大化目标值;当 minmax=0 时,表示算法寻找最小化目标值;当 minmax=2 时,表示算法寻找的目标值与 PSOparams 数组中的第 12 个参数最相近。

(6) plotfcn:绘制图像函数,默认为'goplotpso'。

(7) PSOseedValue:初始化粒子位置,当 PSOparams 数组中的第 13 个参数为 0 时,该参数有效。

(8) PSOparams:算法中具体用到的参数,为一个 13 维的数组,如下所示:

PSOparams＝[100 2000 24 2 2 0.9 0.4 1500 1e－25 250 NaN 0 0]

其中各参数的作用如下：

PSOparams 中的第 1 个参数表示 MATLAB 命令窗显示的计算过程的间隔数，100 表示算法每迭代 100 次显示一次运算结果，如取值为 0，不显示计算中间过程。

PSOparams 中的第 2 个参数表示算法的最大迭代次数，在满足最大迭代次数后算法停止，此处表示最大迭代次数为 2 000。

PSOparams 中的第 3 个参数表示种群中个体数目，种群个体越多，越容易收敛到全局最优解，但算法收敛速度越慢，此处表示种群个体数为 24。

PSOparams 中的第 4 个参数、第 5 个参数为算法的加速度参数，分别影响局部最优值和全局最优值，一般采用默认值 2。

PSOparams 中的第 6 个参数、第 7 个参数表示算法开始和结束时的权值，其他时刻的权值通过线性计算求得，此处表示算法开始时的权值为 0.9，算法结束时的权值为 0.4。

PSOparams 中的第 8 个参数表示当迭代次数超过该值时，权值取 PSOparams 中的第 6 个参数和 PSOparams 中的第 7 个参数的小值。

PSOparams 中的第 9 个参数表示算法终止阈值，当连续两次迭代中对应种群最优值变化小于此阈值时，算法终止，此处值为 1e - 25。

PSOparams 中的第 10 个参数表示用于终止算法的阈值。当连续 250 次迭代中函数的梯度值仍然没有变化，则退出迭代。

PSOparams 中的第 11 个参数表示优化问题是否有约束条件，取 NaN 时表示为非约束下的优化问题。

PSOparams 中的第 12 个参数表示使用粒子群算法类型。

PSOparams 中的第 13 个参数表示种群初始化是否采用指定的随机种子，0 表示随机产生种子，1 表示用户自行产生种子。

17.2 案例背景

17.2.1 问题描述

本案例寻优的函数为

$$z = 0.5(x-3)^2 + 0.2(y-5)^2 - 0.1 \tag{17-1}$$

该函数的最小值点为－0.1，对应的点坐标为(3,5)。

17.2.2 工具箱设置

PSO 工具箱路径设置分为两步。

(1) 在 MATLAB 的菜单栏单击"File"→"Set Path"，如图 17－1 所示。

(2) 在弹出的对话框中单击"Add Folder"按钮，然后找到工具箱放置的位置，如图 17－2 所示。

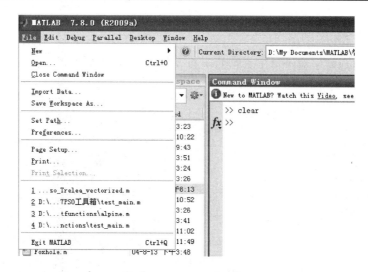

图 17 - 1　路径设置步骤 1

图 17 - 2　路径设置步骤 2

17.3　MATLAB 程序实现

17.3.1　适应度函数

适应度函数用于计算粒子的适应度值,程序代码如下:

```
function fitness = test_func(individual)
%% 计算粒子的适应度值
% individual      input         粒子个体
% fitness         output        适应度值

x = individual(:,1);
y = individual(:,2);
for i = 1:size(individual,1)
    fitness(i,:) = 0.5 * (x(i) - 3)^2 + 0.2 * (y(i) - 5)^2 - 0.1;
end
```

17.3.2 主函数

主函数编程实现基于粒子群工具箱的函数寻优,程序代码如下:

```
%%清空环境
clear
clc

%% 参数初始化
x_range = [-50,50];                          % 参数 x 变化范围
y_range = [-50,50];                          % 参数 y 变化范围
range = [x_range;y_range];                   % 参数变化矩阵
Max_V = 0.2 * (range(:,2) - range(:,1));     % 最大速度
n = 2;                                       % 函数维数

% 算法参数
PSOparams = [25 2000 24 2 2 0.9 0.4 1500 1e-25 250 NaN 0 0];

%% 粒子群寻优
pso_Trelea_vectorized('test_func',n,Max_V,range,0,PSOparams)
```

17.3.3 仿真结果

本案例中 PSO 算法的基本参数设置为:种群中个体数目为 24,算法进化次数为 2 000,加速度参数为 2,初始权值为 0.9,结束权值为 0.4,权值线性变化,算法每次迭代的终止阈值为 1e-25,采用标准粒子群算法,随机产生初始化种群。

算法经过仿真,得到的最优值为(3,5),对应的最优适应度值为 -0.1,算法仿真过程如图 17-3 所示。

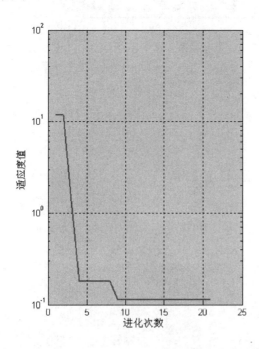
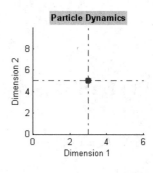

图 17-3 仿真过程

从仿真过程可以看出,PSO 工具箱能够快速找到函数的极小值点,并且搜索速度较快,算法很快收敛。

17.4　延伸阅读

采用 PSO 工具箱寻找 Rosenbrock 函数极值,函数形式为

$$y = 100(x_1 - x_2^2)^2 + (x_2 - 1)^2 \tag{17-2}$$

该函数的最优值位置为(1,1),对应的最优值为 0,算法参数设置为:种群中个体数目为 24,算法进化次数为 2 000,加速度参数为 2,初始权值为 0.9,结束权值为 0.4,权值线性变化,算法每次迭代的终止阈值为 1e-25,采用标准粒子群算法,随机产生初始化种群。

算法经过仿真,得到的最优解为(1,1),对应的最优值为 1,算法仿真过程如图 17-4 所示。

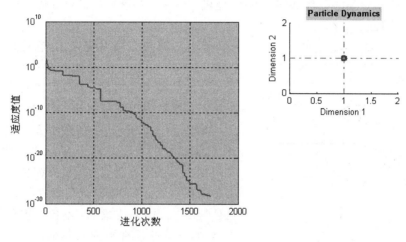

图 17-4　算法仿真过程

参考文献

[1] 张丽平. 粒子群优化算法的理论与实践[D]. 杭州:浙江大学,2005.

[2] XIE X F, ZHANG W J, YANG Z L. A Dissipative Particle Swarm Optimization[EB/OL]. [2010-09]. http://ieeexplore. ieee. org/xpls/abs_all. jsp? arnumber=1004457.

[3] LOVBJERG M, KRINK T. Extending Particle Swarm Optimizers with Self-organized Critically[EB/OL]. [2010-09]. http://62. 49. 17. 3/~streetm/wcci_2002/CEC02/PDFFiles/Papers/9201. PDF.

[4] 吕振肃,候志荣. 自适应变异的粒子群优化算法[J]. 电子学报,2004,32(3):416-420.

第 18 章

基于鱼群算法的函数寻优算法

18.1 理论基础

18.1.1 人工鱼群算法概述

人工鱼群算法是李晓磊等人于 2002 年提出的一类基于动物行为的群体智能优化算法。该算法是通过模拟鱼类的觅食、聚群、追尾、随机等行为在搜索域中进行寻优,是集群体智能思想的一个具体应用。

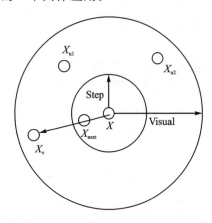

X_{n1},X_{n2}—视野范围内两条鱼的位置

图 18 - 1　人工鱼的视野和移动步长

生物的视觉是极其复杂的,它能快速感知大量的空间事物,这是任何仪器和程序都难以比拟的。为了实施的简便和有效,在鱼群模式中应用了如下方法实现虚拟人工鱼的视觉:

如图 18 - 1 所示,一条虚拟人工鱼实体的当前位置为 X,它的视野范围为 Visual,位置 X_v 为其在某时刻的视点所在的位置,如果该位置的食物浓度高于当前位置,则考虑向该位置方向前进一步,即到达位置 X_{next};如果位置 X_v 不比当前位置食物浓度更高,则继续巡视视野内的其他位置。巡视的次数越多,则对视野内的状态了解越全面,从而对周围的环境有一个全方面立体的认知,这有助于做出相应的判断和决策。当然,对于状态多或无限状态的环境也不必全部遍历,允许一定的不确定性对于摆脱局部最优,从而寻找全局最优是有帮助的。

图 18 - 1 中,位置 $X=(x_1,x_2,\cdots,x_n)$,位置 $X_v=(x_1^v,x_2^v,\cdots,x_n^v)$,则该过程可以表示如下:

$$x_i^v = x_i + \text{visual} \cdot r, \quad i=1,2,\cdots,n$$

$$X_{next} = \frac{X_v - X}{\parallel X_v - X \parallel} \cdot \text{Step} \cdot r$$

其中,r 是[-1,1]区间的随机数;Step 为移动步长。由于环境中同伴的数目是有限的,因此在视野中感知同伴的位置,并相应地调整自身位置的方法与上式类似。

18.1.2 人工鱼群算法的主要行为

鱼类通常具有如下行为:

觅食行为:这是生物的一种最基本的行为,也就是趋向食物的一种活动;一般可以认为这种行为是通过视觉或味觉感知水中的食物量或浓度来选择趋向的。因此,以上所述的视觉概念可以应用于该行为。

聚群行为：这是鱼类较常见的一种现象，大量或少量的鱼都能聚集成群，这是它们在进化过程中形成的一种生存方式，可以进行集体觅食和躲避敌害。

追尾行为：当某一条鱼或几条鱼发现食物时，它们附近的鱼会尾随其后快速游过来，进而导致更远处的鱼也尾随过来。

随机行为：鱼在水中悠闲地自由游动，基本上是随机的，其实它们也是为了更大范围地寻觅食物或同伴。

以上是鱼的几个典型行为，这些行为在不同时刻会相互转换，而这种转换通常是鱼通过对环境的感知来自主实现的，这些行为与鱼的觅食和生存都有着密切的关系，并且与优化问题的解决也有着密切的关系。

行为评价是用来模拟鱼能够自主行为的一种方式。在解决优化问题中，可以选用两种简单的评价方式：一种是选择最优行为执行，也就是在当前状态下，哪一种行为向优的方向前进最大，就选择哪种行为；另一种是选择较优行为前进，也就是任选一种行为，只要能向优的方向前进即可。

18.1.3　问题的解决

问题的解决是通过自治体在自主的活动过程中以某种形式表现出来的。在寻优过程中，通常会有两种方式表现出来：一种形式是通过人工鱼最终的分布情况来确定最优解的分布，通常随着寻优过程的进展，人工鱼往往会聚集在极值点的周围，而且全局最优的极值点周围通常能聚集较多的人工鱼；另一种形式是在人工鱼的个体状态之中表现出来的，即在寻优的过程中，跟踪记录最优个体的状态，就类似于遗传算法采用的方式。

鱼群模式不同于传统的问题解决方法，它提出了一种新的优化模式——人工鱼群算法，这一模式具备分布处理、参数和初值的鲁棒性强等能力。

18.2　案例背景

18.2.1　问题描述

案例 1：

一元函数的优化实例：

$$\max f(x) = x\sin(10\pi x) + 2.0$$
$$\text{s.t.}\quad 1 \leqslant x \leqslant 2$$

该函数的图像如图 18-2 所示。

案例 2：

二元函数的优化实例：

$$\max f(x,y) = \frac{\sin x}{x}\frac{\sin y}{y}$$
$$\text{s.t.}\quad x \in [-10,10]$$
$$y \in [-10,10]$$

该函数的图像如图 18-3 所示。

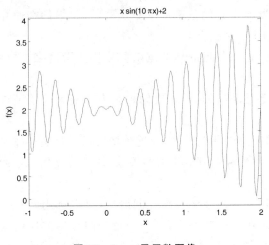

图 18 - 2　一元函数图像　　　　　　　　图 18 - 3　二元函数图像

18.2.2　解题思路及步骤

1. 变量及函数定义

人工鱼群算法中用到的变量参数如表 18 - 1 所列。

表 18 - 1　变量参数

序　号	变量名	变量含义
1	N	人工鱼群个体大小
2	$\{X_i\}$	人工鱼个体的状态位置,$X_i = (x_1, x_2, \cdots, x_n)$,其中 $x_i(i = 1, 2, \cdots, n)$ 为待优化变量
3	$Y_i = f(X_i)$	第 i 条人工鱼当前所在位置的食物浓度,Y_i 为目标函数
4	$d_{i,j} = \| X_i - X_j \|$	人工鱼个体之间的距离
5	Visual	人工鱼的感知距离
6	Step	人工鱼移动的最大步长
7	delta	拥挤度
8	try_number	觅食行为尝试的最大次数
9	n	当前觅食行为次数
10	MAXGEN	最大迭代次数

人工鱼群算法中用到的函数如表 18 - 2 所列。

表 18 - 2　主要函数

序　号	函数名	函数功能	序　号	函数名	函数功能
1	AF_init	初始化鱼群函数	4	AF_follow	追尾行为函数
2	AF_prey	觅食行为函数	5	AF_dist	计算鱼群个体距离函数
3	AF_swarm	聚群行为函数	6	AF_foodconsistence	当前位置的食物浓度函数

2. 算法流程

人工鱼群算法流程图如图 18 - 4 所示。

3. 人工鱼群算法实现

人工鱼群算法是一种高效的智能优化算法,主要的鱼群行为有鱼群初始化、觅食行为、聚群行为、追尾行为和随机行为。

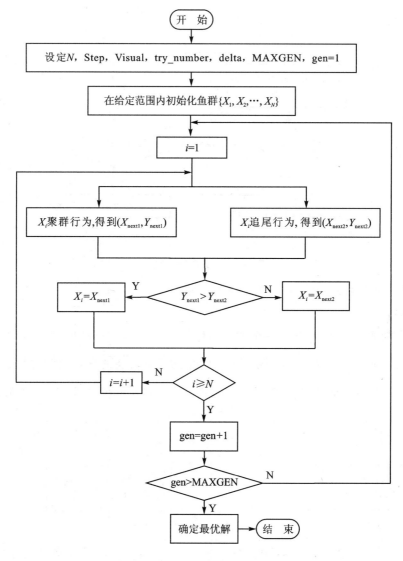

图 18 - 4　人工鱼群算法流程图

（1）鱼群初始化

鱼群中的每条人工鱼均为一组实数，是在给定范围内产生的随机数组。例如，鱼群大小为 N，有两个待优化的参数 x,y，范围分别为 $[x1,x2]$ 和 $[y1,y2]$，则要产生一个 2 行 N 列的初始鱼群，每列表示一条人工鱼的两个参数。

（2）觅食行为

设人工鱼当前状态为 X_i，在其感知范围内随机选择一个状态 X_j，如果在求极大问题中，$Y_i < Y_j$（或在求极小问题中，$Y_i > Y_j$，因极大和极小问题可以互相转换，所以以下均讨论极大问题），则向该方向前进一步；反之，再重新随机选择状态 X_j，判断是否满足前进条件。这样反复尝试 try_number 次后，如果仍不满足前进条件，则随机移动一步。觅食过程如图 18 - 5 所示。

（3）聚群行为

设人工鱼当前状态为 X_i，探索当前领域内（即 $d_{i,j} <$ Visual）的伙伴数目 n_f 及中心位置 X_c，如果 $\dfrac{Y_c}{n_f} > \delta Y_i$（$\delta$ 为拥挤度），表明伙伴中心有较多的食物并且不太拥挤，则朝伙伴的中心

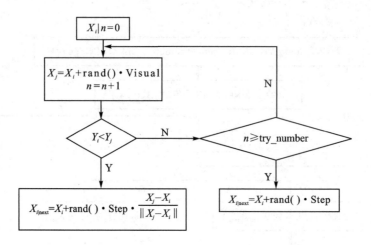

图 18-5　觅食行为过程

位置方向前进一步;否则执行觅食行为。聚群过程如图 18-6 所示。

（4）追尾行为

设人工鱼当前状态为 X_i,探索当前领域内(即 $d_{i,j}<$ Visual)的伙伴数目 n_f 及伙伴中 Y_j 为最大的伙伴 X_j,如果 $\dfrac{Y_j}{n_f}>\delta Y_i$,表明伙伴 X_j 的状态具有较高的食物浓度并且其周围不太拥挤,则朝伙伴 X_j 的方向前进一步;否则执行觅食行为。追尾过程如图 18-7 所示。

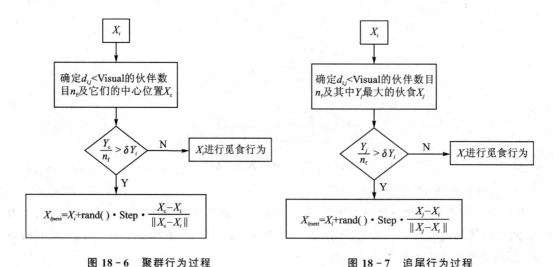

图 18-6　聚群行为过程　　　　　　　图 18-7　追尾行为过程

（5）随机行为

随机行为的实现较简单,就是在视野中随机选择一个状态,然后向该方向移动,其实,它是觅食行为的一个缺省行为,即 X_i 的下一个位置 $X_{i|\text{next}}$ 为

$$X_{i|\text{next}} = X_i + r \cdot \text{Visual}$$

其中,r 是 $[-1,1]$ 区间的随机数;Visual 为感知距离范围。

18.3 MATLAB 程序实现

18.3.1 鱼群初始化函数

创建初始人工鱼群,函数名为 AF_init:

```
function X = AF_init(Nfish,lb_ub)
%输入:
% Nfish 鱼群大小
% lb_ub 鱼的活动范围

%输出:
% X      产生的初始人工鱼群

% example:
% Nfish = 3;
% lb_ub = [-3.0,12.1,1;4.1,5.8,1];
%% 这里 lb_ub 是 2 行 3 列的矩阵,每行中前 2 个数是范围的上下限,第 3 个数是在该范围内的数的个数
% X = Inital(Nfish,lb_ub)
%% 就是产生[-3.0,12.1]内的数 1 个,[4.1,5.8]内的数 1 个
%% 2 个数一组,这样的数一共 Nfish 个
row = size(lb_ub,1);
X = [];
for i = 1:row
    lb = lb_ub(i,1);
    ub = lb_ub(i,2);
    nr = lb_ub(i,3);
    for j = 1:nr
        X(end + 1,:) = lb + (ub - lb) * rand(1,Nfish);
    end
end
end
```

18.3.2 觅食行为

觅食行为函数 AF_prey 的代码:

```
function [Xnext,Ynext] = AF_prey(Xi,ii,visual,step,try_number,LBUB,lastY)
% 觅食行为
% 输入:
% Xi              当前人工鱼的位置
% ii              当前人工鱼的序号
% visual          感知范围
% step            最大移动步长
% try_number      最大尝试次数
% LBUB            各个数的上下限
```

```
% lastY                上次的各人工鱼位置的食物浓度

% 输出:
% Xnext                Xi 人工鱼的下一个位置
% Ynext                Xi 人工鱼的下一个位置的食物浓度

Xnext = [];
Yi = lastY(ii);
for i = 1:try_number
    Xj = Xi + (2 * rand(length(Xi),1) - 1) * visual;
    Yj = AF_foodconsistence(Xj);
    if Yi<Yj
        Xnext = Xi + rand * step * (Xj - Xi)/norm(Xj - Xi);
        for i = 1:length(Xnext)
            if  Xnext(i)>LBUB(i,2)
                Xnext(i) = LBUB(i,2);
            end
            if  Xnext(i)<LBUB(i,1)
                Xnext(i) = LBUB(i,1);
            end
        end
        Xi = Xnext;
        break;
    end
end

% 随机行为
if isempty(Xnext)
    Xj = Xi + (2 * rand(length(Xi),1) - 1) * visual;
    Xnext = Xj;
    for i = 1:length(Xnext)
        if  Xnext(i)>LBUB(i,2)
            Xnext(i) = LBUB(i,2);
        end
        if  Xnext(i)<LBUB(i,1)
            Xnext(i) = LBUB(i,1);
        end
    end
end
Ynext = AF_foodconsistence(Xnext);
```

18.3.3 聚群行为

聚群行为函数 AF_swarm 的代码:

```
function [Xnext,Ynext] = AF_swarm(X,i,visual,step,delta,try_number,LBUB,lastY)
% 聚群行为
% 输入:
```

```
%X                          所有人工鱼的位置
%i                          当前人工鱼的序号
%visual                     感知范围
%step                       最大移动步长
%delta                      拥挤度
%try_number                 最大尝试次数
%LBUB                       各个数的上下限
%lastY                      上次的各人工鱼位置的食物浓度


%输出:
%Xnext                      Xi 人工鱼的下一个位置
%Ynext                      Xi 人工鱼的下一个位置的食物浓度
Xi = X(:,i);
D = AF_dist(Xi,X);
index = find(D>0 & D<visual);
nf = length(index);
if nf>0
    for j = 1:size(X,1)
        Xc(j,1) = mean(X(j,index));
    end
    Yc = AF_foodconsistence(Xc);
    Yi = lastY(i);
    if Yc/nf>delta * Yi
        Xnext = Xi + rand * step * (Xc − Xi)/norm(Xc − Xi);
        for i = 1:length(Xnext)
            if   Xnext(i)>LBUB(i,2)
                Xnext(i) = LBUB(i,2);
            end
            if   Xnext(i)<LBUB(i,1)
                Xnext(i) = LBUB(i,1);
            end
        end
        Ynext = AF_foodconsistence(Xnext);
    else
        [Xnext,Ynext] = AF_prey(Xi,i,visual,step,try_number,LBUB,lastY);
    end
else
    [Xnext,Ynext] = AF_prey(Xi,i,visual,step,try_number,LBUB,lastY);
end
```

其中,函数 AF_dist 为

```
function D = AF_dist(Xi,X)
%计算第 i 条鱼与所有鱼的位置,包括本身
%输入:
%Xi     第 i 条鱼的当前位置
%X      所有鱼的当前位置
%输出:
```

```
%D        第 i 条鱼与所有鱼的距离
col = size(X,2);
D = zeros(1,col);
for j = 1:col
    D(j) = norm(Xi - X(:,j));
end
```

18.3.4 追尾行为

追尾行为函数 AF_follow 的代码:

```
function [Xnext,Ynext] = AF_follow(X,i,visual,step,delta,try_number,LBUB,lastY)
    % 追尾行为
    % 输入:
    % X                 所有人工鱼的位置
    % i                 当前人工鱼的序号
    % visual            感知范围
    % step              最大移动步长
    % delta             拥挤度
    % try_number        最大尝试次数
    % LBUB              各个数的上下限
    % lastY             上次的各人工鱼位置的食物浓度

    % 输出:
    % Xnext             Xi 人工鱼的下一个位置
    % Ynext             Xi 人工鱼的下一个位置的食物浓度
    Xi = X(:,i);
    D = AF_dist(Xi,X);
    index = find(D>0 & D<visual);
    nf = length(index);
    if nf>0
        XX = X(:,index);
        YY = lastY(index);
        [Ymax,Max_index] = max(YY);
        Xmax = XX(:,Max_index);
        Yi = lastY(i);
        if Ymax/nf>delta * Yi;
            Xnext = Xi + rand * step * (Xmax - Xi)/norm(Xmax - Xi);
            for i = 1:length(Xnext)
                if  Xnext(i)>LBUB(i,2)
                    Xnext(i) = LBUB(i,2);
                end
                if  Xnext(i)<LBUB(i,1)
                    Xnext(i) = LBUB(i,1);
                end
            end
            Ynext = AF_foodconsistence(Xnext);
        else
```

```
        [Xnext,Ynext] = AF_prey(X(:,i),i,visual,step,try_number,LBUB,lastY);
    end
  else
      [Xnext,Ynext] = AF_prey(X(:,i),i,visual,step,try_number,LBUB,lastY);
  end
```

其中,函数 AF_dist 同 18.3.3 节所述。

18.3.5 目标函数

目标函数(即食物浓度函数)是用来求人工鱼当前位置的食物浓度,其实就是求给定变量值的函数值,例如计算以下函数的最大值:

$$f(x) = x\sin(10\pi x) + 2.0, \quad 1 \leqslant x \leqslant 1$$

这时的食物浓度函数如下:

```
function [Y] = AF_foodconsistence(X)
% 计算人工鱼的当前位置的食物浓度
% 输入:
% X      待求的人工鱼,每列为一条人工鱼

% 输出:
% Y      输出各条人工鱼当前位置的食物浓度(即函数值)
fishnum = size(X,2);
for i = 1:fishnum
    Y(1,i) = X(i) * sin(10 * pi * X(i)) + 2;
end
```

其他的问题类似,只要修改对应的函数即可。

18.3.6 一元函数优化

参数选择如表 18 - 3 所列。

表 18 - 3 一元函数优化参数选择

参　数	取　值	参　数	取　值
人工鱼数	50	感知距离	1
最大迭代次数	50	拥挤度因子	0.618
觅食最大试探次数	100	移动步长	0.1

鱼群算法主函数程序代码如下:

```
clc
clear all
close all
tic
figure(1);hold on
ezplot('x * sin(10 * pi * x) + 2',[ - 1,2]);
%% 参数设置
fishnum = 50;                        % 生成 50 条人工鱼
MAXGEN = 50;                         % 最大迭代次数
try_number = 100;                    % 最大试探次数
```

```matlab
visual = 1;                          % 感知距离
delta = 0.618;                       % 拥挤度因子
step = 0.1;                          % 移动步长
%% 初始化鱼群
lb_ub = [ - 1,2,1];
X = AF_init(fishnum,lb_ub);
LBUB = [];
for i = 1:size(lb_ub,1)
    LBUB = [LBUB;repmat(lb_ub(i,1:2),lb_ub(i,3),1)];
end
gen = 1;
BestY = - 1 * ones(1,MAXGEN);        % 每步中最优的函数值
BestX = - 1 * ones(1,MAXGEN);        % 每步中最优的自变量
besty = - 100;                       % 最优函数值
Y = AF_foodconsistence(X);
while gen< = MAXGEN
    fprintf(1,'% d\n',gen)
    for i = 1:fishnum
        [Xi1,Yi1] = AF_swarm(X,i,visual,step,delta,try_number,LBUB,Y);      % 聚群行为
        [Xi2,Yi2] = AF_follow(X,i,visual,step,delta,try_number,LBUB,Y);     % 追尾行为
        if Yi1>Yi2
            X(:,i) = Xi1;
            Y(1,i) = Yi1;
        else
            X(:,i) = Xi2;
            Y(1,i) = Yi2;
        end
    end
    [Ymax,index] = max(Y);
    figure(1);
    plot(X(1,index),Ymax,'.','color',[gen/MAXGEN,0,0])
    if Ymax>besty
        besty = Ymax;
        bestx = X(:,index);
        BestY(gen) = Ymax;
        [BestX(:,gen)] = X(:,index);
    else
        BestY(gen) = BestY(gen - 1);
        [BestX(:,gen)] = BestX(:,gen - 1);
    end
    gen = gen + 1;
end
plot(bestx(1),besty,'ro','MarkerSize',100)
xlabel('x')
ylabel('y')
title('鱼群算法迭代过程中最优坐标移动 ')
figure
```

```
plot(1:MAXGEN,BestY)
xlabel(' 迭代次数 ')
ylabel(' 优化值 ')
title(' 鱼群算法迭代过程 ')
disp([' 最优解 X:',num2str(bestx,' % 1.5f ')])
disp([' 最优解 Y:',num2str(besty,' % 1.5f ')])
toc
```

其中,目标函数函数为

```
function [Y] = AF_foodconsistence(X)
% 计算人工鱼的当前位置的食物浓度
% 输入:
% X        待求的人工鱼,每列为一条人工鱼

% 输出:
% Y        输出各条人工鱼当前位置的食物浓度(即函数值)
fishnum = size(X,2);
for i = 1:fishnum
    Y(1,i) = X(i) * sin(10 * pi * X(i)) + 2;
end
```

鱼群算法的运行结果:图 18 - 8 所示为鱼群算法迭代 50 次的最优人工鱼分布情况,图 18 - 9 所示为目标值的优化过程。

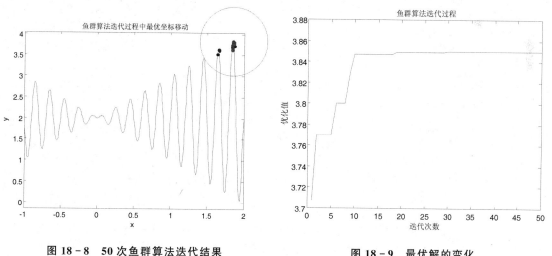

图 18 - 8　50 次鱼群算法迭代结果　　　　图 18 - 9　最优解的变化

Command Window 中的运行结果:

```
最优解 X:1.85060
最优解 Y:3.85027
Elapsed time is 1.640857 seconds.
```

18.3.7　二元函数优化

参数选择如表 18 - 4 所列。

表 18 - 4　二元函数优化参数选择

参　　数	取　值	参　　数	取　值
人工鱼数	100	感知距离	2.5
最大迭代次数	50	拥挤度因子	0.618
觅食最大试探次数	100	移动步长	0.3

鱼群算法主函数程序代码如下:

```
clc
clear all
close all
tic
figure(1);hold on
%% 参数设置
fishnum = 100;                              % 生成 100 条人工鱼
MAXGEN = 50;                                % 最大迭代次数
try_number = 100;                           % 最大试探次数
visual = 2.5;                               % 感知距离
delta = 0.618;                              % 拥挤度因子
step = 0.3;                                 % 移动步长
%% 初始化鱼群
lb_ub = [ - 10,10,2;];
X = AF_init(fishnum,lb_ub);
LBUB = [];
for i = 1:size(lb_ub,1)
    LBUB = [LBUB;repmat(lb_ub(i,1:2),lb_ub(i,3),1)];
end
gen = 1;
BestY = - 1 * ones(1,MAXGEN);              % 每步中最优的函数值
BestX = - 1 * ones(2,MAXGEN);              % 每步中最优的自变量
besty = - 100;                             % 最优函数值
Y = AF_foodconsistence(X);
while gen< = MAXGEN
    fprintf(1,'% d\n',gen)
    for i = 1:fishnum
        [Xi1,Yi1] = AF_swarm(X,i,visual,step,delta,try_number,LBUB,Y);    % 聚群行为
        [Xi2,Yi2] = AF_follow(X,i,visual,step,delta,try_number,LBUB,Y);   % 追尾行为
        if Yi1>Yi2
            X(:,i) = Xi1;
            Y(1,i) = Yi1;
        else
            X(:,i) = Xi2;
            Y(1,i) = Yi2;
        end
    end
    [Ymax,index] = max(Y);
    figure(1);
```

```
            plot(X(1,index),X(2,index),'.','color',[gen/MAXGEN,0,0])
        if Ymax>besty
            besty = Ymax;
            bestx = X(:,index);
            BestY(gen) = Ymax;
            [BestX(:,gen)] = X(:,index);
        else
            BestY(gen) = BestY(gen-1);
            [BestX(:,gen)] = BestX(:,gen-1);
        end
        gen = gen + 1;
    end
end
plot(bestx(1),bestx(2),'ro','MarkerSize',100)
xlabel('x')
ylabel('y')
title('鱼群算法迭代过程中最优坐标移动')
figure
plot(1:MAXGEN,BestY)
xlabel('迭代次数')
ylabel('优化值')
title('鱼群算法迭代过程')
disp(['最优解 X:',num2str(bestx,'%1.5f')])
disp(['最优解 Y:',num2str(besty,'%1.5f')])
toc
```

食物浓度函数如下：

```
function [Y] = AF_foodconsistence(X)
% 计算人工鱼的当前位置的食物浓度
% 输入：
% X      待求的人工鱼,每列为一条人工鱼

% 输出：
% Y      输出各条人工鱼当前位置的食物浓度(即函数值)
fishnum = size(X,2);
for i = 1:fishnum
    Y(1,i) = sin(X(1,i))/X(1,i) * sin(X(2,i))/X(2,i);
end
```

鱼群算法的运行结果：图 18-10 所示为鱼群算法迭代 50 次的最优人工鱼分布情况,图 18-11 所示为目标值的优化过程。

Command Window 中的运行结果：

```
最优解 X:- 0.00269 0.00018
最优解 Y:1.00000
Elapsed time is 3.094503 seconds.
```

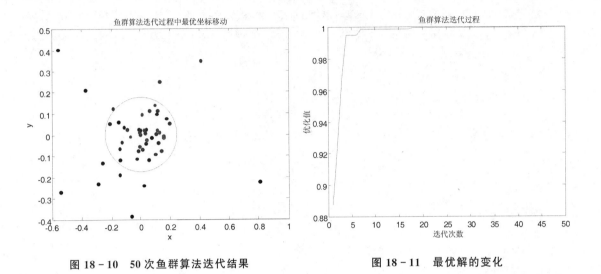

图 18-10　50 次鱼群算法迭代结果　　　　图 18-11　最优解的变化

18.4　延伸阅读

18.4.1　人工鱼群算法优点

人工鱼群算法具有以下优点：

（1）具有克服局部极值、取得全局极值的能力。

（2）算法中仅使用目标问题的函数值，对搜索空间有一定自适应能力。

（3）具有对初值与参数选择不敏感、鲁棒性强、简单易实现、收敛速度快和使用灵活等特点。可以解决经典方法不能求解的带有绝对值且不可导二元函数的极值问题。

18.4.2　算法改进的几个方向

1. 视野的改进

在鱼群模式所讨论的视野概念中，由于视点的选择是随机的，移动的步长也是随机的，虽然这种做法能在一定程度上扩大寻优的范围，尽可能保证寻优的全局性，但会使得算法的收敛速度减慢，有大量的计算时间浪费在随机的移动之中，可以使用自适应步长的方式进行改进。

2. 分段优化方法

算法在优化过程初期虽然具有较快的收敛品质，但在后期却往往收敛较慢，或者无法达到要求的精度，因此，与其他算法相结合，在合适的时候与其他算法互相切换，实现各算法之间的优缺点互补，也是一种解决问题的常用方法。

3. 混合优化方法

鱼群模式提供了一种解决问题的架构，其中可以应用传统的、相对成熟的计算方法，而面向对象的方法为其他计算方法与鱼群算法的有机融合提供了良好的基础。例如，如果问题的模型比较熟知，并且目标函数的非线性程度不是非常严重，则可以在觅食行为中使用单纯形法等传统方法来代替在视野中的随机搜索方法，这样，在提高收敛速度的同时，能适当提高收敛的精度，并且还能在一定程度上克服局部极值的问题。

参考文献

[1] 李晓磊. 一种新型的智能优化方法——人工鱼群算法[D]. 杭州:浙江大学,2003.

[2] 王闯. 人工鱼群算法的分析及改进[D]. 大连:大连海事大学,2008.

[3] 雷英杰,张善文,李续武,等. MATLAB 遗传算法工具箱及应用[M]. 西安:西安电子科技大学出版社,2006.

[4] 李晓磊,钱积新. 基于分解协调的人工鱼群优化算法研究[J]. 电路与系统学报,2003,8(01):1-6.

[5] 陈宣,杨礼,杨智杰,等. 利用人工鱼群算法求解一类函数的极值[J]. 韶关学院学报:自然科学版,2009,30(12):7-10.

[6] 李晓磊,邵之江,钱积新. 一种基于动物自治体的寻优模式:鱼群算法[J]. 系统工程理论与实践,2002(11):32-38.

[7] 范玉军,王冬冬,孙明明. 改进的人工鱼群算法[J]. 重庆师范大学学报:自然科学版,2007,24(03):1-4.

第 19 章

基于模拟退火算法的 TSP 算法

19.1 理论基础

19.1.1 模拟退火算法基本原理

模拟退火(simulated annealing,SA)算法的思想最早是由 Metropolis 等提出的。其出发点是基于物理中固体物质的退火过程与一般的组合优化问题之间的相似性。模拟退火法是一种通用的优化算法,其物理退火过程由以下三部分组成:

(1)加温过程。其目的是增强粒子的热运动,使其偏离平衡位置。当温度足够高时,固体将熔为液体,从而消除系统原先存在的非均匀状态。

(2)等温过程。对于与周围环境交换热量而温度不变的封闭系统,系统状态的自发变化总是朝自由能减少的方向进行的,当自由能达到最小时,系统达到平衡状态。

(3)冷却过程。使粒子热运动减弱,系统能量下降,得到晶体结构。

其中,加温过程对应算法的设定初温,等温过程对应算法的 Metropolis 抽样过程,冷却过程对应控制参数的下降。这里能量的变化就是目标函数,要得到的最优解就是能量最低态。Metropolis 准则是 SA 算法收敛于全局最优解的关键所在,Metropolis 准则以一定的概率接受恶化解,这样就使算法跳离局部最优的陷阱。

模拟退火算法为求解传统方法难处理的 TSP 问题提供了一个有效的途径和通用框架,并逐渐发展成一种迭代自适应启发式概率性搜索算法。模拟退火算法可以用以求解不同的非线性问题,对不可微甚至不连续的函数优化,能以较大概率求得全局优化解。该算法还具有较强的鲁棒性、全局收敛性、隐含并行性及广泛的适应性,并且能处理不同类型的优化设计变量(离散的、连续的和混合型的),不需要任何的辅助信息,对目标函数和约束函数没有任何要求。利用 Metropolis 算法并适当地控制温度下降过程,在优化问题中具有很强的竞争力,本章主要研究基于模拟退火算法的 TSP 算法。

SA 算法实现过程如下(以最小化问题为例):

(1)初始化:取初始温度 T_0 足够大,令 $T=T_0$,任取初始解 S_1,确定每个 T 时的迭代次数,即 Metropolis 链长 L。

(2)对当前温度 T 和 $k=1,2,\cdots,L$,重复步骤(3)~(6)。

(3)对当前解 S_1 随机扰动产生一个新解 S_2。

(4)计算 S_2 的增量 $df=f(S_2)-f(S_1)$,其中 $f(S_1)$ 为 S_1 的代价函数。

(5)若 $df<0$,则接受 S_2 作为新的当前解,即 $S_1=S_2$;否则计算 S_2 的接受概率 $\exp(-df/T)$,即随机产生 $(0,1)$ 区间上均匀分布的随机数 rand,若 $\exp(-df/T)>$rand,也接受 S_2 作为新的当前解,$S_1=S_2$;否则保留当前解 S_1。

(6)如果满足终止条件 Stop,则输出当前解 S_1 为最优解,结束程序。终止条件 Stop 通常为:在连续若干个 Metropolis 链中新解 S_2 都没有被接受时终止算法,或是设定结束温度。否

则按衰减函数衰减 T 后返回步骤(2)。

以上步骤称为 Metropolis 过程。逐渐降低控制温度,重复 Metropolis 过程,直至满足结束准则 Stop,求出最优解。

19.1.2　TSP 问题介绍

TSP 问题的介绍在第 4 章已经述及,这里不再赘述。

19.2　案例背景

19.2.1　问题描述

本章使用第 4 章问题描述中的数据来验证模拟退火算法的可行性。

19.2.2　解题思路及步骤

1. 算法流程

模拟退火算法求解 TSP 问题流程框图如图 19-1 所示。

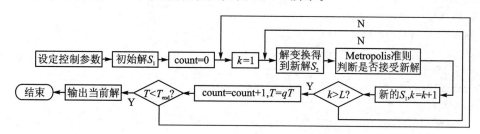

图 19-1　模拟退火算法求解流程框图

2. 模拟退火算法实现

(1) 控制参数的设置

需要设置的主要控制参数有降温速率 q、初始温度 T_0、结束温度 T_{end} 以及链长 L。

(2) 初始解

对于 n 个城市的 TSP 问题,得到的解就是对 $1 \sim n$ 的一个排序,其中每个数字为对应城市的编号,如对 10 个城市的 TSP 问题{1,2,3,4,5,6,7,8,9,10},则 $|1|10|2|4|5|6|8|7|9|3$ 就是一个合法的解,采用产生随机排列的方法产生一个初始解 S。

(3) 解变换生成新解

通过对当前解 S_1 进行变换,产生新的路径数组即新解,这里采用的变换是产生随机数的方法来产生将要交换的两个城市,用二邻域变换法产生新的路径,即新的可行解 S_2。

例如 $n=10$ 时,产生两个[1,10]范围内的随机整数 r_1 和 r_2,确定两个位置,将其对换位置,如 $r_1=4$,$r_2=7$

$$9 \quad 5 \quad 1|6|3 \quad 8|7|10 \quad 4 \quad 2$$

得到的新解为

$$9 \quad 5 \quad 1|7|3 \quad 8|6|10 \quad 4 \quad 2$$

(4) Metropolis 准则

若路径长度函数为 $f(S)$,则当前解的路径为 $f(S_1)$,新解的路径为 $f(S_2)$,路径差为 $\mathrm{d}f=$

$f(S_2)-f(S_1)$,则 Metropolis 准则为

$$P = \begin{cases} 1, & df < 0 \\ \exp\left(-\dfrac{df}{T}\right), & df \geqslant 0 \end{cases}$$

如果 $df<0$,则以概率 1 接受新的路径;否则以概率 $\exp(-df/T)$ 接受新的路径。

(5)降　温

利用降温速率 q 进行降温,即 $T=qT$,若 T 小于结束温度,则停止迭代输出当前状态,否则继续迭代。

19.3　MATLAB 程序实现

19.3.1　计算距离矩阵

利用给出的 N 个城市的坐标,算出 N 个城市的两两之间的距离,得到距离矩阵($N\times N$)。计算函数为 Distance,得到初始种群。

```
function D = Distanse(a)
%% 计算两两城市之间的距离
% 输入   a    各城市的位置坐标
% 输出   D    两两城市之间的距离
row = size(a,1);
D = zeros(row,row);
for i = 1:row
    for j = i + 1:row
        D(i,j) = ((a(i,1) - a(j,1))^2 + (a(i,2) - a(j,2))^2)^0.5;
        D(j,i) = D(i,j);
    end
end
```

19.3.2　初始解

初始解的产生直接使用 MATLAB 自带的函数 randperm,其用法如下:
例如城市个数为 N,则产生初始解

```
S1 = randperm(N);              % 随机产生一个初始路线
```

19.3.3　生成新解

解变换生成新解函数为 NewAnswer,程序代码如下:

```
function S2 = NewAnswer(S1)
%% 输入
% S1:当前解
%% 输出
% S2:新解
N = length(S1);
S2 = S1;
```

```
a = round(rand(1,2) * (N - 1) + 1);              %产生两个随机位置用来交换
W = S2(a(1));
S2(a(1)) = S2(a(2));
S2(a(2)) = W;                                     %得到一个新路线
```

19.3.4　Metropolis 准则函数

Metropolis 准则函数为 Metropolis,程序代码如下:

```
function [S,R] = Metropolis(S1,S2,D,T)
%% 输入:
% S1    当前解
% S2    新解
% D     距离矩阵(两两城市之间的距离)
% T     当前温度
%% 输出:
% S     下一个当前解
% R     下一个当前解的路线距离
%%
R1 = PathLength(D,S1);                %计算路线长度
N = length(S1);                       %得到城市的个数


R2 = PathLength(D,S2);                %计算路线长度
dC = R2 - R1;                         %计算能量之差
if dC<0                               %如果能量降低,接受新路线
    S = S2;
    R = R2;
elseif exp( - dC/T) > = rand          %以 exp( - dC/T)概率接受新路线
    S = S2;
    R = R2;
else                                  %不接受新路线
    S = S1;
    R = R1;
end
```

19.3.5　画路线轨迹图

画出给的路线的轨迹图函数为 DrawPath,程序代码如下:

```
function DrawPath(Chrom,X)
%% 画路线图函数
% 输入
% Chrom    待画路线
% X        各城市坐标位置

R = [Chrom(1,:) Chrom(1,1)];          %一个随机解(个体)
figure;
hold on
plot(X(:,1),X(:,2),'o','color',[0.5,0.5,0.5])
```

```
plot(X(Chrom(1,1),1),X(Chrom(1,1),2),'rv','MarkerSize',20)
for i = 1:size(X,1)
    text(X(i,1) + 0.05,X(i,2) + 0.05,num2str(i),'color',[1,0,0]);
end
A = X(R,:);
row = size(A,1);
for i = 2:row
    [arrowx,arrowy] = dsxy2figxy(gca,A(i - 1:i,1),A(i - 1:i,2));      % 坐标转换
    annotation('textarrow',arrowx,arrowy,'HeadWidth',8,'color',[0,0,1]);
end
hold off
xlabel(' 横坐标 ')
ylabel(' 纵坐标 ')
title(' 轨迹图 ')
box on
```

19.3.6　输出路径函数

将得到的路径输出显示在 Command Window 中,函数名为 OutputPath。

```
function p = OutputPath(R)
%% 输出路径函数
% 输入:R  路径
R = [R,R(1)];
N = length(R);
p = num2str(R(1));
for i = 2:N
    p = [p,'->',num2str(R(i))];
end
disp(p)
```

19.3.7　可行解路线长度函数

计算可行解的路线长度函数为 PathLength,程序代码如下:

```
function len = PathLength(D,Chrom)
%% 计算各个体的路线长度
% 输入:
% D        两两城市之间的距离
% Chrom  个体的轨迹
[row,col] = size(D);
NIND = size(Chrom,1);
len = zeros(NIND,1);
for i = 1:NIND
    p = [Chrom(i,:) Chrom(i,1)];
    i1 = p(1:end - 1);
    i2 = p(2:end);
    len(i,1) = sum(D((i1 - 1) * col + i2));
end
```

19.3.8　模拟退火算法主函数

模拟退火算法参数设置如表 19-1 所列。

表 19-1　参数设定

降温速率 q	初始温度 T_0	结束温度 T_{end}	链长 L
0.9	1 000	0.001	200

主函数代码如下：

```
clc;
clear;
close all;
%%
tic
T0 = 1000;                        %初始温度
Tend = 1e - 3;                    %终止温度
L = 200;                          %各温度下的迭代次数(链长)
q = 0.9;                          %降温速率
X = [16.4700    96.1000
     16.4700    94.4400
     20.0900    92.5400
     22.3900    93.3700
     25.2300    97.2400
     22.0000    96.0500
     20.4700    97.0200
     17.2000    96.2900
     16.3000    97.3800
     14.0500    98.1200
     16.5300    97.3800
     21.5200    95.5900
     19.4100    97.1300
     20.0900    92.5500];


%%
D = Distance(X);                  %计算距离矩阵
N = size(D,1);                    %城市的个数
%% 初始解
S1 = randperm(N);                 %随机产生一个初始路线


%% 画出随机解的路径图
DrawPath(S1,X)
pause(0.0001)
%% 输出随机解的路径和总距离
disp('初始种群中的一个随机值:')
OutputPath(S1);
Rlength = PathLength(D,S1);
disp(['总距离:',num2str(Rlength)]);
```

```matlab
%% 计算迭代的次数 Time
Time = ceil(double(solve(['1000 * (0.9)^x = ',num2str(Tend)])));
count = 0;                              % 迭代计数
Obj = zeros(Time,1);                    % 目标值矩阵初始化
track = zeros(Time,N);                  % 每代的最优路线矩阵初始化
%% 迭代
while T0>Tend
    count = count + 1;                  % 更新迭代次数
    temp = zeros(L,N + 1);
    for k = 1:L
        %% 产生新解
        S2 = NewAnswer(S1);
        %% Metropolis 法则判断是否接受新解
        [S1,R] = Metropolis(S1,S2,D,T0); % Metropolis 抽样算法
        temp(k,:) = [S1 R];            % 记录下一路线及其路程
    end
    %% 记录每次迭代过程的最优路线
    [d0,index] = min(temp(:,end));      % 找出当前温度下最优路线
    if count == 1 || d0<Obj(count - 1)
        Obj(count) = d0;               % 如果当前温度下最优路程小于上一路程,则记录当前路程
    else
        Obj(count) = Obj(count - 1);   % 如果当前温度下最优路程大于上一路程,则记录上一路程
    end
    track(count,:) = temp(index,1:end-1); % 记录当前温度的最优路线
    T0 = q * T0;                        % 降温
    fprintf(1,'%d\n',count)            % 输出当前迭代次数
end
%% 优化过程迭代图
figure
plot(1:count,Obj)
xlabel('迭代次数')
ylabel('距离')
title('优化过程')

%% 最优解的路径图
DrawPath(track(end,:),X)

%% 输出最优解的路线和总距离
disp('最优解:')
S = track(end,:);
p = OutputPath(S);
disp(['总距离:',num2str(PathLength(D,S))]);
disp('---------------------------------------------------------------------')
toc
```

19.3.9　结果分析

优化前的一个随机路线轨迹图如图 19-2 所示。

随机路线为 11→14→3→9→6→4→13→7→8→1→12→5→2→10→11。

总距离为 56.012 2。

优化后的路线如图 19-3 所示。

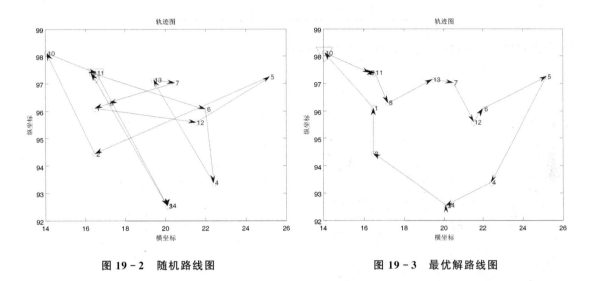

图 19-2　随机路线图　　　　　　　　　　图 19-3　最优解路线图

最优解路线为 10→9→11→8→13→7→12→6→5→4→3→14→2→1→10。

总距离为 29.340 5。

优化迭代过程如图 19-4 所示。

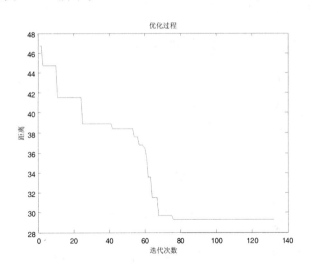

图 19-4　模拟退火算法进化过程图

由图 19-4 可以看出,优化前后路径长度得到很大改进,由优化前的 56.012 2 变为 29.340 5,变为原来的 52.4%,80 代以后路径长度已经保持不变了,可以认为已经是最优解了。

上面的程序中城市数只有 14 个,对于更多的城市,坐标随意的城市也是可以计算的,例如

$N=50$,坐标 X 使用随机数产生:

```
X = rand(N,2) * 10;
```

这时调整对应的参数,如表 19 - 2 所列。

表 19 - 2　参数设定

降温速率 q	初始温度 T_0	结束温度 T_{end}	链长 L
0.98	1000	0.001	400

即可得到如下结果:优化前的轨迹如图 19 - 5 所示,优化后的轨迹如图 19 - 6 所示。

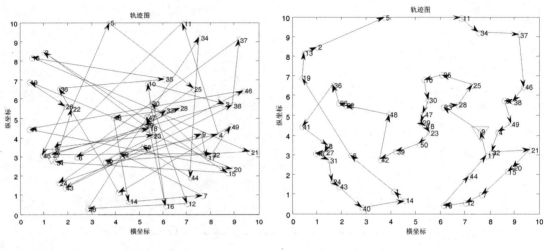

图 19 - 5　随机路线图　　　　　　　　图 19 - 6　最优解路线图

优化迭代过程如图 19 - 7 所示。

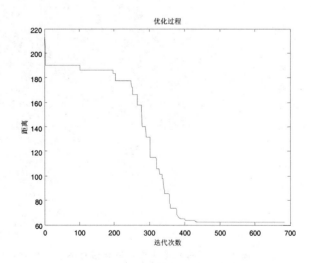

图 19 - 7　模拟退火算法进化过程图

对于城市数目比较大的情况,得到的优化结果很可能就不再是最优解,但是从图 19 - 6 的轨迹图可以看出所得结果已经很接近最优解了。

19.4 延伸阅读

19.4.1 模拟退火算法的改进

上述程序是比较经典的模拟退火解决 TSP 问题的算法,程序可以做进一步的改进,在解变换产生新解的过程中只使用了交换两个城市的方法,可以采用第 4 章中的思想对其进行改进,例如:

(1) 使用逆转操作,即选择两个城市后,逆转这两个城市之间的所有城市。

(2) 选择 3 个城市,将两个城市之间的城市插入到第 3 个城市的后面(这两个城市之间不包括第 3 个城市)。

19.4.2 算法的局限性

问题规模 n 比较小时,得到的一般都是最优解,当规模比较大时,一般只能得到近似解。这时可以通过增大种群大小和增加最大遗传代数使优化值更接近最优解。

参考文献

[1] 高海昌,冯博琴,朱利.智能优化算法求解 TSP 问题[J].控制与决策,2006,21(03):241 – 247,252.

[2] 冯剑,岳琪.模拟退火算法求解 TSP 问题[J].森林工程,2008,24(01):94 – 96.

[3] 曹豪杰.模拟退火算法解 TSP 问题的研究[J].孝感学院学报,2007,27(06):65 – 67.

[4] 盛国华,陈玉金.改进模拟退火算法求解 TSP 问题[J].电脑知识与技术,2008(15):1103 – 1104,1130.

[5] 张建航,李国.模拟退火算法及其在求解 TSP 中的应用[J].现代电子技术,2006(22):157 – 158.

第 20 章

基于遗传模拟退火算法的聚类算法

20.1 理论基础

20.1.1 模糊聚类分析

模糊聚类是目前知识发现以及模式识别等诸多领域中的重要研究分支之一。随着研究范围的拓展,不管是科学研究还是实际应用,都对聚类的结果从多方面提出了更高的要求。模糊 C-均值聚类(FCM)是目前比较流行的一种聚类方法。该方法使用了在欧几里得空间确定数据点的几何贴近度的概念,它将这些数据分配到不同的聚类,然后确定这些聚类之间的距离。模糊 C-均值聚类算法在理论和应用上都为其他的模糊聚类分析方法奠定了基础,应用也最广泛。但是,在本质上 FCM 算法是一种局部搜索优化算法,如果初始值选择不当,它就会收敛到局部极小点上。因此,FCM 算法的这一缺点限制了人们对它的使用。

20.1.2 模拟退火算法

Metropolis 等人于 1953 年提出了模拟退火算法(SA),其基本思想是把某类优化问题的求解过程与统计热力学中的热平衡问题进行对比,固体退火过程的物理图像和统计性质是模拟退火算法的物理背景,Metropolis 接受准则使算法跳离局部最优的"陷阱",而冷却进度表的合理选择是算法应用的前提。固体退火是先将固体加热至熔化,然后徐徐冷却使之凝固成规整晶体的热力学过程。从统计物理学的观点看,随着温度的降低,物质的能量将逐渐趋近于一个较低的状态,并最终达到某种平衡。

20.1.3 遗传算法

遗传算法(GA)的主要思想是基于达尔文的生物进化论和孟德尔的遗传学。遗传算法结合了达尔文的适者生存和随机交换理论,是一种自然进化系统的计算模型,也是一种通用的求解优化问题的适应性搜索方法。遗传算法在运行早期个体差异较大,当采用经典的轮盘赌方式选择时,后代产生的个数与父个体适应度大小成正比,因此在早期容易使个别好的个体的后代充斥整个种群,造成早熟。在遗传算法后期,适应度趋向一致,优秀的个体在产生后代时,优势不明显,从而使整个种群进化停滞不前。因此对适应度适当地进行拉伸是必要的,这样在温度高时(遗传算法的前期),适应度相近的个体产生后代的概率相近;而当温度不断下降时,拉伸作用加强,使适应度相近的个体适应度差异放大,从而使得优秀个体的优势更明显。

20.1.4 模拟退火算法与遗传算法结合

本章将模拟退火算法与遗传算法相结合(SAGA)用于聚类分析,由于模拟退火算法和遗传算法可以互相取长补短,因此有效地克服了传统遗传算法的早熟现象,同时根据聚类问题的具体情况设计遗传编码方式及适应度函数,使该算法更有效、更快速地收敛到全局最优解。

20.2 案例背景

20.2.1 问题描述

本章将 SAGA 作用于随机产生的数据进行实验。数据由 400 个二维平面上的点组成,这些点构成 4 个集合,但彼此之间并没有明显的界限,数据如图 20-1 所示。通过使用单纯的 FCM 聚类和 SAGA 优化初始聚类中心点后的 FCM 聚类来说明 SAGA 的优势。

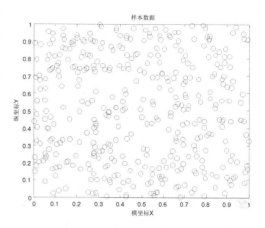

图 20-1 400 个随机样本数据

20.2.2 解题思路及步骤

1. 模糊 C-均值聚类算法(FCM)

设 n 个数据样本为 $X = \{x_1, x_2, \cdots, x_n\}$, $c(2 \leqslant c \leqslant n)$ 是要将数据样本分成的类型的数目,$\{A_1, A_2, \cdots, A_c\}$ 表示相应的 c 个类别,U 是其相似分类矩阵,各类别的聚类中心为 $\{v_1, v_2, \cdots, v_c\}$,$\mu_k(x_i)$ 是样本 x_i 对于类 A_k 的隶属度(简写为 μ_{ik})。则目标函数 J_b 可以用下式表达:

$$J_b(\boldsymbol{U}, v) = \sum_{i=1}^{n} \sum_{k=1}^{c} (\mu_{ik})^b (d_{ik})^2 \tag{20-1}$$

其中,$d_{ik} = d(x_i - v_k) = \sqrt{\sum_{j=1}^{m} (x_{ij} - v_{kj})^2}$。$d_{ik}$ 是欧几里得距离,用来度量第 i 个样本 x_i 与第 k 类中心点之间的距离;m 是样本的特征数;b 是加权参数,取值范围是 $1 \leqslant b \leqslant \infty$。模糊 C-均值聚类方法就是寻找一种最佳的分类,以使该分类能产生最小的函数值 J_b。它要求一个样本对于各个聚类的隶属度值和为 1,即满足

$$\sum_{j=1}^{c} \mu_j(x_i) = 1, \qquad i = 1, 2, \cdots, n \tag{20-2}$$

式(20-3)与式(20-4)分别用于计算样本 x_i 对于类 A_k 的隶属度 μ_{ik} 和 c 个聚类中心 $\{v_i\}$:

$$\mu_{ik} = \frac{1}{\sum_{j=1}^{c} \left(\dfrac{d_{ik}}{d_{lk}}\right)^{\frac{2}{b-1}}} \tag{20-3}$$

设 $I_k = \{i \mid 2 \leqslant c < n; d_{ik} = 0\}$,对于所有的 i 类,$i \in I_k$,$\mu_{ik} = 0$。

$$v_{ij} = \frac{\sum_{k=1}^{n} (\mu_{ik})^b x_{kj}}{\sum_{k=1}^{n} (\mu_{ik})^b} \tag{20-4}$$

用式(20-3)和式(20-4)反复修改聚类中心、数据隶属度和进行分类,当算法收敛时,理论上就得到了各类的聚类中心以及各个样本对于各模式类的隶属度,从而完成了模糊聚类划分。尽管 FCM 有很高的搜索速度,但 FCM 是一种局部搜索算法,且对聚类中心的初值十分敏感,如果初值选择不当,它会收敛到局部极小点。

2. 模拟退火算法实现

模拟退火算法于1983年成功地应用在组合优化的问题上,其思想是通过模拟高温物体退火过程找到优化问题的全局最优或近似全局最优解。首先产生一个初始解作为当前解,然后在当前解的邻域中,以概率 $P(T)$ 选择一个非局部最优解,并令这个解再重复下去,从而保证不会陷入局部最优。开始时允许随着参数的调整,目标函数偶尔向增加的方向发展(对应于能量有时上升),以利于跳出局部极小区域。随着假想温度的降低(对应于物体的退火),系统活动性降低,最终以概率1稳定在全局最小区域。模拟退火算法描述如下:

(1) 选 S_0 作为初始状态,令 $S(0)=S_0$,同时设初始温度为 T,令 $i=0$。

(2) 令 $T=T_i$,以 T 和 S_i 调用 Metropolis 抽样算法,返回状态 S 作为本算法的当前解,$S_i=S$。

(3) 按照一定方式降温,即 $T=T_{i+1}$,其中 $T<T_{i+1}$,$i=i+1$。

(4) 检查终止条件,如果满足则转至步骤(5),否则转回步骤(2)。

(5) 当前解 S_i 为最优解,输出结果,停止。

Metropolis 抽样算法描述如下:

(1) 令 $k=0$ 时,当前解 $S(0)=S$,在温度 T 下,进行以下各步操作。

(2) 按某种规定的方式根据当前解 $S(k)$ 所处的状态 S 产生一个近邻子集 $N(S(k))\in S$,从 $N(S(k))$ 中随机得到一个新状态 S' 作为下一个候选解,计算能量差 $\Delta C'=C(S')-C(S(k))$。

(3) 如果 $\Delta C'<0$,则接受 S' 作为下一个当前解,否则以概率 $\exp(-\Delta C'/T)$ 接受 S' 作为下一个当前解。若 S' 被接受,则令 $S(k+1)=S'$,否则 $S(k+1)=S(k)$。

(4) $k=k+1$,检查算法是否满足终止条件,若满足,则转至步骤(5),否则转回步骤(2)。

(5) 返回 $S(k)$,结束。

3. 遗传算法实现

遗传算法部分直接使用 Sheffield 遗传算法工具箱相关函数实现,该工具箱的安装和使用在第1章已经介绍过了。

(1) 编码方式:遗传聚类算法中,待优化的参数是 c 个初始聚类中心,这里使用二进制编码,每条染色体由 c 个聚类中心组成,对于 m 维的样本向量,待优化的变量数为 $c\times m$。假定每个变量使用 k 位二进制编码,则染色体为长度是 $c\times m\times k$ 的二进制码串。

(2) 适应度函数:衡量个体优劣的尺度是适应度函数,其作用类似于自然界中生物适应环境能力的度量。每个个体以式(20-1)得出的 J_b 为目标函数,J_b 越小,个体的适应度值就越高。因此,适应度函数采用排序的适应度分配函数:FintV=ranking(J_b)。

(3) 选择算子:选择算子采用随机遍历抽样(sus)。

(4) 交叉算子:交叉算子采用最简单的单点交叉算子。

(5) 变异算子:以一定概率产生变异基因数,用随机方法选出发生变异的基因。如果所选的基因的编码为1,则变为0;反之则变为1。

4. 算法流程

基于模拟退火遗传算法的模糊 C-均值聚类,其过程如图20-2所示。

(1) 初始化控制参数:种群个体大小 sizepop,最大进化次数 MAXGEN,交叉概率 P_c,变异概率 P_m,退火初始温度 T_0,温度冷却系数 k,终止温度 T_{end}。

(2) 随机初始化 c 个聚类中心,并生成初始种群 Chrom,对每个聚类中心用式(20-3)计算各样本的隶属度,以及每个个体的适应度值 f_i,其中 $i=1,2,\cdots,$ sizepop。

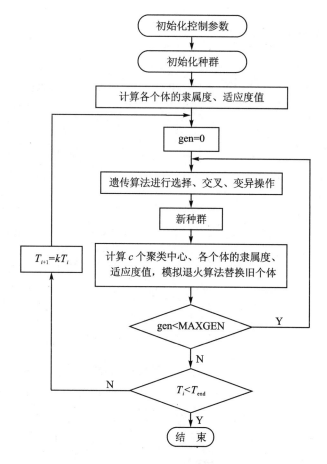

图 20 - 2　基于模拟退火遗传算法的模糊 C -均值聚类流程图

（3）设循环计数变量 gen＝0。

（4）对群体 Chrom 实施选择、交叉和变异等遗传操作，对新产生的个体用式（20 - 3）、式（20 - 4）计算 c 个聚类中心、各样本的隶属度，以及每一个体的适应度值 f'_i。若 $f'_i > f_i$，则以新个体替换旧个体；否则，以概率 $P = \exp((f_i - f'_i)T)$ 接受新个体，舍弃旧个体。

（5）若 gen＜MAXGEN，则 gen＝gen＋1，转至步骤（4）；否则，转至步骤（6）。

（6）若 $T_i < T_{end}$，则算法成功结束，返回全局最优解；否则，执行降温操作 $T_{i+1} = kT_i$，转至步骤（3）。

20.3　MATLAB 程序实现

20.3.1　FCM 聚类实现

先使用随机初始的聚类中心进行 FCM 聚类，代码如下：

```
clc
clear
%% 加载数据
load X
figure
plot(X(:,1),X(:,2),'o')
```

```
hold on
% 进行模糊 C-均值聚类
% 设置幂指数为3,最大迭代次数为20,目标函数的终止容限为1e-6
options = [3,20,1e-6,0];
% 调用函数 fcm 进行模糊 C-均值聚类,返回类中心坐标矩阵 center,隶属度矩阵 U,目标函数值 obj_fcn
cn = 4;          % 聚类数
[center,U,obj_fcn] = fcm(X,cn,options);
Jb = obj_fcn(end)
maxU = max(U);
index1 = find(U(1,:) == maxU);
index2 = find(U(2,:) == maxU);
index3 = find(U(3,:) == maxU);
% 在前三类样本数据中分别画上不同记号,不加记号的就是第四类
line(X(index1,1),X(index1, 2), 'linestyle', 'none', 'marker', '*', 'color', 'g');
line(X(index2,1),X(index2, 2), 'linestyle', 'none', 'marker', '*', 'color', 'r');
line(X(index3,1),X(index3, 2), 'linestyle', 'none', 'marker', '*', 'color', 'b');
% 画出聚类中心
plot(center(:,1),center(:,2),'v')
hold off
```

运行之后得到的目标函数值 J_b = 3.608 7,每次运行结果可能都不一样,这跟初始聚类中心点有关系,某次聚类后的图如图 20 - 3 所示。其中三角形为各类的聚类中心点。

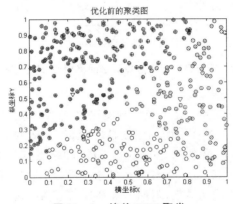

图 20 - 3　简单 FCM 聚类

20.3.2　SAGA 优化初始聚类中心

1. 目标函数

目标函数是算出每个个体的 FCM 聚类的 J_b 值,J_b 越小,个体的适应度就越高。目标函数名为 FCMfun,函数代码如下:

```
function [obj,center,U] = FCMfun(X,cluster_n,center,options)
%% FCM 主函数
% 输入:
% X              样本数据
% cluster_n      聚类数
% center         初始聚类中心矩阵 % options 设置幂指数、最大迭代次数、目标函数的终止容限
% 输出:
```

```
   % obj                              目标输出 Jb 值
   % center                          优化后的聚类中心
   % U                               相似分类矩阵
X_n = size(X,1);
in_n = size(X,2);
b = options(1);                       % 加权参数
max_iter = options(2);                % 最大迭代次数
min_impro = options(3);               % 相邻两次迭代最小改进(用来判断是否提前终止)
obj_fcn = zeros(max_iter,1);          % 初始化目标值矩阵
U = initFCM(X,cluster_n,center,b);    % 初始化聚类相似矩阵
% 主函数循环
for i = 1:max_iter,
    [U, center,obj_fcn(i)] = iterateFCM(X,U,cluster_n,b);
    % 核对终止条件
    if i > 1
        if abs(obj_fcn(i) - obj_fcn(i-1)) < min_impro, break; end,
    end
end
iter_n = i;                           % 真实迭代次数
obj_fcn(iter_n + 1:max_iter) = [];
obj = obj_fcn(end);
```

其中用到了两个自定义函数 initFCM 和 iterateFCM。

函数 initFCM 是用来初始化相似分类矩阵 U 的,其代码如下:

```
function U = initFCM(X,cluster_n,center,b)
%% 初始化相似分类矩阵
% 输入:
% X            样本数据
% cluster_n    聚类数
% center       初始聚类中心矩阵
% b            设置幂指数
% 输出:
% U            相似分类矩阵
dist = distfcm(center,X);            % 求出各样本与各聚类中心的距离矩阵
%% 计算新的 U 矩阵
tmp = dist.^(-2/(b-1));
U = tmp./(ones(cluster_n,1) * sum(tmp));
```

函数 iterateFCM 是用来反复修改聚类中心、数据隶属度和进行分类的函数,其代码如下:

```
function [U_new,center,obj_fcn] = iterateFCM(X,U,cluster_n,b)
%% 迭代
% 输入:
% X            样本数据
% U            相似分类矩阵
% cluster_n    聚类数
% b            幂指数
% 输出:
```

```
% obj_fcn        当前目标输出 Jb 值
% center         新的聚类中心
% U_new          相似分类矩阵
mf = U.^b                                              % 指数修正后的 mf 矩阵
center = mf * X. /((ones(size(X,2),1) * sum(mf'))');  % 新的聚类中心
%% 目标值
dist = distfcm(center,X);                    % 求出各样本与各聚类中心的距离矩阵
obj_fcn = sum(sum((dist.^2). * mf));         % 目标函数值
%% 计算新的 U 矩阵
tmp = dist.^( - 2/(b - 1));
U_new = tmp. /(ones(cluster_n,1) * sum(tmp));
```

2. SAGA 主函数

以下代码中遗传算法部分直接采用 Sheffield 工具箱函数。主函数代码如下:

```
clear all;close all
load X
m = size(X,2);                                    % 样本特征维数
% 中心点范围[lb,ub]
lb = min(X);
ub = max(X);
%% 模糊 C 均值聚类参数
% 设置幂指数为 3,最大迭代次数为 20,目标函数的终止容限为 1e - 6
options = [3,20,1e - 6];
% 类别数 cn
cn = 4;
%% 模拟退火算法参数
q = 0.8;                                          % 冷却系数
T0 = 100;                                         % 初始温度
Tend = 1;                                         % 终止温度
%% 定义遗传算法参数
sizepop = 10;                                     % 个体数目(numbe of individuals)
MAXGEN = 10;                                      % 最大遗传代数(maximum number of generations)
NVAR = m * cn;                                    % 变量的维数
PRECI = 10;                                       % 变量的二进制位数(precision of variables)
GGAP = 0.9;                                       % 代沟(generation gap)
pc = 0.7;
pm = 0.01;
trace = zeros(NVAR + 1,MAXGEN);
% 建立区域描述器(build field descriptor)
FieldD = [rep([PRECI],[1,NVAR]);rep([lb;ub],[1,cn]);rep([1;0;1;1],[1,NVAR])];
Chrom = crtbp(sizepop, NVAR * PRECI);             % 创建初始种群
V = bs2rv(Chrom, FieldD);
ObjV = ObjFun(X,cn,V,options);                    % 计算初始种群个体的目标函数值
T = T0;
while T>Tend
    gen = 0;                                      % 代计数器
    while gen<MAXGEN                              % 迭代
```

```
        FitnV = ranking(ObjV);                                   % 分配适应度值(assign fitness values)
        SelCh = select('sus', Chrom, FitnV, GGAP);               % 选择
        SelCh = recombin('xovsp', SelCh,pc);                     % 重组
        SelCh = mut(SelCh,pm);                                   % 变异
        V = bs2rv(SelCh, FieldD);
        ObjVSel = ObjFun(X,cn,V,options);                        % 计算子代目标函数值
        [newChrom newObjV] = reins(Chrom, SelCh, 1, 1, ObjV, ObjVSel);      % 重插入
        V = bs2rv(newChrom,FieldD);
        % 是否替换旧个体
        for i = 1:sizepop
            if ObjV(i)>newObjV(i)
                ObjV(i) = newObjV(i);
                Chrom(i,:) = newChrom(i,:);
            else
                p = rand;
                if p< = exp((newObjV(i) - ObjV(i))/T)
                    ObjV(i) = newObjV(i);
                    Chrom(i,:) = newChrom(i,:);
                end
            end
        end
        gen = gen + 1;                                           % 代计数器增加
        [trace(end,gen),index] = min(ObjV);                      % 遗传算法性能跟踪
        trace(1:NVAR,gen) = V(index,:);
        fprintf(1,'% d ',gen);
    end
    T = T * q;
    fprintf(1,'\n 温度:%1.3f\n',T);
end
[newObjV,center,U] = ObjFun(X,cn,[trace(1:NVAR,end)]',options);  % 计算最佳初始聚类中心的
                                                                 % 目标函数值

% 查看聚类结果
Jb = newObjV
U = U{1}
center = center{1}
figure
plot(X(:,1),X(:,2),'o')
hold on
maxU = max(U);
index1 = find(U(1,:) == maxU);
index2 = find(U(2, :) == maxU);
index3 = find(U(3, :) == maxU);
% 在前三类样本数据中分别画上不同记号,不加记号的就是第四类
line(X(index1,1), X(index1, 2), 'linestyle', 'none','marker', '*', 'color', 'g');
line(X(index2,1), X(index2, 2), 'linestyle', 'none', 'marker', '*', 'color', 'r');
line(X(index3,1), X(index3, 2), 'linestyle', 'none', 'marker', '*', 'color', 'b');
```

```
% 画出聚类中心
plot(center(:,1),center(:,2),'v')
hold off
```

3. 结果分析

运行之后得到结果:$J_b = 3.303\ 5$,多次运行得到的结果均一致。聚类后的图如图 20-4 所示,其中三角形为各类的聚类中心点。

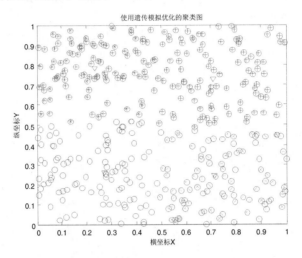

图 20-4 SAGA 优化后的 FCM 聚类

SAGA 优化后的 FCM 聚类由未优化时 $J_b = 3.608\ 7$ 变成 $J_b = 3.303\ 5$,而且每次都能得到最优目标函数值。当数据量较大时,SAGA 的优越性更加明显。其主要原因是单纯的 FCM 在处理大规模数据时,更加容易收敛到局部最优解,而将遗传算法与模拟退火算法相结合形成一种混合算法后,可以有效地克服收敛到局部最优解的情况。

20.4 延伸阅读

FCM 算法是一种局部搜索优化算法,如果初始值选择不当,它就会收敛到局部极小点上。FCM 算法的这一缺点限制了人们对它的使用。本章将模拟退火算法与遗传算法相结合,然后用于模糊 C-均值聚类,利用模拟退火算法较强的局部搜索能力和遗传算法较强的全局搜索能力,可以有效、快速地解决聚类问题。

参考文献

[1] 白曦,吕晓枫,孙吉贵.融合模拟退火的遗传算法在文档聚类中的应用[J].计算机工程与应用,2006(23):144-147.

[2] 武兆慧,张桂娟,刘希玉.基于模拟退火遗传算法的聚类分析[J].计算机应用研究,2005(12):24-26.

[3] 刘秋菊,王仲英,刘素华.基于遗传模拟退火算法的模糊聚类方法[J].微计算机信息,2006,22(02):270-272.

[4] 侯惠芳,刘素华.一种改进的基于遗传算法的模糊 C-均值算法[J].计算机工程,2005,31(17):152-154.

[5] 白莉媛,胡声艳,刘素华.一种基于模拟退火和遗传算法的模糊聚类方法[J].计算机工程与应用,2005(09):36,56-57.

[6] 张维,潘福铮.一种基于遗传算法的模糊聚类[J].湖北大学学报:自然科学版,2002,24(02):101-104.

第 21 章
模拟退火算法工具箱及其应用

21.1 理论基础

21.1.1 模拟退火算法工具箱

MATLAB 的 Global Optimization Toolbox 中集成了模拟退火算法,为了表述方便,本章节将其中与模拟退火算法相关的部分称为模拟退火算法工具箱(simulated annealing toolbox, SAT),该工具箱位于 MATLAB 安装目录\toolbox\globaloptim。本案例即围绕 SAT 展开。同第 6 章介绍的 GADST 一样,SAT 的使用也相当简单方便,其结构示意图如图 21-1 所示。可以看到,SAT 的使用只需调用主函数 simulannealbnd 即可,函数 simulannealbnd 则调用函数 simulanneal 对模拟退火问题进行求解。函数 simulanneal 依次调用函数 simulannealcommon 和函数 saengine,并最终得到最优解。在函数 saengine 中,SA 进行迭代搜索,直到满足一定的条件才退出。可以看出,在以上循环迭代过程中,函数 sanewpoint 和函数 saupdates 是

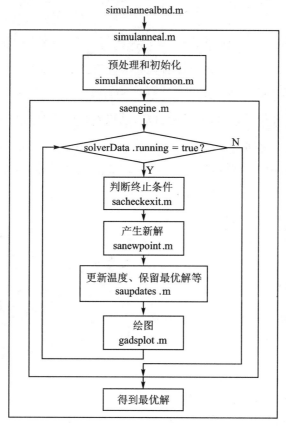

图 21-1 模拟退火算法工具箱(SAT)结构示意图

关键函数,21.3 节将对其代码进行详细分析。

21.1.2 模拟退火算法的一些基本概念

1. 目标函数

目标函数(objective function)即是待优化的函数。在调用函数 simulannealbnd 运行模拟退火算法时,需要编写该目标函数的 M 文件。需要指出的是,SAT 是对目标函数取最小值进行优化的。对于最大值优化问题,只需将目标函数乘以 -1 即可将其转化为最小值优化问题。

2. 温 度

对于模拟退火算法来说,温度(temperature)是一个很重要的参数,它随着算法的迭代而逐步下降,以模拟固体退火过程中的降温过程。一方面,温度用于限制 SA 产生的新解与当前解之间的距离,也就是 SA 的搜索范围;另一方面,温度决定了 SA 以多大的概率接受目标函数值比当前解的目标函数值差的新解。

3. 退火进度表

退火进度表(annealing schedule)是指温度随着算法迭代的下降速度。退火过程越缓慢,SA 找到全局最优解的机会就越大,相应的运行时间也会增加。退火进度表包括初始温度(initial temperature)及温度更新函数(temperature update function)等参数。

4. Meteopolis 准则

Meteopolis 准则是指 SA 接受新解的概率。对于目标函数取最小值的优化问题,SA 接受新解的概率为

$$P(x \Rightarrow x') = \begin{cases} 1, & f(x') < f(x) \\ \exp\left[-\dfrac{f(x') - f(x)}{T}\right], & f(x') \geqslant f(x) \end{cases} \qquad (21-1)$$

其中,x 为当前解;x' 为新解;$f(\cdot)$ 表示解的目标函数值;T 为温度。

式(21-1)的含义是:对于当前解 x 和新解 x',若 $f(x') < f(x)$,则接受新解为当前解;若 $\exp\left[-\dfrac{f(x') - f(x)}{T}\right]$ 大于 $(0,1)$ 区间的随机数,则仍然接受新解为当前解,否则,将拒绝新解而保留当前解。该过程不断重复,可以看到,开始时温度较高,SA 接受较差解的概率也相对较高,这使得 SA 有更大的机会跳出局部最优解,随着退火的进行,温度逐步下降,SA 接受较差解的概率变小。

21.2 案例背景

21.2.1 问题描述

问题为求 Rastrigin 函数的最小值。函数 Rastrigin 表述如下:

$$\text{Ras}(x) = 20 + x_1^2 + x_2^2 -$$
$$10(\cos 2\pi x_1 + \cos 2\pi x_2) \qquad (21-2)$$

其图形如图 21-2 所示,可以看到,函数 Rastrigin 有很多局部最小点及唯一一个全局最小点,即 $(0,0)$,此时的函数值为 0。

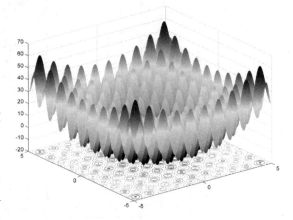

图 21-2 函数 Rastrigin

21.2.2　解题思路及步骤

这里将使用模拟退火算法工具箱(SAT)求函数 Rastrigin 的最小值。SAT 的使用有两种方式:GUI 方式和命令行方式。

1. GUI 方式使用 SAT

SAT 的 GUI 界面有以下两种打开方式:

(1) 在 MATLAB 主界面上依次单击 APPS→Optimization,在弹出的 Optimization Tool 对话框的 Solver 中选择"simulannealbnd - Simulatedannealingalgorithm"。

(2) 在 Command Window 中输入以下命令:

```
>> optimtool('simulannealbnd')
```

可以看到,SAT 的 GUI 界面与本书第 6 章介绍的内容一致,读者可以参考第 6 章图 6 - 3,这里不再重复介绍。

2. 命令行方式使用 SAT

模拟退火算法函数 simulannealbnd 的调用格式如下:

[x,fval] = simulannealbnd(fun,x0,lb,ub,options)

其中,x 为函数 simulannealbnd 得到的最优解;fval 为 x 对应的目标函数值;fun 为目标函数句柄,同函数 ga 一样,需要编写一个描述目标函数的 M 文件;x0 为算法的初始搜索点;lb、ub 为解的上下限约束,可以表述为 lb≤x≤ub,当没有约束时,用"[]"表示即可。options 中需要对模拟退火算法进行一些设置,格式为

options = saoptimset ('Param1',value1,'Param2',value2,...);

其中,Param1、Param2 等是需要设定的参数,比如最大迭代次数、初始温度、绘图函数等;value1、value2 等是 Param 的具体值。Param 有专门的表述方式,比如,最大迭代次数对应于 MaxIter,初始温度对应于 InitialTemperature 等,更多 Param 及 value 的专用表述方式可以使用"doc saoptimset"语句调出 Help 作为参考。

21.3　MATLAB 程序实现

以下将对图 21-1 中模拟退火算法的几个关键子函数进行详细分析。

21.3.1　函数 sanewpoint

添加中文注释后的函数 sanewpoint 的代码如下:

```
function solverData = sanewpoint(solverData,problem,options)
optimvalues = saoptimStruct(solverData,problem);
newx = problem.x0;
try
    newx(:) = options.AnnealingFcn(optimvalues,problem);    % 产生新解
catch userFcn_ME
    gads_ME = MException('gads:callAnnealingFunction:invalidAnnealingFcn',...
        'Failure in AnnealingFcn evaluation. ');
```

```
        userFcn_ME = addCause(userFcn_ME,gads_ME);
        rethrow(userFcn_ME)
    end
    newfval = problem.objective(newx);
    solverData.funccount = solverData.funccount + 1;
    try
        if options.AcceptanceFcn(optimvalues,newx,newfval)    % 判断是否接受新解
            solverData.currentx(:) = newx;                    % 若接受新解,则进行相应的赋值
            solverData.currentfval = newfval;                 % 目标函数值也是
            solverData.acceptanceCounter = solverData.acceptanceCounter + 1;
                                        % 接受的新点数目加 1,为判断是否回火做准备
        end
    catch userFcn_ME
        gads_ME = MException('gads:sanewpoint:invalidAcceptanceFcn',...
            'Failure in AnnealingFcn evaluation.');
        userFcn_ME = addCause(userFcn_ME,gads_ME);
        rethrow(userFcn_ME)
    end
```

可以看到,函数 sanewpoint 主要进行以下两个过程:调用函数 AnnealingFcn 产生新解以及调用函数 AcceptanceFcn 判断是否接受该新解。

1. 函数 AnnealingFcn

由函数 simulanneal 知,SAT 默认的函数 AnnealingFcn 为函数 annealingfast,其添加中文注释后的代码如下:

```
function newx = annealingfast(optimValues,problem)
% 默认的退火函数,作用是产生新解
currentx = optimValues.x;                          % 当前解赋值
nvar = numel(currentx);                            % 解中的自变量个数
newx = currentx;
y = randn(nvar,1);                                 % 产生随机数
y = y./norm(y);                                    % 映射值(-1,1)区间
newx(:) = currentx(:) + optimValues.temperature.*y;  % 在当前解的基础上产生新解,其中,
                                                   % optimValues.temperature 为当前温度
newx = sahonorbounds(newx,optimValues,problem);    % 当解有上下限约束时,确保新解在约束范围内
```

可以看到,新解的产生是在当前解的基础上加上一个偏移量,该偏移量为当前温度与(-1,1)区间映射后随机数的乘积。显然,当温度较高时,新解与当前解之间的距离,也即 SA 的搜索范围较大,新点可以跳到离当前点较远的地方,随着退火的进行,温度逐步降低,算法的搜索范围随之变小。此外,函数 sahonorbounds 的作用是确保产生的新解在上下限约束范围内,对于没有约束的优化问题,该函数不起作用,添加中文注释后的代码如下:

```
function newx = sahonorbounds(newx,optimValues,problem)
% 作用是确保产生的新解在上下限约束范围内
if ~problem.bounded                    % 对于没有约束的优化问题,不做处理
    return
end
xin = newx;                            % 存储 newx
newx = newx(:);                        % 转化为列向量
```

```
lb = problem.lb;                            % 下限约束
ub = problem.ub;                            % 上限约束
lbound = newx < lb;                         % 查看是否在下限范围之内
ubound = newx > ub;                         % 查看是否在上限范围之内
alpha = rand;                               % 产生(0,1)区间的随机数
if any(lbound) || any(ubound)               % 若有自变量不在约束范围内
    projnewx = newx;                        % 此时的 projnewx 不在约束范围内
    projnewx(lbound) = lb(lbound);          % 若某自变量超出下限范围,则将下限范围值赋给该自变量,
                                            % 使 projnewx 满足下限约束
    projnewx(ubound) = ub(ubound);          % 若某自变量超出上限范围,则将上限范围值赋给该自变量,
                                            % 使 projnewx 满足上限约束
    newx = alpha * projnewx + (1 - alpha) * optimValues.x(:);
                                            % 此时的 projnewx 刚好在约束范围内,optimValues.x 即当前解,故产生的 newx 一定满足上下限
                                            % 约束条件
    newx = reshapeinput(xin,newx);          % 将 newx 转化回行向量
else
    newx = xin;                             % 若在约束范围内,赋回刚才存储的 newx
end
```

可以看到,函数 sahonorbounds 的思想是:先将 projnewx 限制在上下限范围之内,再使产生的新解一部分(具体比例为 α)来自 projnewx,另一部分(具体比例为 $1-\alpha$)来自当前解,由于 projnewx 和该当前解都在约束范围内且 α 的范围为 $(0,1)$,故产生的新解也一定在约束范围内,该思想与遗传算法中的算术交叉操作有异曲同工之妙。

2. 函数 AcceptanceFcn

由函数 simulanneal 知,SAT 默认的函数 AcceptanceFcn 为函数 acceptancesa,其添加中文注释后的代码如下:

```
function acceptpoint = acceptancesa(optimValues,newx,newfval)
    % SAT 采用的新解接受函数,作用是判断是否接受 AnnealingFcn 函数产生的新解
    delE = newfval - optimValues.fval;      % 新解的目标函数值与当前解的目标函数值之差
    if delE < 0                             % 如果新解比当前解好,也就是说,新解的目标函数值比当
                                            % 前解的小
        acceptpoint = true;                 % 那么接受该新解
    else                                    % 否则,以一定的概率接受新解
        h = 1/(1 + exp(delE/max(optimValues.temperature)));   % 产生一个与当前温度及 delE 有关的值
        if h > rand                         % 若该值大于(0,1)区间的随机数
            acceptpoint = true;             % 那么接受该新解
        else
            acceptpoint = false;            % 否则,拒绝该新解
        end
    end
end
```

可以看到,在 SAT 中,模拟退火算法接受新解的概率采用 Boltzmann 概率分布,即

$$P(x \Rightarrow x') = \begin{cases} 1, & f(x') < f(x) \\ \dfrac{1}{1 + \exp\left[\dfrac{f(x') - f(x)}{T}\right]}, & f(x') \geqslant f(x) \end{cases} \quad (21-3)$$

其中,x 为当前解;x' 为新解;$f(\cdot)$ 表示解的目标函数值;T 为温度。

式(21-3)的含义类似于式(21-1),这里不再赘述。

21.3.2 函数 saupdates

添加中文注释后的函数 saupdates 的代码如下:

```
function solverData = saupdates(solverData,problem,options)
solverData.iteration = solverData.iteration + 1;          % 更新迭代次数
solverData.k = solverData.k + 1;                          % 更新退火参数 k
if solverData.acceptanceCounter == options.ReannealInterval && solverData.iteration ~ = 0
    solverData = reanneal(solverData,problem,options);    % 若 SA 接受的解的数目达到一定值,做
                                                          % 回火处理
end
optimvalues = saoptimStruct(solverData,problem);          % 参数传递
try
    solverData.temp = max(eps,options.TemperatureFcn(optimvalues,options));    % 温度更新
catch userFcn_ME
    gads_ME = MException('gads:saupdate:invalidTemperatureFcn',...
        'Failure in TemperatureFcn evaluation.');
    userFcn_ME = addCause(userFcn_ME,gads_ME);
    rethrow(userFcn_ME)
end
if solverData.currentfval < solverData.bestfval
    solverData.bestx = solverData.currentx;               % 如果需要的话,更新最优解
    solverData.bestfval = solverData.currentfval;
end
solverData.bestfvals(end + 1) = solverData.bestfval;
if solverData.iteration > options.StallIterLimit
    solverData.bestfvals(1) = [];
end
```

可以看到,函数 saupdates 的主要作用是对迭代次数、最优解、温度等进行更新,并在一定条件下做回火处理(回火退火算法是模拟退火算法的一种变异,这里暂不讨论)。由函数 simulanneal可知,SAT 默认的降温函数 TemperatureFcn 为 temperatureexp,即指数降温函数,添加中文注释后的代码如下:

```
function temperature = temperatureexp(optimValues,options)
% 指数降温函数,作用是更新模拟退火算法的温度
temperature = options.InitialTemperature. * .95.^optimValues.k;    % 温度更新
```

可以看到,指数降温函数采用以下公式更新模拟退火算法的温度:

$$T = 0.95^k T_0 \qquad\qquad (21-4)$$

其中,T 为当前温度;T_0 为初始温度(事先设定,默认值为 100);k 为退火参数。

需要对 k 补充说明的是,对于迭代次数,SAT 中还有另一个参数 iteration,由于在参数初始化函数 samakedata 中,k 的初始值是 1,iteration 的初始值是 0,而在函数 saupdates 中两者同时加 1 更新,故在不考虑回火处理的条件下,k 值比 iteration 值大 1,此时可以认为 k 为当前迭代次数。

21.3.3　应用 SAT 求函数 Rastrigin 的最小值

使用 SAT 求解优化问题的第一步是编写目标函数的 M 文件。对于以上问题,目标函数代码如下,函数名为 my_first_SA:

```
function y = my_first_SA(x)
y = 20 + x(1)^2 + x(2)^2 - 10 * (cos(2 * pi * x(1)) + cos(2 * pi * x(2)));
```

编写好适应度函数的 M 文件之后,只需调用函数 simulannealbnd 即可使用模拟退火算法,使用命令行方式的语句如下:

```
clear
clc
ObjectiveFunction = @my_first_SA;        % 目标函数句柄
X0 = [11];                               % 初始值
lb = [- 2 - 2];                          % 变量下界
ub = [2 2];                              % 变量上界
options = saoptimset('MaxIter',500,'StallIterLim',500,'TolFun',1e - 100,'AnnealingFcn',@annealingfast,'InitialTemperature', 100, 'TemperatureFcn', @ temperatureexp, 'ReannealInterval', 500, 'PlotFcns',{@saplotbestx,@saplotbestf,@saplotx,@saplotf});
[x,fval] = simulannealbnd(ObjectiveFunction,X0,lb,ub,options);
```

其中,ObjectiveFunction 是目标函数 M 文件的函数名;X0、lb、ub 分别为初始点、解的下限约束、上限约束。options 中的设置如下:

(1) 算法终止条件:这里设置 StallIterLim 为 500,与 MaxIter 相同,同时设置 TolFun 为一个极小的值,用以保证算法在迭代 MaxIter=500 次后停止。关于终止条件的详细说明,读者可以参考本书第 6 章,这里不再重复。

(2) 退火参数:这里设置 AnnealingFcn 为 annealingfast,初始温度 InitialTemperature 为 100,降温函数 TemperatureFcn 采用指数降温 temperatureexp。需要指出的是,如前所述,以上退火参数设置都是 SAT 默认的,不进行上述设置也可以,这里只是为了明确起见,另一方面也是为了便于需要时调整修改。另外,设置 ReannealInterval 与 MaxIter 相同,使回火的条件不能满足,即不进行回火处理。

(3) 绘图函数:这里绘制最优解、最优解对应的目标函数值、当前解及当前解对应的目标函数值。

当然,也可以使用 GUI 方式调用函数 simulannealbnd,使用方法与本书第 6 章中所述方法相同,这里不再重复。

21.3.4　结果分析

运行模拟退火算法,得到的最优解目标函数值历程曲线和当前解目标函数值历程曲线分别如图 21-3 和图 21-4 所示,函数 simulannealbnd 返回的最优解及其对应的目标函数值在 Workspace 中,分别为

$$(x_1, x_2) = (-8.273\,4 \times 10^{-5}, 4.254\,0 \times 10^{-5})$$

$$y = 1.717\,0 \times 10^{-6}$$

需要强调的是,由于算法中使用了函数 randn 和函数 rand,因此,每次运行的结果是不一样的。

由图 21-3 可知,随着迭代的进行,模拟退火算法找到的最优解对应的目标函数值不断减

小,直至最后收敛于 1.7170×10^{-6}。进一步地说,在迭代的初始阶段,SA 的优化效果明显,最优解对应的目标函数值下降很快,到迭代的中后期,SA 没有找到更优解。这是因为,在迭代初期,温度较高,SA 产生的新解与当前解之间的距离较大(见 21.3.1 节的函数 annealingfast),而且接受目标函数值比当前解差的新解的概率也相对较高(见 21.3.1 节的函数 acceptancesa),这使得此时的 SA 可以以较大的概率接受较大范围内的新解,因此可以跳到附近区域中比当前点低的区域,即找到更优解。随着迭代的进行,温度不断下降,SA 搜索的区域变小,接受新解的概率也变小,于是只能停留在当前的"低谷"内,找不到更优解。上述原因同样可以用来解释图 21-4。在迭代初期,SA 接受目标函数值比当前解差的新解的概率相对较高,故此时当前解的目标函数值的变化和跳动较为频繁,到迭代后期,接受新解的概率变得很小,可以说,基本不再接受新解,因此,当前解的目标函数值不再变化和跳动,而是停留在某一个值不变。

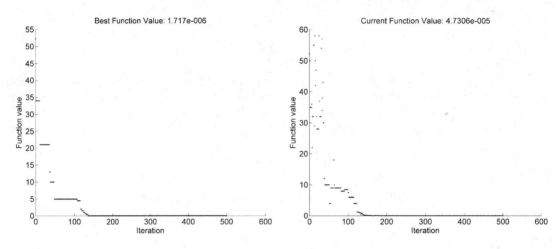

图 21-3　某次得到的最优解目标函数值历程曲线　　图 21-4　某次得到的当前解目标函数值历程曲线

参考文献

[1] MathWorks Inc.. Genetic Algorithm and Direct Search Toolbox——MATLAB® version 2.4.1, User's guide, 2009.

[2] MathWorks Inc.. Genetic Algorithm and Direct Search Toolbox——MATLAB® version 2.3, User's guide, 2008.

[3] KIRKPATRICK S, GELATT C D, VECCHI M P. Optimization by Simulated Annealing[J]. Science, 1983 (220): 671-680.

第 22 章

蚁群算法的优化计算——旅行商问题(TSP)优化

蚁群算法(ant colony algorithm,ACA)是由意大利学者 M. Dorigo 等人于 20 世纪 90 年代初提出的一种新的模拟进化算法,其真实地模拟了自然界蚂蚁群体的觅食行为。M. Dorigo 等人将其用于解决旅行商问题(traveling salesman problem,TSP),并取得了较理想的实验结果。

近年来,许多专家学者致力于蚁群算法的研究,并将其应用于交通、通信、化工、电力等领域,成功解决了许多组合优化问题,如调度问题(job-shop scheduling problem)、指派问题(quadratic assignment problem)、旅行商问题(traveling salesman problem)等。

本章将详细阐述蚁群算法的基本思想及原理,并以实例的形式介绍其应用于解决中国旅行商问题(chinese TSP,CTSP)的情况。

22.1 理论基础

22.1.1 蚁群算法基本思想

生物学家研究发现,自然界中的蚂蚁觅食是一种群体性行为,并非单只蚂蚁自行寻找食物源。蚂蚁在寻找食源时,会在其经过的路径上释放一种信息素,并能够感知其他蚂蚁释放的信息素。信息素浓度的大小表征路径的远近,信息素浓度越高,表示对应的路径距离越短。通常,蚂蚁会以较大的概率优先选择信息素浓度较高的路径,并释放一定量的信息素,以增强该条路径上的信息素浓度,这样就形成一个正反馈。最终,蚂蚁能够找到一条从巢穴到食物源的最佳路径,即最短距离。值得一提的是,生物学家同时发现,路径上的信息素浓度会随着时间的推进而逐渐衰减。

将蚁群算法应用于解决优化问题的基本思路为:用蚂蚁的行走路径表示待优化问题的可行解,整个蚂蚁群体的所有路径构成待优化问题的解空间。路径较短的蚂蚁释放的信息素量较多,随着时间的推进,较短的路径上累积的信息素浓度逐渐增高,选择该路径的蚂蚁个数也愈来愈多。最终,整个蚂蚁会在正反馈的作用下集中到最佳的路径上,此时对应的便是待优化问题的最优解。

22.1.2 蚁群算法解决 TSP 问题基本原理

本节将用数学语言对上述蚁群算法的基本思想进行抽象描述,并详细阐述蚁群算法用于解决 TSP 问题的基本原理。

为不失一般性,设整个蚂蚁群体中蚂蚁的数量为 m,城市的数量为 n,城市 i 与城市 j 之间的距离为 $d_{ij}(i,j=1,2,\cdots,n)$,t 时刻城市 i 与城市 j 连接路径上的信息素浓度为 $\tau_{ij}(t)$。初始时刻,各个城市间连接路径上的信息素浓度相同,不妨设为 $\tau_{ij}(0)=\tau_0$。

蚂蚁 $k(k=1,2,\cdots,m)$ 根据各个城市间连接路径上的信息素浓度决定其下一个访问的城市。设 $P_{ij}^k(t)$ 表示 t 时刻蚂蚁 k 从城市 i 转移到城市 j 的概率,其计算公式为

$$
P_{ij}^{k} = \begin{cases} \dfrac{\left[\tau_{ij}(t)\right]^{\alpha} \cdot \left[\eta_{ij}(t)\right]^{\beta}}{\sum\limits_{s \in \mathrm{allow}_k} \left[\tau_{is}(t)\right]^{\alpha} \cdot \left[\eta_{is}(t)\right]^{\beta}}, & s \in \mathrm{allow}_k \\[4mm] 0, & s \notin \mathrm{allow}_k \end{cases} \tag{22-1}
$$

其中,$\eta_{ij}(t)$为启发函数,$\eta_{ij}(t)=1/d_{ij}$,表示蚂蚁从城市i转移到城市j的期望程度;$\mathrm{allow}_k(k=1,2,\cdots,m)$为蚂蚁$k$待访问城市的集合,开始时,$\mathrm{allow}_k$中有$(n-1)$个元素,即包括除了蚂蚁$k$出发城市的其他所有城市,随着时间的推进,$\mathrm{allow}_k$中的元素不断减少,直至为空,即表示所有的城市均访问完毕;α为信息素重要程度因子,其值越大,表示信息素的浓度在转移中起的作用越大;β为启发函数重要程度因子,其值越大,表示启发函数在转移中的作用越大,即蚂蚁会以较大的概率转移到距离短的城市。

如前文所述,在蚂蚁释放信息素的同时,各个城市间连接路径上的信息素也在逐渐消失,设参数$\rho(0<\rho<1)$表示信息素的挥发程度。因此,当所有蚂蚁完成一次循环后,各个城市间连接路径上的信息素浓度需进行实时更新,即

$$
\begin{cases} \tau_{ij}(t+1) = (1-\rho)\tau_{ij}(t) + \Delta\tau_{ij} \\[2mm] \Delta\tau_{ij} = \sum\limits_{k=1}^{n} \Delta\tau_{ij}^{k} \end{cases}, \qquad 0 < \rho < 1 \tag{22-2}
$$

其中,$\Delta\tau_{ij}^{k}$表示第k只蚂蚁在城市i与城市j连接路径上释放的信息素浓度;$\Delta\tau_{ij}$表示所有蚂蚁在城市i与城市j连接路径上释放的信息素浓度之和。

针对蚂蚁释放信息素问题,M. Dorigo 等人曾给出 3 种不同的模型,分别称之为 ant cycle system、ant quantity system 和 ant density system,其计算公式如下:

1. ant cycle system 模型

ant cycle system 模型中,$\Delta\tau_{ij}^{k}$的计算公式为

$$
\Delta\tau_{ij}^{k} = \begin{cases} Q/L_k, & \text{第 } k \text{ 只蚂蚁从城市 } i \text{ 访问城市 } j \\ 0, & \text{其他} \end{cases} \tag{22-3}
$$

其中,Q为常数,表示蚂蚁循环一次所释放的信息素总量;L_k为第k只蚂蚁经过路径的长度。

2. ant quantity system 模型

ant quantity system 模型中,$\Delta\tau_{ij}^{k}$的计算公式为

$$
\Delta\tau_{ij}^{k} = \begin{cases} Q/d_{ij}, & \text{第 } k \text{ 只蚂蚁从城市 } i \text{ 访问城市 } j \\ 0, & \text{其他} \end{cases} \tag{22-4}
$$

3. ant density system 模型

ant density system 模型中,$\Delta\tau_{ij}^{k}$的计算公式为

$$
\Delta\tau_{ij}^{k} = \begin{cases} Q, & \text{第 } k \text{ 只蚂蚁从城市 } i \text{ 访问城市 } j \\ 0, & \text{其他} \end{cases} \tag{22-5}
$$

上述 3 种模型中,ant cycle system 模型利用蚂蚁经过路径的整体信息(经过路径的总长)计算释放的信息素浓度;ant quantity system 模型则利用蚂蚁经过路径的局部信息(经过各个城市间的距离)计算释放的信息素浓度;而 ant density system 模型则更为简单地将信息素释放的浓度取为恒值,并没有考虑不同蚂蚁经过路径长短的影响。因此,一般选用 ant cycle system 模型计算释放的信息素浓度,即蚂蚁经过的路径越短,释放的信息素浓度越高。

22.1.3 蚁群算法解决 TSP 问题基本步骤

基于上述原理,将蚁群算法应用于解决 TSP 问题一般需要以下几个步骤,如图 22-1

所示。

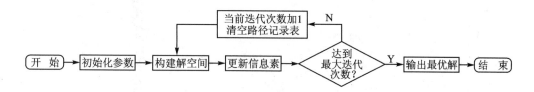

图 22 - 1　蚁群算法解决 TSP 问题基本步骤

1. 初始化参数

在计算之初,需要对相关的参数进行初始化,如蚁群规模(蚂蚁数量)m、信息素重要程度因子 α、启发函数重要程度因子 β、信息素挥发因子 ρ、信息素释放总量 Q、最大迭代次数 iter_max、迭代次数初值 iter=1。

2. 构建解空间

将各个蚂蚁随机地置于不同出发点,对每个蚂蚁 $k(k=1,2,\cdots,m)$,按照式(22-1)计算其下一个待访问的城市,直到所有蚂蚁访问完所有的城市。

3. 更新信息素

计算各个蚂蚁经过的路径长度 $L_k(k=1,2,\cdots,m)$,记录当前迭代次数中的最优解(最短路径)。同时,根据式(22-2)和式(22-3)对各个城市连接路径上的信息素浓度进行更新。

4. 判断是否终止

若 iter<iter_max,则令 iter=iter+1,清空蚂蚁经过路径的记录表,并返回步骤 2;否则,终止计算,输出最优解。

22.1.4　蚁群算法的特点

不难发现,与其他优化算法相比,蚁群算法具有以下几个特点:

(1) 采用正反馈机制,使得搜索过程不断收敛,最终逼近最优解。

(2) 每个个体可以通过释放信息素来改变周围的环境,且每个个体能够感知周围环境的实时变化,个体间通过环境进行间接地通讯。

(3) 搜索过程采用分布式计算方式,多个个体同时进行并行计算,大大提高了算法的计算能力和运行效率。

(4) 启发式的概率搜索方式不容易陷入局部最优,易于寻找到全局最优解。

22.2　案例背景

22.2.1　问题描述

按照枚举法,我国 31 个直辖市、省会和自治区首府的巡回路径应有约 1.326×10^{32} 种,其中一条路径如图 22-2 所示。试利用蚁群算法寻找到一条最佳或者较佳的路径。

22.2.2　解题思路及步骤

依据蚁群算法解决 TSP 问题的基本原理及步骤,实现中国 TSP 问题求解大体上可以分为以下几个步骤,如图 22-3 所示。

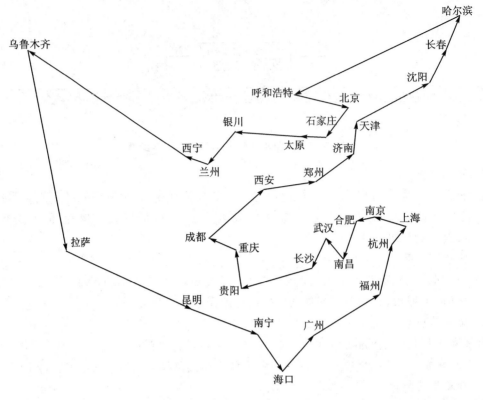

图 22 - 2　我国 31 个直辖市、省会和自治区首府(未包括我国香港、澳门及台湾)巡回路径

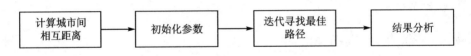

图 22 - 3　蚁群算法求解 TSP 问题一般步骤

1．计算城市间相互距离

根据城市的位置坐标,计算两两城市间的相互距离,从而得到对称的距离矩阵(维数为 31 的方阵)。需要说明的是,计算出的矩阵对角线上的元素为 0,然而如前文所述,由于启发函数 $\eta_{ij}(t)=1/d_{ij}$,因此,为了保证分母不为零,将对角线上的元素修正为一个非常小的正数(如 10^{-4} 或 10^{-5} 等)。

2．初始化参数

如前文所述,在计算之前,需要对相关的参数进行初始化,此处不再赘述。具体请参考本章 22.3.4 节程序实现部分。

3．迭代寻找最佳路径

首先构建解空间,即各个蚂蚁根据转移概率公式(22 - 1)访问所有的城市。然后计算各个蚂蚁经过路径的长度,并在每次迭代后根据式(22 - 2)和式(22 - 3)实时更新各个城市连接路径上的信息素浓度。经过循环迭代,记录下最优的路径及其长度。

4．结果分析

找到最优路径后,可以将之与其他方法得出的结果进行比较,从而对蚁群算法的性能进行评价。同时,也可以探究不同取值的参数对优化结果的影响,从而找到一组最佳或者较佳的参数组合。

22.3 MATLAB 程序实现

利用 MATLAB 提供的函数,可以方便地在 MATLAB 环境下实现上述步骤。

22.3.1 清空环境变量

程序运行之前,清除工作空间 Workspace 中的变量及 Command Window 中的命令。具体程序如下:

```
%% 清空环境变量
clear all
clc
```

22.3.2 导入数据

31 个城市的位置坐标(横坐标、纵坐标)保存在 citys_data.mat 文件中,变量 citys 为 31 行 2 列的数据,第 1 列表示各个城市的横坐标,第 2 列表示各个城市的纵坐标。具体程序如下:

```
%% 导入数据
load citys_data.mat
```

22.3.3 计算城市间相互距离

利用城市的横、纵坐标,可以方便地计算出城市间的相互距离。如前文所述,距离矩阵 D 对角线上的元素设为 10^{-4},以便于计算启发函数。具体程序如下:

```
%% 计算城市间相互距离
n = size(citys,1);
D = zeros(n,n);
for i = 1:n
    for j = 1:n
        if i ~ = j
            D(i,j) = sqrt(sum((citys(i,:) - citys(j,:)).^2));
        else
            D(i,j) = 1e - 4;
        end
    end
end
```

22.3.4 初始化参数

在计算之前,需要对参数进行初始化。同时,为了加快程序的执行速度,对于程序中涉及的一些过程变量,需要预分配其存储容量。具体程序如下:

```
%% 初始化参数
m = 31;                          % 蚂蚁数量
alpha = 1;                       % 信息素重要程度因子
```

```
beta = 5;                              % 启发函数重要程度因子
rho = 0.1;                             % 信息素挥发因子
Q = 1;                                 % 常系数
Eta = 1./D;                            % 启发函数
Tau = ones(n,n);                       % 信息素矩阵
Table = zeros(m,n);                    % 路径记录表
iter = 1;                              % 迭代次数初值
iter_max = 200;                        % 最大迭代次数
Route_best = zeros(iter_max,n);        % 各代最佳路径
Length_best = zeros(iter_max,1);       % 各代最佳路径的长度
Length_ave = zeros(iter_max,1);        % 各代路径的平均长度
```

22.3.5 迭代寻找最佳路径

迭代寻找最佳路径为整个算法的核心。首先逐个蚂蚁逐个城市访问,直至遍历所有城市,以构建问题的解空间;然后计算各个蚂蚁经过路径的长度,记录下当前迭代次数中的最佳路径,并实时对各个城市间连接路径上的信息素浓度进行更新;最终经过多次迭代,寻找到最佳路径。具体程序如下:

```
%% 迭代寻找最佳路径
while iter < = iter_max
    % 随机产生各个蚂蚁的起点城市
    start = zeros(m,1);
    for i = 1:m
        temp = randperm(n);
        start(i) = temp(1);
    end
    Table(:,1) = start;
    % 构建解空间
    citys_index = 1:n;
    % 逐个蚂蚁路径选择
    for i = 1:m
        % 逐个城市路径选择
        for j = 2:n
            tabu = Table(i,1:(j - 1));              % 已访问的城市集合(禁忌表)
            allow_index = ~ismember(citys_index,tabu);
            allow = citys_index(allow_index);       % 待访问的城市集合
            P = allow;
            % 计算城市间转移概率
            for k = 1:length(allow)
                P(k) = Tau(tabu(end),allow(k))^alpha * Eta(tabu(end),allow(k))^beta;
            end
            P = P/sum(P);
            % 轮盘赌法选择下一个访问城市
            Pc = cumsum(P);
            target_index = find(Pc > = rand);
            target = allow(target_index(1));
            Table(i,j) = target;
```

```
        end
    end
    % 计算各个蚂蚁的路径距离
    Length = zeros(m,1);
    for i = 1:m
        Route = Table(i,:);
        for j = 1:(n － 1)
            Length(i) = Length(i) ＋ D(Route(j),Route(j ＋ 1));
        end
        Length(i) = Length(i) ＋ D(Route(n),Route(1));
    end
    % 计算最短路径距离及平均距离
    if iter == 1
        [min_Length,min_index] = min(Length);
        Length_best(iter) = min_Length;
        Length_ave(iter) = mean(Length);
        Route_best(iter,:) = Table(min_index,:);
    else
        [min_Length,min_index] = min(Length);
        Length_best(iter) = min(Length_best(iter － 1),min_Length);
        Length_ave(iter) = mean(Length);
        if Length_best(iter) == min_Length
            Route_best(iter,:) = Table(min_index,:);
        else
            Route_best(iter,:) = Route_best((iter － 1),:);
        end
    end
    % 更新信息素
    Delta_Tau = zeros(n,n);
    % 逐个蚂蚁计算
    for i = 1:m
        % 逐个城市计算
        for j = 1:(n － 1)
            Delta_Tau(Table(i,j),Table(i,j ＋ 1)) = Delta_Tau(Table(i,j),Table(i,j ＋ 1)) ＋
Q/Length(i);
        end
        Delta_Tau(Table(i,n),Table(i,1)) = Delta_Tau(Table(i,n),Table(i,1)) ＋ Q/Length(i);
    end
    Tau = (1 － rho) * Tau ＋ Delta_Tau;
    % 迭代次数加 1,清空路径记录表
    iter = iter ＋ 1;
    Table = zeros(m,n);
end
```

说明:

(1) 变量 tabu 中存储的是已经访问过的城市编号集合,即所谓的"禁忌表",刚开始时其只存储起始城市编号,随着时间的推进,其中的元素愈来愈多,直至访问到最后一个城市为止。

(2) 与变量 tabu 相反,变量 allow 中存储的是待访问的城市编号集合,刚开始时其存储了除起始城市编号外的所有城市编号,随着时间的推进,其中的元素愈来愈少,直至访问到最后一个城市为止。

（3）函数 ismember 用于判断一个变量中的元素是否在另一个变量中出现,具体用法请参考帮助文档,此处不再赘述。

（4）函数 cumsum 用于求变量中元素的累加和,具体用法请参考帮助文档,此处不再赘述。

（5）计算完城市间的转移概率后,采用与遗传算法中一样的轮盘赌方法选择下一个待访问的城市。

22.3.6 结果显示

为了更为直观地对结果进行观察和分析,将寻找到的最优路径及其长度显示在 Command Window 中。具体程序如下:

```
%% 结果显示
[Shortest_Length,index] = min(Length_best);
Shortest_Route = Route_best(index,:);
disp(['最短距离:' num2str(Shortest_Length)]);
disp(['最短路径:' num2str([Shortest_Route Shortest_Route(1)])]);
```

由于各个蚂蚁的起始城市是随机设定的,因此每次运行的结果都会不同。某次运行的结果如下:

```
最短距离:15601.9195
最短路径:1  15  14  12  13  11  23  16  5  6  7  2  4  8  9  10  3  18  17  19  24  25
         20  21  22  26  28  27  30  31  29  1
```

22.3.7 绘 图

为了更为直观地对结果进行观察和分析,以图形的形式将结果显示出来,具体程序如下:

```
%% 绘图
figure(1)
plot([citys(Shortest_Route,1);citys(Shortest_Route(1),1)],...
     [citys(Shortest_Route,2);citys(Shortest_Route(1),2)],'o-');
grid on
for i = 1:size(citys,1)
    text(citys(i,1),citys(i,2),['    ' num2str(i)]);
end
text(citys(Shortest_Route(1),1),citys(Shortest_Route(1),2),'     起点');
text(citys(Shortest_Route(end),1),citys(Shortest_Route(end),2),'     终点');
xlabel('城市位置横坐标')
ylabel('城市位置纵坐标')
title(['蚁群算法优化路径(最短距离:' num2str(Shortest_Length) ')'])
figure(2)
plot(1:iter_max,Length_best,'b',1:iter_max,Length_ave,'r')
legend('最短距离','平均距离')
xlabel('迭代次数')
ylabel('距离')
title('各代最短距离与平均距离对比')
```

与运行结果对应的路径如图 22-4 所示。从图中可以清晰地看到,自起点出发,每个城市访问一次,遍历所有城市后,返回起点。寻找到的最短路径为 15 601.919 5 km。

各代的最短距离与平均距离如图 22-5 所示。从图中不难发现,随着迭代次数的增加,最短距离与平均距离均呈现不断下降的趋势。当迭代次数大于 112 时,最短距离已不再变化,表示已经寻找到最佳路径。

最新研究成果表明,中国 TSP 问题的最优解为 15 377 km,因此,本章寻找到的最佳路径是局部最优解,而并非全局最优解。

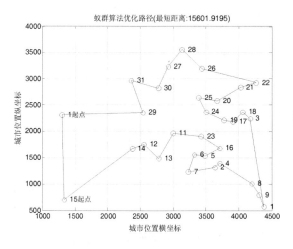

图 22-4　蚁群算法优化路径

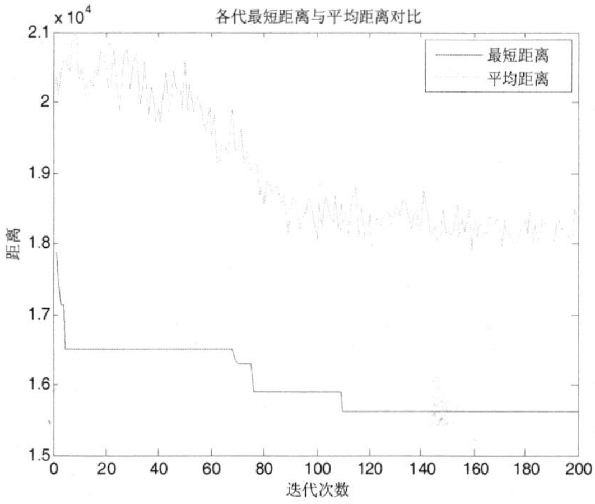

图 22-5　各代的最短距离与平均距离对比

22.4　延伸阅读

22.4.1　参数的影响及选择

1. 蚂蚁个数 m 对结果的影响

为了探究蚂蚁个数 m 对最优路径的影响,对比 10 组不同蚂蚁个数对应的最优路径情况。每组运行 20 次,结果如表 22-1 所列。蚂蚁个数对平均最短路径的影响如图 22-6 所示。由表 22-1 和图 22-6 可以看出,当蚂蚁个数为 35 时,平均最短路径最短为 15 613 km,此时有最短路径的最小值 15 518 km。

表 22-1　蚂蚁个数对最优路径的影响

($\alpha=1,\beta=5,\rho=0.1,Q=1,\text{iter\_max}=200$)

距离 蚂蚁个数	平均值	最大值	最小值
5	15 944	16 402	15 602
10	15 869	16 217	15 602
15	15 818	16 359	15 602
20	15 774	15 973	15 602
25	15 720	16 062	15 602
30	15 661	15 990	15 602
35	**15 613**	**15 818**	**15 518**
40	15 679	15 884	15 602
45	15 687	15 949	15 602
50	15 643	15 884	15 602

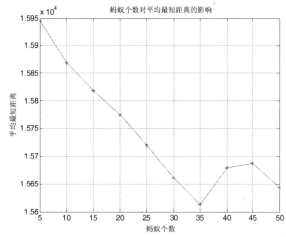

图 22-6　蚂蚁个数对平均最短路径的影响

2. 信息素重要程度因子α对结果的影响

为了研究信息素重要程度因子α对最优路径的影响,对比10组不同α对应的寻找到的最优路径的情况,每组运行20次,结果见表22-2和图22-7。可以看出,当α=6时,平均最短路径最小为16 212 km。

表22-2　α对最优路径的影响

($m=35,\beta=5,\rho=0.1,Q=1$,iter_max=200)

距离 / α	平均值	最大值	最小值
1	16 218	16 546	15 602
2	16 307	16 539	15 973
3	16 263	16 624	15 818
4	16 255	16 518	15 818
5	16 270	16 760	15 709
6	**16 212**	**16 765**	**15 602**
7	16 273	16 607	15 935
8	16 220	16 652	15 772
9	16 323	16 627	15 873
10	16 225	16 643	15 671

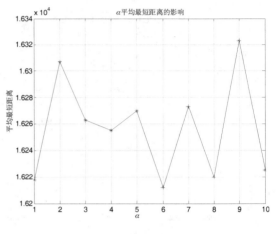

图22-7　α对平均最短路径的影响

3. 启发函数重要程度因子β对结果的影响

为了研究启发函数重要程度因子β对最优路径的影响,对比10组不同β对应的寻找到的最优路径的情况,每组运行20次,结果如表22-3所列。β对平均最短路径的影响如图22-8所示。由表22-3和图22-8可以直观地看出,当β=7时,平均最短路径最小为15 823 km,此时对应的最短路径为15 602 km。

表22-3　β对最优路径的影响

($m=35,\alpha=6,\rho=0.1,Q=1$,iter_max=200)

距离 / β	平均值	最大值	最小值
1	15 963	16 227	15 602
2	15 893	16 528	15 602
3	15 929	16 381	15 602
4	15 918	16 410	15 602
5	15 948	16 406	15 602
6	15 840	16 110	15 602
7	**15 823**	**16 093**	**15 602**
8	15 942	16 419	15 602
9	15 906	16 272	15 602
10	15 966	16 508	15 602

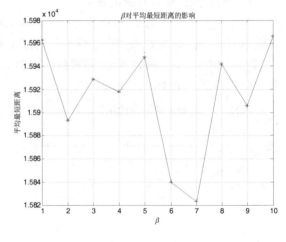

图22-8　β对平均最短路径的影响

4. 信息素挥发因子ρ对结果的影响

为了研究信息素挥发因子ρ对最优路径的影响,对比5组不同ρ对应的寻找到的最优路径的情况,每组运行20次,结果如表22-4所列。ρ对平均最短路径的影响如图22-9所示。由表22-4和图22-9可以直观地看出,当ρ=0.1时,平均最短路径最小为16 005 km,此时对应的最短路径为15 602 km。

表 22-4 ρ 对最优路径的影响

($m=35,\alpha=6,\beta=7,Q=1,\text{iter\_max}=200$)

距离 ρ	平均值	最大值	最小值
0.1	**16 005**	**16 382**	**15 602**
0.2	16 063	16 453	15 602
0.3	16 240	16 704	15 829
0.4	16 314	16 731	15 705
0.5	16 316	16 825	15 781

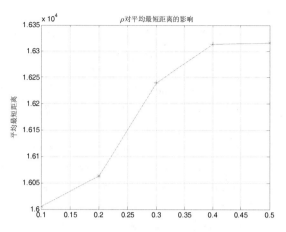

图 22-9 ρ 对平均最短路径的影响

5. 信息素释放总量 Q 对结果的影响

为了研究信息素释放总量 Q 对最优路径的影响,对比 10 组不同 Q 对应的寻找到的最优路径的情况,每组运行 20 次,结果如表 22-5 所列。Q 对平均最短路径的影响如图 22-10 所示(由于 Q 的取值范围较大,这里只绘制出前 7 组数据的寻优结果,最后 3 组对应的平均最短路径呈递增的趋势逐渐增加)。由表 22-5 和图 22-10 可以直观地看出,当 $Q=50$ 时,平均最短路径最小为 16 046 km,此时对应的最短路径为 15 602 km。

表 22-5 Q 对最优路径的影响

($m=35,\alpha=6,\beta=7,\rho=0.1,\text{iter\_max}=200$)

距离 Q	平均值	最大值	最小值
1	16 061	16 402	15 723
10	16 123	16 419	15 602
50	**16 046**	**16 514**	**15 602**
100	16 128	16 701	15 602
200	16 302	16 816	15 602
500	16 247	16 722	15 602
1 000	16 326	16 954	15 818
2 000	16 458	16 977	15 901
5 000	16 588	16 933	15 672
10 000	16 595	17 179	16 110

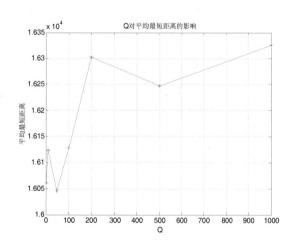

图 22-10 Q 对平均最短路径的影响

22.4.2 延伸阅读

蚁群算法以其分布并行式计算、启发式搜索方式等特点,在各个领域中得到了广泛的应用,解决了诸多组合优化方面的难题。针对其可能陷入局部最优的缺点,不少专家和学者提出了许多改进的方法,并将其他算法(如遗传算法、粒子群算法等)与蚁群算法相结合,对蚂蚁个数 m、信息素重要程度因子 α、启发函数重要程度因子 β、信息素挥发因子 ρ、信息素释放总量 Q 等参数进行优化选择,取得了不错的效果。

参考文献

［1］ DORIGO M, GAMBARDELLA L M. Ant Colonies for the Traveling Salesman Problem［J］. BioSystems，1997,43(2):73-81.

［2］ DORIGO M,GAMBARDELLA L M Ant Colony System:a Cooperative Learning Approach to the Traveling Salesman Problem［J］. IEEE Transactions on Evolutionary Computation,1997,1(1):53-66.

［3］ DORIGO M,BIRATTARI M,STUTZLE T. Ant Colony Optimization［J］. Computational Intelligence Magazine,2006,1(4):28-39.

［4］ STUTZLE T D M. A Short Convergence Proof for a Class of Ant Colony Optimization Algorithms［J］. IEEE Transactions on Evolutionary Computation,2002,6(4):358-365.

［5］ 萧蕴诗,李炳宇,吴启迪. 求解 TSP 问题的模式学习并行蚁群算法［J］. 控制与决策,2004,19(8):885-888.

［6］ 吴斌,史忠植. 一种基于蚁群算法的 TSP 问题分段求解方法［J］. 计算机学报,2001,24(12):1328-1333.

［7］ 王颖,谢剑英. 一种自适应蚁群算法及其仿真研究［J］. 系统仿真学报,2002,14(1):31-33.

［8］ 叶志伟,郑肇葆. 蚁群算法中参数 α、β、ρ 设置的研究——以 TSP 问题为例［J］. 武汉大学学报:信息科学版,2004,29(7):597-601.

［9］ 胡小兵,黄席樾. 对一类带聚类特征 TSP 问题的蚁群算法求解［J］. 系统仿真学报,2004,16(12):2683-2686.

［10］ 徐精明,曹先彬,王煦法. 多态蚁群算法［J］. 中国科学技术大学学报,2005,35(1):59-65.

第 23 章

基于蚁群算法的二维路径规划算法

23.1 理论基础

23.1.1 路径规划算法

路径规划算法是指在有障碍物的工作环境中寻找一条从起点到终点、无碰撞地绕过所有障碍物的运动路径。路径规划算法较多，大体上可分为全局路径规划算法和局部路径规划算法两类。其中，全局路径规划方法包括位形空间法、广义锥方法、顶点图像法、栅格划归法；局部路径规划算法主要有人工势场法等。

23.1.2 MAKLINK 图论理论

MAKLINK 图论可以建立二维路径规划的空间模型，其通过生成大量的 MAKLINK 线构造二维路径规划可行空间。MAKLINK 线定义为两个障碍物之间不与障碍物相交的顶点之间的连线，以及障碍物顶点与边界相交的连线。典型 MAKLINE 图形如图 23-1 所示。

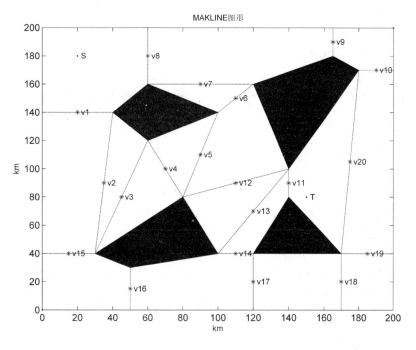

图 23-1 MAKLINE 图形

在 MAKLINK 图上存在 l 条自由连接线，连接线的中点依次为 $v_1, v_2, \cdots, v_l$，连接所有 MAKLINK 线的中点加上始点 S 和终点 T 构成用于初始路径规划的无向网络图，如图 23-2 所示。

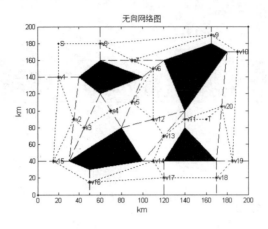

图 23 - 2　无向网络图

23.1.3　蚁群算法

蚁群算法是由 Dorigo. M 等人在 20 世纪 90 年代初提出的一种新型进化算法,它来源于对蚂蚁搜索问题的研究。人们在观察蚂蚁搜索食物时发现,蚂蚁在寻找食物时,总在走过的路径上释放一种称为信息素的分泌物,信息素能够保留一段时间,使得在一定范围内的其他蚂蚁能够觉察到该信息素的存在。后继蚂蚁在选择路径时,会选择信息素浓度较高的路径,并且在经过时留下自己的信息素,这样该路径的信息素会不断增强,蚂蚁选择的概率也在不断增大。蚁群算法最优路径寻找如图 23 - 3 所示。

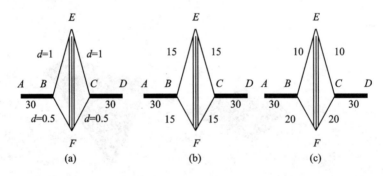

图 23 - 3　蚂蚁觅食过程

图 23 - 3 表达了蚂蚁在觅食过程中的三个过程,其中点 A 是蚂蚁蚁巢,点 D 是食物所在地,四边形 EBFCE 表示在蚁巢和食物之间的障碍物。蚂蚁如果想从蚁巢点 A 达到点 D,只能经过路径 BFC 或者路径 BEC,假定从蚁巢中出来若干只蚂蚁去食物所在地 D 搬运食物,每只蚂蚁经过后留下的信息素为 1,信息素保留的时间为 1。一开始,路径 BFC 和 BEC 上都没有信息素,在点 A 的蚂蚁可以随机选择路径,蚂蚁以相同的概率选择路径 BFC 或 BEC,如图 23 - 3(b)所示。由于 BFC 路径长度只是 BEC 路径长度的一半,所以在一段时间内经过 BFC 到达点 D 的蚂蚁数量是经过 BEC 到达点 D 数量的两倍,在路径 BFC 上积累的信息素的浓度就是在路径 BEC 上积累的信息素浓度的两倍。这样在蚂蚁选择路径的时候,选择路径 BFC 的概率大于选择路径 BEC 的概率,随着时间的推移,蚂蚁将以越来越大的概率选择路径 BFC,最终会完全选择路径 BFC 作为从蚁巢出发到食物源的路径,如图 23 - 3(c)所示。

23.1.4　dijkstra 算法

dijkstra 算法是典型的单源最短路径算法,用于计算非负权值图中一个节点到其他所有节点的最短路径,其基本思想是把带权图中所有节点分为两组,第 1 组包括已确定最短路径的节点,第 2 组为未确定最短路径的节点。按最短路径长度递增的顺序逐个把第 2 组的节点加入第 1 组中,直到从源点出发可到达的所有节点都包含在第 1 组中。

dijkstra 算法流程如下:

(1) 初始化存放未确定最短路径的节点集合 V 和已确定最短路径的节点集合 S,利用带权图的邻接矩阵 arcs 初始化源点到其他节点最短路径长度 D,如果源点到其他节点有连接弧,对应的值为连接弧的权值,否则对应的值取为极大值。

(2) 选择 D 中的最小值 $D[i]$,$D[i]$ 是源点到点 i 的最短路径长度,把点 i 从集合 V 中取出并放入集合 S 中。

(3) 根据节点 i 修改更新数组 D 中源点到集合 V 中的节点 k 对应的路径长度值。

(4) 重复步骤(2)与步骤(3)的操作,直至找出源点到所有节点的最短路径为止。

23.2　案例背景

23.2.1　问题描述

采用蚁群算法在 200×200 的二维空间中寻找一条从起点 S 到终点 T 的最优路径,该二维空间中存在 4 个障碍物,障碍物 1 的 4 个顶点的坐标分别为(40　140;60　160;100　140;60　120),障碍物 2 的 4 个顶点分为别(50　30; 30　40;80　80;100　40),障碍物 3 的 4 个顶点分别为(120　160;140　100;180　170;165　180),障碍物 4 的 3 个顶点分别为(120　40;170　40;140　80),其中点 S 为起点,起点坐标为(20,180);点 T 为终点,终点坐标为(160,90)。二维规划空间如图 23-4 所示。

23.2.2　算法流程

算法流程如图 23-5 所示。其中,空间模型建立利用 MAKLINK 图论算法建立路径规划的二维空间,初始路径规划利用 dijkstra 算法规划出一条从起点到终点的初始路径,初始化算法参数,信息素更新采用根据蚂蚁搜索到的路径的长短优劣更新节点的信息素。

23.2.3　蚁群算法实现

1. 解的表示

利用 dijkstra 算法在 MAKLINK 图上产生依次通过路径节点 $S, P_1, P_2, \cdots, P_d, T$ 的一条次最优路径。节点对应的自由链接线依次为 $L_i (i=1,2,\cdots,d)$。设 $P_i^{(0)}$ 和 $P_i^{(1)}$ 为 L_i 的两个端点,链路上的其他点表示方法为

$$P_i(h_i) = P_i^{(0)} + (P_i^{(1)} - P_i^{(0)}) \times h_i, \quad h_i \in [0,1], \qquad i=1,2,\cdots,d \qquad (23-1)$$

其中,h_i 为比例参数;d 为链路划分节点数。

由式(23-1)可知,通过 dijkstra 算法得到路径经过的自由链接线时,只要给定一组参数 $(h_1, h_2, \cdots, h_d)$,就可以得到一条从起点到终点的新路径,蚁群算法的解即表示为 $(h_1, h_2, \cdots, h_d)$。

采用蚁群算法时需要离散化工作空间,由于初始化选择的自由链接线长短不一,对链接线

二维规划空间

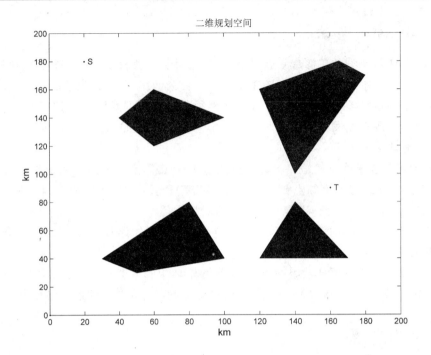

图 23 - 4　二维规划空间

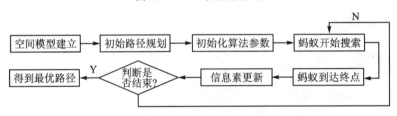

图 23 - 5　算法流程

的划分采用固定距离划分法,设定划分长度为 ζ,每条自由链接线 L 的划分数为

$$\pi_i = \begin{cases} \mathrm{Int}(L_i/\zeta), & \mathrm{Int}(L_i/\zeta) \text{ 为偶数} \\ \mathrm{Int}(L_i/\zeta)+1, & \mathrm{Int}(L_i/\zeta) \text{ 为奇数} \end{cases} \tag{23-2}$$

当 $\mathrm{Int}(L_i/\zeta)$ 为奇数时,路径中点也是一个等分点,划分数为 π_i 加 1。由于链接线 L_i 被 π_i 等分,那么从链接线 L_{i-1} 到另一条相邻的链接线 L_i 都有 π_i+1 条道路可以选择。

2. 节点选择

蚁群算法优化寻找路径参数集合 $(h_1, h_2, \cdots, h_d)$,使得在离散化的空间里得到最短的路径。假设共有 m 只蚂蚁从起点 S 出发到达终点 T,循环路径为 $S \to n_{1j} \to n_{2j} \to \cdots \to n_{dj} \to T$,其中,$n_{dj}$ 表示路径点在第 d 条链接线的第 j 个等分点上。在移动过程中,当蚂蚁在链接线 L_i 上时,选择下一个链接线 L_{i+1} 上节点 j 的方法为

$$j = \begin{cases} \arg\max_{k \in I}(\mid \tau_{i,k} \mid\mid \eta_{i,k}^B \mid), & q \geqslant q_0 \\ J, & \text{others} \end{cases} \tag{23-3}$$

其中,i 为链接线上所有点的集合;q 为 $[0,1]$ 区间的随机数;q_0 为 $[0,1]$ 区间的可调参数;$\eta_{i,j}$ 为启发值;$\tau_{i,k}$ 为信息素。

j 的计算方法为:首先依次计算当前链接线节点 i 到下条链接线节点 j 的选择概率 $p_{i,j}$,然后根据选择概率 $p_{i,j}$ 采用轮盘赌法找出下一个节点 j,$p_{i,j}$ 的计算公式为

$$p_{i,j} = \frac{\tau_{i,j}\eta_{ij}^{\beta}}{\sum\limits_{w \in I}\tau_{i,w}\eta_{i,w}^{\beta}} \qquad (23-4)$$

3. 信息素更新

信息素更新包括实时信息素更新和路径信息素更新，其中实时信息素更新是指每一只蚂蚁在选择某个节点后都必须对该节点的信息素进行更新，即

$$\tau_{i,j} = (1-\rho)\tau_{i,j} + \rho\tau_0 \qquad (23-5)$$

其中，τ_0 为信息素初始值；ρ 为 $[0,1]$ 区间的可调参数。

当所有蚂蚁从初始点走到终点，完成依次迭代搜索时，选择所有蚂蚁经过路径中长度最短的一条，更新该条路径上每一个点的信息素，即

$$\tau_{i,j} = (1-\rho)\tau_{i,j} + \rho\Delta\tau_{i,j} \qquad (23-6)$$

其中，$\Delta\tau_{i,j} = 1/L^*$，L^* 为最短路径的长度；ρ 为 $[0,1]$ 区间的可调参数。

23.3　MATLAB 程序

根据蚁群算法原理，在 MATLAB 软件中编程实现基于蚁群算法的二维路径规划算法，算法分为两步：第一步使用 dijkstra 算法生成初始次优路径；第二步在初始路径的基础上，使用蚁群算法生成全局最优路径。

23.3.1　dijkstra 算法

采用 dijkstra 算法规划初始路径，其算法思想是先计算点点之间的距离，然后依次计算各点到出发点的最短距离，程序如下：

```
function path = DijkstraPlan(position,sign)
%% 基于 Dijkstra 算法的路径规划算法
% position    input        % 节点位置
% sign        input        % 节点间是否可达
% path        output       % 规划路径

%% 计算路径距离
cost = ones(size(sign)) * 10000;
[n,m] = size(sign);
for i = 1:n
    for j = 1:m
        if sign(i,j) == 1
            cost(i,j) = sqrt(sum((position(i,:) - position(j,:)).^2));
        end
    end
end

%% 路径开始点
dist = cost(1,:);                      % 节点间路径长度
s = zeros(size(dist));                 % 节点经过标志
s(1) = 1;dist(1) = 0;
path = zeros(size(dist));              % 依次经过的节点
```

```
        path(1,:) = 1;

%% 循环寻找路径点
for num = 2:n

        % 选择路径长度最小点
        mindist = 10000;
        for i = 1:length(dist)
            if s(i) == 0
                if dist(i) < mindist
                    mindist = dist(i);
                    u = i;
                end
            end
        end

        % 更新点点间路径
        s(u) = 1;
        for w = 1:length(dist)
            if s(i) == 0
                if dist(u) + cost(u,w) < dist(w)
                    dist(w) = dist(u) + cost(u,w);
                    path(w) = u;
                end
            end
        end
end
```

23.3.2 蚁群算法搜索

在初始路径的基础上,采用蚁群算法搜索最优路径,程序如下:

```
%% 蚁群算法
pathCount = length(path) - 2;                    % 经过线段数量
pheCacuPara = 2;                                 % 信息素计算参数
pheThres = 0.8;                                  % 信息素选择阈值
pheUpPara = [0.1 0.0003];                        % 信息素更新参数
qfz = zeros(pathCount,10);                       % 启发值

phePara = ones(pathCount,10) * pheUpPara(2);     % 信息素参数
qfzPara1 = ones(10,1) * 0.5;                     % 启发信息参数
qfzPara2 = 1.1;                                  % 启发信息参数
m = 10;                                          % 种群数量
NC = 500;                                        % 循环次数
pathk = zeros(pathCount,m);                      % 搜索结果记录
shortestpath = zeros(1,NC);                      % 进化过程记录

%% 初始最短路径
```

```
dijpathlen = 0;
vv = zeros(22,2);
vv(1,:) = S;
vv(22,:) = T;
vv(2:21,:) = v;
for i = 1:pathCount - 1
dijpathlen = dijpathlen + sqrt((vv(path(i),1) - vv(path(i + 1),1))^2 + (vv(path(i),2) - vv(path
(i + 1),2))^2);
end
LL = dijpathlen;


%% 经过的链接线
lines = zeros(pathCount,4);
for i = 1:pathCount
    lines(i,1:2) = B(L(path(i + 1) - 1,1),:);
    lines(i,3:4) = B(L(path(i + 1) - 1,2),:);
end


%% 循环搜索
for num = 1:NC


    %% 蚂蚁迭代寻优一次
    for i = 1:pathCount
        for k = 1:m
            q = rand();
            qfz(i,:) = (qfzPara2 - abs((1:10)'/10 - qfzPara1))/qfzPara2;        % 启发信息
            if q< = pheThres                        % 选择信息素最大值
                arg = phePara(i,:). * (qfz(i,:).^pheCacuPara);
                j = find(arg == max(arg));
                pathk(i,k) = j(1);
            else                            % 轮盘赌选择
                arg = phePara(i,:). * (qfz(i,:).^pheCacuPara);
                sumarg = sum(arg);
                qq = (q - qo)/(1 - qo);
                qtemp = 0;
                j = 1;
                while qtemp < qq
                    qtemp = qtemp + (phePara(i,j) * (qfz(i,j)^pheCacuPara))/sumarg;
                    j = j + 1;
                end
                j = j - 1;
                pathk(i,k) = j(1);
            end
            % 信息素更新
            phePara(i,j) = (1 - pheUpPara(1)) * phePara(i,j) + pheUpPara(1) * pheUpPara(2);
        end
    end
```

```
%% 计算路径长度
len = zeros(1,k);
for k = 1:m
    Pstart = S;
    Pend = lines(1,1:2) + (lines(1,3:4) - lines(1,1:2)) * pathk(1,k)/10;
    for l = 1:pathCount
        len(1,k) = len(1,k) + sqrt(sum((Pend - Pstart).^2));
        Pstart = Pend;
        if l<pathCount
            Pend = lines(l+1,1:2) + (lines(l+1,3:4) - lines(l+1,1:2)) * pathk(l+1,k)/10;
        end
    end
    Pend = T;
    len(1,k) = len(1,k) + sqrt(sum((Pend - Pstart).^2));
end


%% 更新信息素
% 寻找最短路径
minlen = min(len);
minlen = minlen(1);
minant = find(len == minlen);
minant = minant(1);


% 更新全局最短路径
if minlen < LL
    LL = minlen;
end


% 更新信息素
for i = 1:pathCount
    phePara(i,pathk(i,minant)) = (1 - pheUpPara(1)) * phePara(i,pathk(i,minant)) + pheUp-
Para(1) * (1/minlen);
    end
    shortestpath(num) = minlen;
end
```

23.3.3 结果分析

在无向网络图的基础上采用 dijkstra 算法规划初始路径,初始路径规划结果如图 23-6 中粗实线所示。

在初始路径规划的基础上采用蚁群算法进行详细路径规划。根据初始路径规划结果判断路径经过的链路为 v6→v7→v8→v11→v12→v13,每条链路均离散化为 10 个小路段,种群个体数为 10,个体长度为 6,算法进化次数共 500 次,迭代过程中适应度变化以及规划出的路径如图 23-7 与图 23-8 所示,其中图 23-8 中虚线为蚁群算法规划出的最优路径。

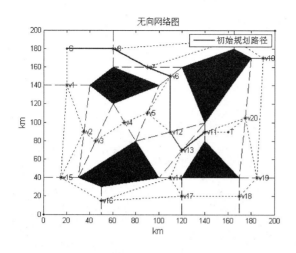

图 23 - 6　初始路径规划

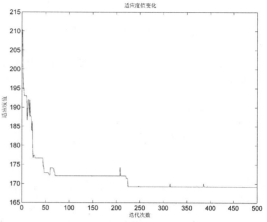

图 23 - 7　适应度值变化

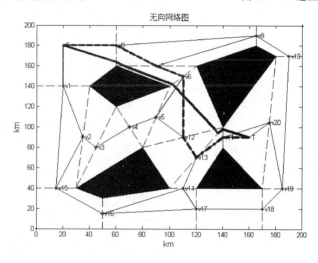

图 23 - 8　路径规划结果

23.4　延伸阅读

23.4.1　蚁群算法改进

当蚂蚁在节点 p_{i-1} 上搜索下一个节点 p_i 时，基本蚁群算法是根据信息素和距离计算从 p_{i-1} 点到下一条链路上所有节点的概率，然后从中选择下一个节点 p_i。由于每次节点的选择都是在减少从当前节点到终点的总长度，因此如果选择节点 p_{i-1} 和 p_i 的夹角同起点和终点的夹角一致或者相差不大，则 p_i 应该是优先考虑的点，如图 23 - 9 所示。其中，p_{i1} 和 p_{i2} 为链路的两个端点；点 S 为路径规划起点；点 T 为路径规划终点；p_{i-1} 为当前蚂

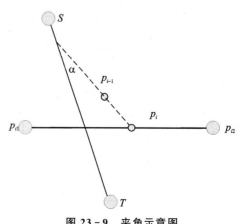

图 23 - 9　夹角示意图

蚁所在点；p_i 为蚂蚁下一个搜索点；α 为节点连线和起点终点连线间的夹角。

23.4.2 程序实现

在 MATLAB 中实现改进蚁群算法的程序,改进程序主要包括角度初始化和信息素计算。
程序如下:

1. 角度初始化

```
%% 角度等分
dengfen = zeros(d,1);
for i = 1:d
    dengfen(i,1) = ceil(sqrt(sum((lines(i,3:4) - lines(i,1:2)).^2)));
end
maxdengfen = max(dengfen);
n = zeros(d,maxdengfen);
t = zeros(d,maxdengfen);
anglecurrent = zeros(1,maxdengfen);
```

2. 节点选择

```
%% 根据信息素寻找路径
for i = 1:d
    for k = 1:m

        %% 节点初始化
        anglestart = zeros(1,2);
        angleend = zeros(1,2);
        anglestart(1,:) = shortpath(k,i,:);
        angleend(1,:) = shortpath(k,i + 2,:);
        q = rand();
        n(i,:) = 1;

        % 计算角度权值
        for anglei = 1:dengfen(i)
            currentpoint = lines(i,1:2) + (lines(i,3:4) - lines(i,1:2)) * anglei /dengfen(i);
            se = currentpoint - anglestart;
            si = angleend - anglestart;
            angle(anglei) = (se * si')/(norm(se) * norm(si));
            angle(anglei) = acos(angle(anglei));
        end
        for anglei = dengfen(i) + 1:maxdengfen
            angle(anglei) = pi;
        end
        angle = real(angle);
        angle = rem(angle,2 * pi);

        if q< = qo                    % 选择信息素最大
```

```
                    arg = t(i,:). * (n(i,:).^b). * (1./angle);
                    j = find(arg == max(arg));
                    pathk(i,k) = j(1);
                else                        % 轮盘赌选择
                    arg = t(i,:). * (n(i,:).^b). * (1./angle);
                    sumarg = sum(arg);
                    qq = (q - qo)/(1 - qo);
                    qtemp = 0;
                    j = 1;
                    while qtemp < qq
                        qtemp = qtemp + (t(i,j) * (n(i,j)^b) * (1/angle(j)))/sumarg;
                        j = j + 1;
                    end
                    j = j - 1;
                    pathk(i,k) = j(1);
                    shortpath(k,i,:) = lines(i,1:2) + (lines(i,3:4) - lines(i,1:2)) * pathk(i,k)/10;
                end
                % 更新信息素
                t(i,j) = (1 - p) * t(i,j) + p * to;
            end
            anglestart = shortpath(k,i,:);
            angleend = shortpath(k,i + 2,:);
        end
    end
```

改进蚁群算法的参数设置和原蚁群算法一致,迭代过程中适应度变化以及规划出的路径如图 23 - 10 与图 23 - 11 所示,其中图 23 - 11 中粗点画线为原始蚁群算法规划出的最优路径,实线为改进蚁群算法规划的最优路径。

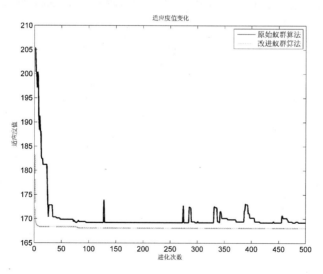

图 23 - 10　适应度值变化

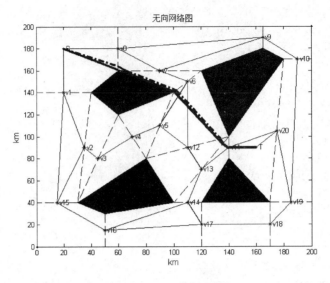

图 23 - 11   路径规划结果

参考文献

[1] XI Y G,ZHANG C G . Rolling Path Planning of Mobile Robot in a Kind of Dynamic Uncertain Environment[J]. Acta Automatica Sinica,2002,28:161 - 175.

[2] COLONIA DORIGO M , MANIEZZO V. Distributed Optimization by Ant Colonies[EB/OL]. [2010 - 09]. ftp://iridia. ulb. ac. be/pub/mdorigo/conference/IC. 06 - ECAL92. pdf.

[3] DORIGO M,MANIEZZO V,COLONI A. The Ant System:Optimization by a Colony of Cooperating Agents[EB/OL]. [2010 - 09]. http://ieeexplore. ieee. org/xpl/freeabs_all. jsp? arnumber=484436.

[4] DORIGO M,GAMBARDELLA L M. Ant Colony System:a Cooperative Learning Approach to the Traveling Salesman Problem[J]. IEEE Transaction on Evolutionary Computation,1997,1:53 - 66.

第 24 章

基于蚁群算法的三维路径规划算法

24.1 理论基础

24.1.1 三维路径规划问题概述

三维路径规划指在已知三维地图中,规划出一条从出发点到目标点满足某项指标最优,并且避开了所有三维障碍物的三维最优路径。现有的路径规划算法中,大部分算法是在二维规划平面或准二维规划平面中进行路径规划的。一般的三维路径规划算法具有计算过程复杂、信息存储量大、难以直接进行全局规划等问题。已有的三维路径规划算法主要包括 A * 算法、遗传算法、粒子群算法等,但是 A * 算法的计算量会随着维数的增加而急剧增加,遗传算法和粒子群算法只是准三维规划算法。

蚁群算法具有分布计算、群体智能等优势,在路径规划上具有很大潜力,在成功用于二维路径规划的同时也可用于三维路径规划。本章采用蚁群算法进行水下机器人三维路径规划。

24.1.2 三维空间抽象建模

三维路径规划算法首先需要从三维地图中抽象出三维空间模型。模型抽象方法如下:把三维地图左下角的顶点作为三维空间的坐标原点 A,在点 A 中建立三维坐标系,其中,x 轴为沿经度增加的方向,y 轴为沿纬度增加的方向,z 轴为垂直于海平面方向。在该坐标系中以点 A 为顶点,沿 x 轴方向取三维地图的最大长度 AB,沿 y 轴方向取三维地图的最大长度 AA',沿 z 轴方向取三维地图的最大长度 AB,这样就构造了包含三维地图的立方体区域 $ABCD - A'B'C'D'$,该区域即为三维路径的规划空间。三维路径规划空间如图 24-1 所示。

三维路径空间建立起来之后,采用等分空间的方法从三维空间中抽取出三维路径规划所需的网格点。首先沿边 AB 把规划空间 $ABCD - A'B'C'D'$ 进行等分,得到 $n+1$ 个平面 $\Pi_i(i=1,2,\cdots,n)$,然后对这 $n+1$ 个平面沿边 AD 进行 m 等分,沿边 AA' 进行 l 等分,并且求解出里面的交点。平面划分如图 24-2 所示。

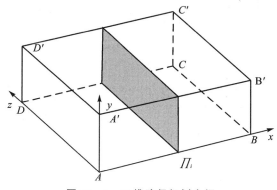

图 24-1 三维路径规划空间

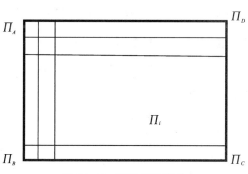

图 24-2 规划平面划分

通过以上步骤,整个规划空间 $ABCD-A'B'C'D'$ 就离散化为一个三维点集合,集合中的任意一点对应着两个坐标,即序号坐标 $a^1(i,j,k)(i=0,1,2,\cdots,n;j=0,1,2,\cdots,m;k=0,1,2,\cdots,l)$ 和位置坐标 $a^2(x_i,y_i,z_i)$,其中,i,j,k 分别为当前点 a 沿边 AA、边 AD、边 AA' 的划分序号。蚁群算法即在这些三维路径点上进行规划,最终得到连接出发点和目标点满足某项指标最优的三维路径。

24.2 案例背景

24.2.1 问题描述

采用蚁群算法在跨度为 21 km×21 km 的一片海域中搜索从起点到终点,并且避开所有障碍物的路径,为了方便问题的求解,取该区域内最深点的高度为 0,其他点高度根据和最深点高度差依次取得。路径规划起点坐标为 $(1,10,800)$,终点坐标为 $(21,4,1\,000)$,规划环境和起点、终点如图 24-3 所示。

整个搜索空间为 21 km×21 km 的海域,其中,起点坐标为 $(1,10,800)$,终点坐标为 $(21,4,1\,000)$。

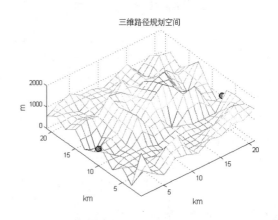

图 24-3 三维路径搜索空间

24.2.2 算法流程

基于蚁群算法的三维路径搜索算法的流程图如图 24-4 所示。

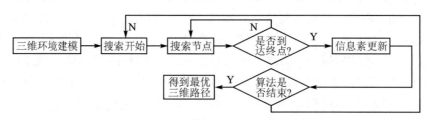

图 24-4 三维路径搜索算法流程图

其中,三维环境建模模块根据 24.1.2 节抽取出三维环境数学模型;搜索节点模块根据启发函数搜索下个节点;信息素更新模块更新环境中节点的信息素值。

24.2.3 信息素更新

蚁群算法使用信息素吸引蚂蚁搜索,信息素位置设定及更新方法对于蚁群算法的成功搜索具有非常重要的意义。在 24.1.2 节中已经把整个搜索空间离散为一系列的三维离散点,这些离散点为蚁群算法需要搜索的节点。因此,把信息素存储在模型的离散点中,每个离散点都有一个信息素的值,该点信息素的大小代表对蚂蚁的吸引程度,各点信息素在每只蚂蚁经过后进行更新。

信息素的更新包括局部更新和全局更新两部分,局部更新是指当蚂蚁经过该点时,该点的信息素就减少,局部更新的目的是增加蚂蚁搜索未经过点的概率,达到全局搜索的目的。局部信息素更新随着蚂蚁的搜索进行,信息素更新公式为

$$\tau_{ijk} = (1 - \zeta)\tau_{ijk} \tag{24-1}$$

其中,τ_{ijk} 为点 (i,j,k) 上所带的信息素值;ζ 为信息素的衰减系数。

全局更新是指当蚂蚁完成一条路径的搜索时,以该路径的长度作为评价值,从路径集合中选择出最短路径,增加最短路径各节点的信息素值,信息素更新公式如下:

$$\tau_{ijk} = (1 - \rho)\tau_{ijk} + \rho\Delta\tau_{ijk} \tag{24-2}$$

$$\Delta\tau_{ijk} = \frac{K}{\min(\text{length}(m))} \tag{24-3}$$

其中,$\text{length}(m)$ 为第 m 只蚂蚁经过的路径长度;ρ 为信息素更新系数;K 是系数。

24.2.4　可视搜索空间

取 x 轴方向作为三维路径规划的主方向,水下机器人沿 x 轴方向前进,为了降低规划复杂程度,将水下机器人的运动简化为前向运动、横向运动和纵向运动三种运动方式。在前向运动一定单位长度距离 $L_{x,\max}$ 情况下,设定机器人最大横向移动允许距离为 $L_{y,\max}$,最大纵向移动距离为 $L_{z,\max}$。这样,当蚂蚁沿着 x 轴方向前进并位于点 $H(i,j,k)$ 时,对下一个点的搜索就存在一个可视区域,可视区域如图 24-5 所示。

这样,当蚂蚁由当前点向下一个点移动时,可搜索的区域限制在蚂蚁搜索可视区域之内,简化了搜索空间,提高了蚁群算法的搜索效率。

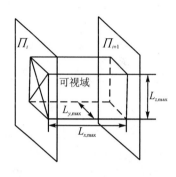

图 24-5　蚂蚁搜索可视区域

24.2.5　蚁群搜索策略

蚂蚁从当前点移动到下一个点时,根据启发函数来计算可视区域内各点的选择概率,启发函数为

$$H(i,j,k) = D(i,j,k)^{w_1} \cdot S(i,j,k)^{w_2} \cdot Q(i,j,k)^{w_3} \tag{24-4}$$

其中,$D(i,j,k)$ 为两点间路径长度,促使蚂蚁选择距离较近的点;$S(i,j,k)$ 为安全性因素,当选择点不可达到时,该值为 0,促使蚂蚁选择安全点;$Q(i,j,k)$ 为下一点到目标点的路径长度,促使蚂蚁选择距离目标更近的点;w_1,w_2,w_3 为系数,代表上述各因素的重要程度。

$D(i,j,k)$ 的计算公式如下:

$$D(i,j,k) = \text{sqrt}[(x_a - x_b)^2 + (y_a - y_b)^2 + (z_a - z_b)^2] \tag{24-5}$$

其中,a 为当前点;b 为下一个点。

$S(i,j,k)$ 的计算公式如下:

$$S(i,j,k) = \frac{\text{Num} - \text{UNum}}{\text{Num}} \tag{24-6}$$

其中,Num 表示在点 (i,j,k) 中可视点的数量;UNum 表示可视点中不可达区域的点的数量。

$Q(i,j,k)$ 的计算公式如下:

$$Q(i,j,k) = \text{sqrt}[(x_b - x_d)^2 + (y_b - y_d)^2 + (z_b - z_d)^2] \tag{24-7}$$

其中,b 表示下一点;d 表示目标点。

蚂蚁在平面 Π_i 上的当前点 p_i 选择平面 Π_{i+1} 上下一个点 p_{i+1} 的步骤如下:

(1) 根据抽象环境确定平面 Π_{i+1} 内的可行点集合。

(2) 根据启发函数(24 - 4)依次计算点 p_i 到平面 Π_{i+1} 内的可行点集合的启发信息值 $H_{a+1,u,v}$。

(3) 计算在平面 Π_{i+1} 内任一点 $(i+1,u,v)$ 的选择概率 $p(i+1,u,v)$:

$$p(i+1,u,v) = \begin{cases} \dfrac{\tau_{a+1,u,v} H_{a+1,u,v}}{\sum \tau_{a+1,u,v} H_{a+1,u,v}}, & \text{可行点} \\ 0, & \text{不可行点} \end{cases} \tag{24-8}$$

其中,$\tau_{a+1,u,v}$ 为平面 Π_{i+1} 上点 $P(a+1,u,v)$ 的信息素值。

(4) 根据各点的选择概率采用轮盘赌法选择平面 Π_{i+1} 内的点。

24.3 MATLAB 程序

根据蚁群算法原理,在 MATLAB 中编程实现基于蚁群算法的三维路径规划算法。

24.3.1 启发值计算函数

该函数主要用于计算可视区域内各点的启发值。

```matlab
function qfz = CacuQfz(Nexty,Nexth,Nowy,Nowh,endy,endh,abscissa,HeightData)
%% 该函数用于计算各点启发值
% Nexty Nexth      input      下个点坐标
% Nowy Nowh        input      当前点坐标
% endy endh        input      终点坐标
% abscissa         input      横坐标
% HeightData       input      地图高度
% qfz              output     启发值


%% 判断下个点是否可达
if HeightData(Nexty,abscissa)<Nexth * 200
    S = 1;
else
    S = 0;
end


%% 计算启发值
% 距离
D = 50/(sqrt(1 + (Nowh * 0.2 - Nexth * 0.2)^2 + (Nexty - Nowy)^2) + ...
sqrt((21 - abscissa)^2 + (endh * 0.2 - Nexth * 0.2)^2 + (endy - Nowy)^2));
% 计算高度
M = 30/abs(Nexth + 1);
% 计算启发值
qfz = S * M * D;
```

24.3.2 适应度计算函数

适应度计算函数主要用于计算每条路径的适应度值。

```
function fitness = CacuFit(path)
%% 该函数用于计算路径适应度值
% path          input          路径
% fitness       input          路径适应度值


[n,m] = size(path);
for i = 1:n
    fitness(i) = 0;
    for j = 2:m/2
        % 适应度值为长度加高度
        fitness(i) = fitness(i) + sqrt(1 + (path(i,j * 2 - 1) - path(i,(j - 1) * 2 - 1))^2...
            + (path(i,j * 2) - path(i,(j - 1) * 2))^2) + abs(path(i,j * 2));
    end
end
```

24.3.3 路径搜索

路径搜索函数采用蚁群算法根据信息素和启发值搜索从出发点到终点的三维路径。

```
function[path,pheromone] = searchpath(PopNumber,LevelGrid,PortGrid,pheromone,HeightData,star-
ty,starth,endy,endh)
%% 该函数用于蚁群算法的路径规划
% LevelGrid       input          横向划分格数
% PortGrid        input          纵向划分格数
% pheromone       input          信息素
% HeightData      input          地图高度
% starty starth   input          开始点
% path            output         规划路径
% pheromone       output         信息素
%% 搜索参数
ycMax = 2;                            % 蚂蚁最大横向变动
hcMax = 2;                            % 蚂蚁最大纵向变动
decr = 0.9;                           % 信息素衰减概率


%% 循环搜索路径
for ii = 1:PopNumber
    path(ii,1:2) = [starty,starth];% 记录路径
    NowPoint = [starty,starth];        % 当前坐标点
    %% 计算各点适应度值
    for abscissa = 2:PortGrid - 1
        kk = 1;
        for i = - ycMax:ycMax
            for j = - hcMax:hcMax
                NextPoint(kk,:) = [NowPoint(1) + i,NowPoint(2) + j];
```

```
                If (NextPoint(kk,1)<20)&&(NextPoint(kk,1)>0)&&(NextPoint (kk,2)<20)&&
(NextPoint(kk,2)>0)
                    qfz(kk) = CacuQfz(NextPoint(kk,1),NextPoint(kk,2),NowPoint(1),NowPoint
(2),endy,endh,abscissa,HeightData);
        qz(kk) = qfz(kk) * pheromone(abscissa,NextPoint(kk,1),NextPoint(kk,2));
                    kk = kk + 1;
                else
                    qz(kk) = 0;
                    kk = kk + 1;
                end
            end
        end


        % 选择下一个点
        sumq = qz. / sum(qz);
        pick = rand;


        for i = 1:25
            pick = pick - sumq(i);
            if pick < = 0
                index = i;
                break;
            end
        end
        oldpoint = NextPoint(index,:);


        % 更新信息素
pheromone(abscissa + 1,oldpoint(1),oldpoint(2)) = 0.5 * pheromone(abscissa + 1,oldpoint(1),old-
point(2));
        % 路径保存
        path(ii,abscissa * 2 - 1:abscissa * 2) = [oldpoint(1),oldpoint(2)];
        NowPoint = oldpoint;
    end
    path(ii,41:42) = [endy,endh];
end
```

24.3.4 主函数

主函数主要用于蚁群算法的全局寻优,通过迭代寻找全局最优解,主要程序如下:

```
% 算法参数
PopNumber = 20;                              % 种群规模
BestFitness = [];                            % 最佳个体


% 初始化信息素
pheromone = ones(21,21,21);


%% 初始搜索路径
```

```
[path,pheromone] = searchpath(PopNumber,LevelGrid,PortGrid,pheromone,... HeightData,starty,
    starth,endy,endh);
fitness = CacuFit(path);                        % 适应度值计算
[bestfitness,bestindex] = min(fitness);         % 最佳适应度值
bestpath = path(bestindex,:);                   % 最佳路径
BestFitness = [BestFitness;bestfitness];        % 适应度值记录


%% 信息素更新
rou = 0.2;
cfit = 100/bestfitness;
for i = 2:PortGrid - 1
    pheromone(i,bestpath(i * 2 - 1),bestpath(i * 2)) = ...
        (1 - rou) * pheromone(i,bestpath(i * 2 - 1),bestpath(i * 2)) + rou * cfit;
end


%% 循环寻找最优路径
for kk = 1:200
    %% 路径搜索
    [path,pheromone] = searchpath(PopNumber,LevelGrid,PortGrid,...
        pheromone,HeightData,starty,starth,endy,endh);


    %% 适应度值计算
    fitness = CacuFit(path);
    [newbestfitness,newbestindex] = min(fitness);
    if newbestfitness<bestfitness
        bestfitness = newbestfitness;
        bestpath = path(newbestindex,:);
    end
    BestFitness = [BestFitness;bestfitness];


    %% 更新信息素
    cfit = 100/bestfitness;
    for i = 2:PortGrid - 1
        pheromone(i,bestpath(i * 2 - 1),bestpath(i * 2)) = (1 - rou) * ...
            pheromone(i,bestpath(i * 2 - 1),bestpath(i * 2)) + rou * cfit;
    end
end
end
```

24.3.5　仿真结果

采用蚁群算法进行三维路径规划,规划空间范围为 20 km×20 km 的海域,根据 24.1.2 节的内容把规划空间抽象为 21 km×21 km×21 km 的规划空间,其中,x 轴、y 轴方向每个节点的间距为 1 km,z 轴方向每个节点间距为 200 m。路径起点在规划空间的序号为[1 10 4],终点在规划空间的序号为[21 4 5]。算法的基本设置为种群规模为 20,算法迭代为 400 次,路径规划结果和最优个体适应度变化如图 24 - 6 和图 24 - 7 所示。

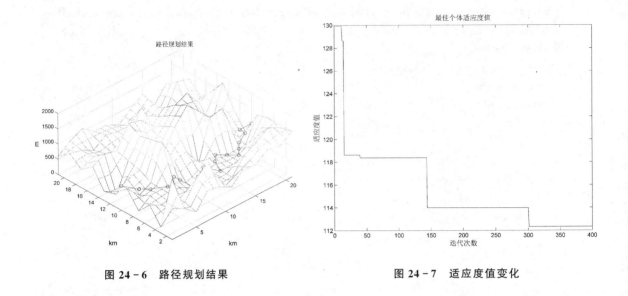

图24－6　路径规划结果　　　　　　　　图24－7　适应度值变化

24.4　延伸阅读

以蚁群算法为代表的群智能已成为当今分布式人工智能研究的一个热点,许多源于蜂群和蚁群模型设计的算法已越来越多地被应用于企业的运转模式的研究。美国五角大楼正在资助关于群智能系统的研究工作——群体战略(swarm strategy),它的一个实战用途是通过运用成群的空中无人驾驶飞行器和地面车辆来转移敌人的注意力,让自己的军队在敌人后方不被察觉地安全活动。英国电信公司和美国世界通信公司以电子蚂蚁为基础,对新的电信网络管理方法进行了试验。群智能还被应用于工厂生产计划的制订和运输部门的后勤管理。美国太平洋西南航空公司采用了一种直接源于蚂蚁行为研究成果的运输管理软件,结果每年至少节约1 000万美元的费用开支。英国联合利华公司率先利用群智能技术改善其一家牙膏厂的运转情况。美国通用汽车公司、法国液气公司、荷兰公路交通部和美国一些移民事务机构也都采用这种技术来改善其运转。

参考文献

[1] 张京娟. 基于遗传算法的水下潜器自主导航规划技术研究[D]. 哈尔滨:哈尔滨工程大学,2003.

[2] WARREN C W. A Technique for Autonomous Underwater Vehicle Route Planning[J]. IEEE Journal of Oceanic Engineering,1990,15(3):199 - 204.

[3] VASUDEVAN C, GANESAN L. Case - based Path Planning for Autonomous Underwater Vehicles[J]. Autonomous Robots,1996,3(2):79 - 89.

[4] 田峰敏. 基于先验地形数据处理的水下潜器地形辅助导航方法研究[D]. 哈尔滨:哈尔滨工程大学,2007.

第25章

有导师学习神经网络的回归拟合——基于近红外光谱的汽油辛烷值预测

神经网络的学习规则又称神经网络的训练算法,用来计算更新神经网络的权值和阈值。学习规则有两大类别:有导师学习和无导师学习。在有导师学习中,需要为学习规则提供一系列正确的网络输入/输出对(即训练样本),当网络输入时,将网络输出与相对应的期望值进行比较,然后应用学习规则调整权值和阈值,使网络的输出接近于期望值。而在无导师学习中,权值和阈值的调整只与网络输入有关系,没有期望值,这类算法大多用聚类法,将输入模式归类于有限的类别。本章将详细分析两种应用最广的有导师学习神经网络(BP 神经网络及RBF 神经网络)的原理及其在回归拟合中的应用。

25.1 理论基础

25.1.1 BP 神经网络概述

1. BP 神经网络的结构

BP 神经网络由 Rumelhard 和 McClelland 于 1986 年提出,从结构上讲,它是一种典型的多层前向型神经网络,具有一个输入层、数个隐含层(可以是一层,也可以是多层)和一个输出层。层与层之间采用全连接的方式,同一层的神经元之间不存在相互连接。理论上已经证明,具有一个隐含层的三层网络可以逼近任意非线性函数。

隐含层中的神经元多采用 S 型传递函数,输出层的神经元多采用线性传递函数。图 25 - 1 所示为一个典型的 BP 神经网络结构,该网络具有一个隐含层,输入层神经元数目为 m,隐含层神经元数目为 l,输出层神经元数目为 n,隐含层采用 S 型传递函数 tansig,输出层传递函数为 purelin。

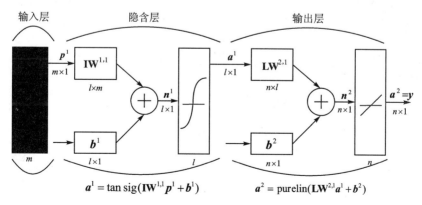

$$a^1 = \tan \text{sig}(\mathbf{IW}^{1,1} p^1 + b^1) \qquad a^2 = \text{purelin}(\mathbf{LW}^{2,1} a^1 + b^2)$$

图 25 - 1 BP 神经网络结构

2. BP 神经网络的学习算法

BP 神经网络的误差反向传播算法是典型的有导师指导的学习算法,其基本思想是对一定数量的样本对(输入和期望输出)进行学习,即将样本的输入送至网络输入层的各个神经元,经隐含层和输出层计算后,输出层各个神经元输出对应的预测值。若预测值与期望输出之间的误差不满足精度要求,则从输出层反向传播该误差,从而进行权值和阈值的调整,使得网络的输出和期望输出间的误差逐渐减小,直至满足精度要求。

BP 网络的精髓是将网络的输出与期望输出间的误差归结为权值和阈值的"过错",通过反向传播把误差"分摊"给各个神经元的权值和阈值。BP 网络学习算法的指导思想是权值和阈值的调整要沿着误差函数下降最快的方向——负梯度方向。

下面详细推导利用 BP 网络学习算法对权值和阈值进行调整的公式。

设一样本对 $(\boldsymbol{X}, \boldsymbol{Y})$ 为 $\boldsymbol{X} = [x_1, x_2, \cdots, x_m]'$,$\boldsymbol{Y} = [y_1, y_2, \cdots, y_n]'$,隐含层神经元为 $\boldsymbol{O} = [O_1, O_2, \cdots, O_l]$。输入层与隐含层神经元间的网络权值矩阵 $\boldsymbol{W}^1$ 和隐含层与输出层神经元间的网络权值 $\boldsymbol{W}^2$ 分别为

$$\boldsymbol{W}^1 = \begin{bmatrix} w_{11}^1 & w_{12}^1 & \cdots & w_{1m}^1 \\ w_{21}^1 & w_{22}^1 & \cdots & w_{2m}^1 \\ \vdots & \vdots & & \vdots \\ w_{l1}^1 & w_{l2}^1 & \cdots & w_{lm}^1 \end{bmatrix}, \quad \boldsymbol{W}^2 = \begin{bmatrix} w_{11}^2 & w_{12}^2 & \cdots & w_{1l}^2 \\ w_{21}^2 & w_{22}^2 & \cdots & w_{2l}^2 \\ \vdots & \vdots & & \vdots \\ w_{n1}^2 & w_{n2}^2 & \cdots & w_{nl}^2 \end{bmatrix} \quad (25-1)$$

隐含层神经元的阈值 $\boldsymbol{\theta}^1$ 和输出层神经元的阈值 $\boldsymbol{\theta}^2$ 分别为

$$\boldsymbol{\theta}^1 = [\theta_1^1, \theta_2^1, \cdots, \theta_l^1]', \qquad \boldsymbol{\theta}^2 = [\theta_1^2, \theta_1^2, \cdots, \theta_n^2]' \quad (25-2)$$

则隐含层神经元的输出为

$$O_j = f\left(\sum_{i=1}^m w_{ji}^1 x_i - \theta_j^1\right) = f(\text{net}_j), \qquad j = 1, 2, \cdots, l \quad (25-3)$$

其中,$\text{net}_j = \sum_{i=1}^m w_{ji}^1 x_i - \theta_j^1, j = 1, 2, \cdots, l; f(\cdot)$ 为隐含层的传递函数。

输出层神经元的输出为

$$z_k = g\left(\sum_{j=1}^l w_{kj}^2 O_j - \theta_k^2\right) = g(\text{net}_k), \qquad k = 1, 2, \cdots, n \quad (25-4)$$

其中,$\text{net}_k = \left(\sum_{j=1}^l w_{kj}^2 O_j - \theta_k^2\right), k = 1, 2, \cdots, n; g(\cdot)$ 为输出层的传递函数。

网络输出与期望输出的误差为

$$E = \frac{1}{2}\sum_{k=1}^n (y_k - z_k)^2 = \frac{1}{2}\sum_{k=1}^n \left[y_k - g\left(\sum_{j=1}^l w_{kj}^2 O_j - \theta_k^2\right)\right]^2 =$$

$$\frac{1}{2}\sum_{k=1}^n \left\{y_k - g\left[\sum_{j=1}^l w_{kj}^2 f\left(\sum_{i=1}^m w_{ij}^1 x_i - \theta_j^1\right) - \theta_k^2\right]\right\}^2 \quad (25-5)$$

误差 E 对隐含层与输出层神经元间的权值 w_{kj}^2 的偏导数为

$$\frac{\partial E}{\partial w_{kj}^2} = \frac{\partial E}{\partial z_k}\frac{\partial z_k}{\partial w_{kj}^2} = -(y_k - z_k)g'(\text{net}_k)O_j = -\delta_k^2 O_j \quad (25-6)$$

其中,$\delta_k^2 = (y_k - z_k)g'(\text{net}_k)$。

误差 E 对输入层与隐含层神经元间的权值 w_{ji}^1 的偏导数为

$$\frac{\partial E}{\partial w_{ji}^1} = \sum_{k=1}^n \sum_{j=1}^l \frac{\partial E}{\partial z_k}\frac{\partial z_k}{\partial O_j}\frac{\partial O_j}{\partial w_{ji}^1} =$$

$$- \sum_{k=1}^{n} (y_k - z_k) g'(\mathrm{net}_k) w_{kj}^2 f'(\mathrm{net}_j) x_i = - \delta_j^1 x_i \qquad (25-7)$$

其中，$\delta_j^1 = \sum_{k=1}^{n} (y_k - z_k) g'(\mathrm{net}_k) w_{kj}^2 f'(\mathrm{net}_j) = f'(\mathrm{net}_j) \sum_{k=1}^{n} \delta_k^2 w_{kj}^2$。

由式(25-6)式(25-7)可得权值的调整公式为

$$\begin{cases} w_{ji}^1(t+1) = w_{ji}^1(t) + \Delta w_{ji}^1 = w_{ji}^1(t) - \eta^1 \dfrac{\partial E}{\partial w_{kj}^1} = w_{ji}^1(t) + \eta^1 \delta_j^1 x_i \\[2mm] w_{kj}^2(t+1) = w_{kj}^2(t) + \Delta w_{kj}^2 = w_{kj}^2(t) - \eta^2 \dfrac{\partial E}{\partial w_{kj}^2} = w_{kj}^2(t) + \eta^2 \delta_j^2 O_j \end{cases} \qquad (25-8)$$

其中，η^1 和 η^2 分别为隐含层和输出层的学习步长。

同理，误差 E 对输出层神经元的阈值 θ_k^2 的偏导数为

$$\frac{\partial E}{\partial \theta_k^2} = \frac{\partial E}{\partial z_k} \frac{\partial z_k}{\partial \theta_k^2} = -(y_k - z_k) g'(\mathrm{net}_k)(-1) = (y_k - z_k) g'(\mathrm{net}_k) = \delta_k^2 \quad (25-9)$$

误差 E 对隐含层神经元的阈值 θ_j^1 的偏导数为

$$\frac{\partial E}{\partial \theta_j^1} = \sum_{k=1}^{n} \frac{\partial E}{\partial z_k} \frac{\partial z_k}{\partial O_j} \frac{\partial O_j}{\partial \theta_j^1} = - \sum_{k=1}^{n} (y_k - z_k) g'(\mathrm{net}_k) w_{kj}^2 f'(\mathrm{net}_j)(-1) =$$

$$\sum_{k=1}^{n} (y_k - z_k) g'(\mathrm{net}_k) w_{kj}^2 f'(\mathrm{net}_j) = \delta_j^1 \qquad (25-10)$$

由式(25-9)和式(25-10)可得阈值的调整公式为

$$\begin{cases} \theta_j^1(t+1) = \theta_j^1(t) + \Delta \theta_j^1 = \theta_j^1(t) + \eta^1 \dfrac{\partial E}{\partial \theta_j^1} = \theta_j^1(t) + \eta^1 \delta_j^1 \\[2mm] \theta_k^2(t+1) = \theta_k^2(t) + \Delta \theta_k^2 = \theta_k^2(t) + \eta^2 \dfrac{\partial E}{\partial \theta_k^2} = \theta_k^2(t) + \eta^2 \delta_k^2 \end{cases} \qquad (25-11)$$

3. BP 神经网络的 MATLAB 工具箱函数

MATLAB 神经网络工具箱中包含了许多用于 BP 神经网络分析与设计的函数，本节将详细说明几个主要函数的功能、调用格式、参数意义及注意事项等。

(1) BP 神经网络创建函数

自 R2010b 版本以后，MATLAB 神经网络工具箱对 BP 神经网络的创建函数进行了更新，将函数 feedforwardnet 用于创建一个前向传播神经网络，其调用格式为

net = feedforwardnet(hiddenSizes,trainFcn)

其中，hiddenSizes 为一个行向量，表征一个或多个隐含层所包含的神经元个数（默认为 10，即仅有一个包含 10 个神经元的隐含层）；trainFcn 为网络训练函数（默认为 trainlm）。

可以发现，新版本的 BP 神经网络创建函数无需给定输入和输出向量的信息，且输入参数明显减少并均有默认值，用户调用该函数时甚至无需给出任何参数。同时，由于新版本创建的网络中无需存储输入和输出向量的信息，使得在内存管理上更加高效。

(2) BP 神经网络训练函数

函数 train 用于训练已经创建好的 BP 神经网络，其调用格式为

[net,tr] = train(net,P,T,Pi,Ai,EW)

其中，net 为训练前及训练后的网络；P 为网络输入向量；T 为网络目标向量（默认为 0）；Pi 为初始的输入层延迟条件（默认为 0）；Ai 为初始的输出层延迟条件（默认为 0）；tr 为训练记录（包含步数及性能）；需要注意的是，自 R2010b 版本以后，MATLAB 神经网络工具箱对 train 函数新增了一个输入参数 EW，这意味着用户可以通过设置该参数调整输出目标向量中各个

元素的重要程度。

（3）BP 网络预测函数

函数 sim 用于利用已经训练好的 BP 神经网络进行仿真预测，其调用格式为

[Y,Pf,Af,E,perf] = sim(net,P,Pi,Ai,T)

其中，net 为训练好的网络；P 为网络输入向量；Pi 为初始的输入层延迟条件（默认为 0）；Ai 为初始的隐含层延迟条件（默认为 0）；T 为网络目标向量（默认为 0）；Y 为网络输出向量；Pf 为最终的输入层延迟条件；Af 为最终的隐含层延迟条件；E 为网络误差向量；perf 为网络的性能。值得一提的是，在新版本的神经网络工具箱中，除了上述方式，还可以做如下调用

y = net(P, Pi, Ai)

25.1.2 RBF 神经网络概述

1. RBF 神经网络的结构

1985 年，Powell 提出了多变量插值的径向基函数（radial basis function，RBF）方法。1988 年，Moody 和 Darken 提出了一种神经网络结构，即 RBF 神经网络，它能够以任意精度逼近任意连续函数。

RBF 网络的结构与多层前向型网络类似，是一种三层前向型网络，其网络结构如图 25-2 所示。输入层由信号源结点组成；第二层为隐含层，隐含层神经元数目视所描述问题的需要而定，隐含层神经元的传递函数是对中心点径向对称且衰减的非负非线性函数；第三层为输出层，它对输入模式的作用做出响应。从输入空间到隐含层空间的变换是非线性的，而从隐含层空间到输出层空间的变换是线性的。

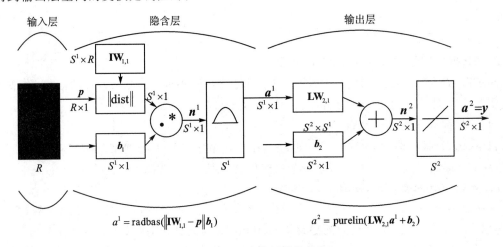

图 25-2 RBF 神经网络结构

RBF 网络的基本思想是：用 RBF 作为隐含层神经元的"基"构成隐含层空间，这样就可以将输入矢量直接映射到隐含层空间，而不需要通过权连接。当 RBF 的中心点确定以后，这种映射关系也就确定了。而隐含层空间到输出空间的映射是线性的，即网络的输出是隐含层神经元输出的线性加权和。此处的权即为网络可调参数。由此可见，从总体上看，网络由输入到输出的映射是非线性的，而网络输出对可调参数而言却又是线性的。这样网络的权就可以由线性方程直接解出，从而大大加快学习速度并避免局部极小问题。

2. RBF 神经网络的学习算法

根据隐含层神经元数目的不同，RBF 神经网络的学习算法总体上可以分为两种：

（1）隐含层神经元数目逐渐增加，经过不断的循环迭代，实现权值和阈值的调整与修正。

（2）隐含层神经元数目确定（与训练集样本数目相同），权值和阈值由线性方程组直接解出。

对比不难发现，第二种学习算法速度更快、精度更高，由于篇幅所限，本书仅讨论第二种学习算法，即隐含层神经元数目等于训练集样本数目这一类型。

具体的学习算法步骤如下：

（1）确定隐含层神经元径向基函数中心

为不失一般性，设训练集样本输入矩阵 $\boldsymbol{P}$ 和输出矩阵 $\boldsymbol{T}$ 分别为

$$\boldsymbol{P} = \begin{bmatrix} p_{11} & p_{12} & \cdots & p_{1Q} \\ p_{21} & p_{22} & \cdots & p_{2Q} \\ \vdots & \vdots & & \vdots \\ p_{M1} & p_{M2} & \cdots & p_{MQ} \end{bmatrix}, \quad \boldsymbol{T} = \begin{bmatrix} t_{11} & t_{12} & \cdots & t_{1Q} \\ t_{21} & t_{22} & \cdots & t_{2Q} \\ \vdots & \vdots & & \vdots \\ t_{M1} & t_{M2} & \cdots & t_{NQ} \end{bmatrix} \quad (25-12)$$

其中，p_{ij} 表示第 j 个训练样本的第 i 个输入变量；t_{ij} 表示第 j 个训练样本的第 i 个输出变量；M 为输入变量的维数；N 为输出变量的维数；Q 为训练集样本数。

则如上文所述，Q 个隐含层神经元对应的径向基函数中心为

$$\boldsymbol{C} = \boldsymbol{P}' \quad (25-13)$$

（2）确定隐含层神经元阈值

为了简便起见，Q 个隐含层神经元对应的阈值为

$$\boldsymbol{b}_1 = [b_{11}, b_{12}, \cdots, b_{1Q}]' \quad (25-14)$$

其中，$b_{11} = b_{12} = \cdots = b_{1Q} = \dfrac{0.832\,6}{\text{spread}}$，spread 为径向基函数的扩展速度。

（3）确定隐含层与输出层间权值和阈值

当隐含层神经元的径向基函数中心及阈值确定后，隐含层神经元的输出便可以由式(25-15)计算：

$$a_i = \exp(-\|\boldsymbol{C} - \boldsymbol{p}_i\|^2 b_i), \qquad i = 1, 2, \cdots, Q \quad (25-15)$$

其中，$\boldsymbol{p}_i = [p_{i1}, p_{i2}, \cdots, p_{iM}]'$ 为第 i 个训练样本向量。并记 $\boldsymbol{A} = [a_1, a_2, \cdots, a_Q]$。

设隐含层与输出层间的连接权值 $\boldsymbol{W}$ 为

$$\boldsymbol{W} = \begin{bmatrix} w_{11} & w_{12} & \cdots & w_{1Q} \\ w_{21} & w_{22} & \cdots & w_{2Q} \\ \vdots & \vdots & & \vdots \\ w_{N1} & w_{N2} & \cdots & w_{NQ} \end{bmatrix} \quad (25-16)$$

其中，w_{ij} 表示第 j 个隐含层神经元与第 i 个输出层神经元间的连接权值。

设 N 个输出层神经元的阈值 $\boldsymbol{b}_2$ 为

$$\boldsymbol{b}_2 = [b_{21}, b_{22}, \cdots, b_{2N}]' \quad (25-17)$$

则由图 25-2 可得

$$[\boldsymbol{W} \quad \boldsymbol{b}_2] \cdot [\boldsymbol{A}; \boldsymbol{I}] = \boldsymbol{T} \quad (25-18)$$

其中，$\boldsymbol{I} = [1, 1, \cdots, 1]_{1 \times Q}$。

解线性方程组(25-18)，可得隐含层与输出层间权值 $\boldsymbol{W}$ 和阈值 $\boldsymbol{b}_2$，即

$$\begin{cases} \boldsymbol{Wb} = \boldsymbol{T}/[\boldsymbol{A}; \boldsymbol{I}] \\ \boldsymbol{W} = \boldsymbol{Wb}(:, 1:Q) \\ \boldsymbol{b}_2 = \boldsymbol{Wb}(:, Q+1) \end{cases} \quad (25-19)$$

3. RBF 神经网络的 MATLAB 工具箱函数

函数 newrbe 用于创建一个精确的 RBF 神经网络,其调用格式如下:

net = newrbe(P,T,spread)

其中,P 为网络输入向量;T 为网络目标向量;spread 为径向基函数的扩展速度(默认为1.0);net 为创建好的 RBF 网络。

25.2　案例背景

25.2.1　问题描述

辛烷值是汽油最重要的品质指标,传统的实验室检测方法存在样品用量大、测试周期长和费用高等问题,不适用于生产控制,特别是在线测试。近年发展起来的近红外光谱分析方法(NIR),作为一种快速分析方法,已广泛应用于农业、制药、生物化工、石油产品等领域。其优越性是无损检测、低成本、无污染、能在线分析,更适合于生产和控制的需要。

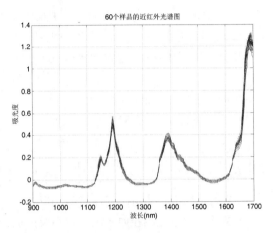

图 25 - 3　60 个样品的近红外光谱图

针对采集得到的 60 组汽油样品,利用傅里叶近红外变换光谱仪对其进行扫描,扫描范围为 900～1 700 nm,扫描间隔为 2 nm,每个样品的光谱曲线共含 401 个波长点。样品的近红外光谱曲线如图 25 - 3 所示。同时,利用传统实验室检测方法测定其辛烷值含量。现要求利用 BP 神经网络及 RBF 神经网络分别建立汽油样品近红外光谱及其辛烷值间的数学模型,并对模型的性能进行评价。

25.2.2　解题思路及步骤

依据问题描述中的要求,实现 BP 神经网络及 RBF 神经网络的模型建立及性能评价,大体上可以分为以下几个步骤,如图 25 - 4 所示。

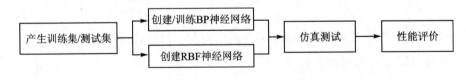

图 25 - 4　模型建立步骤

1. 产生训练集/测试集

为了保证建立的模型具有良好的泛化能力,要求训练集样本数量足够多,且具有良好的代表性。一般认为,训练集样本数量占总体样本数量的 2/3～3/4 为宜,剩余的 1/4～1/3 作为测试集样本。同时,尽量使得训练集与测试集样本的分布规律近似相同。

2. 创建/训练 BP 神经网络

创建 BP 神经网络前需要确定网络的结构,即需要确定以下几个参数:输入变量个数、隐含层数及各层神经元个数、输出变量个数。如前文所述,只含有一个隐含层的三层 BP 神经网络可以逼近任意非线性函数,因此,本书仅讨论单隐含层 BP 神经网络。从问题描述中可知,输入变量个数为 401,输出变量个数为 1,隐含层神经元个数对网络性能的影响较大,具体讨论参见 25.4 节。

网络结构确定后,设置相关训练参数(如训练次数、学习率等),便可以对网络进行训练。

3. 创建 RBF 神经网络

创建 RBF 神经网络时需要考虑 spread 的值对网络性能的影响,具体讨论参见 25.4 节。

4. 仿真测试

模型建立后,将测试集的输入变量送入模型,模型的输出便是对应的预测结果。

5. 性能评价

通过计算测试集预测值与真实值间的误差,可以对模型的泛化能力进行评价。在此基础上,可以进行进一步的研究和改善。

25.3　MATLAB 程序实现

利用 MATLAB 神经网络工具箱提供的函数,可以方便地在 MATLAB 环境下实现上述步骤。

25.3.1　清空环境变量

程序运行之前,清除工作空间 Workspace 中的变量及 Command Window 中的命令。具体程序如下:

```
%% 清空环境变量
clear all
clc
```

25.3.2　产生训练集/测试集

60 个样品的光谱及辛烷值数据保存在 spectra_data.mat 文件中,该文件包含两个变量矩阵:NIR 为 60 行 401 列的样品光谱数据,octane 为 60 行 1 列的辛烷值数据。为不失一般性,这里采用随机法产生训练集和测试集,即随机产生 50 个样品作为训练集,剩余的 10 个样品作为测试集。具体程序如下:

```
%% 产生训练集/测试集
load spectra_data.mat
% 随机产生训练集和测试集
temp = randperm(size(NIR,1));
% 训练集——50 个样本
P_train = NIR(temp(1:50),:)';
T_train = octane(temp(1:50),:)';
% 测试集——10 个样本
P_test = NIR(temp(51:end),:)';
T_test = octane(temp(51:end),:)';
N = size(P_test,2);
```

说明：

(1) 由于训练集/测试集产生的随机性,故每次运行时结果均有可能不同。

(2) 函数 randperm(n)用于随机产生一个长度为 n 的正整数随机序列,具体用法参考 MATLAB 帮助文档。

25.3.3 创建/训练 BP 神经网络及仿真测试

利用 MATLAB 神经网络自带工具箱的函数,可以方便地进行 BP 神经网络创建、训练及仿真测试。值得一提的是,在训练之前,可以对相关的训练参数进行设置,也可以采取默认设置。具体程序如下:

```
%% 创建/训练 BP 神经网络及仿真测试
% 创建网络
net = feedforwardnet(9);
% 设置训练参数
net.trainParam.epochs = 1000;
net.trainParam.goal = 1e - 3;
net.trainParam.lr = 0.01;
% 训练网络
net = train(net,P_train,T_train);
% 仿真测试
T_sim_bp = net(P_test);
```

25.3.4 创建 RBF 神经网络及仿真测试

利用 MATLAB 神经网络自带工具箱的函数,可以方便地进行 RBF 神经网络创建及仿真测试。具体程序如下:

```
%% 创建 RBF 神经网络及仿真测试
% 创建网络
net = newrbe(P_train,T_train,0.5);
% 仿真测试
T_sim_rbf = sim(net,P_test);
```

25.3.5 性能评价

BP 神经网络及 RBF 神经网络仿真测试结束后,通过计算预测值与真实值的偏差情况,可以对网络的泛化能力进行评价。具体程序如下:

```
%% 性能评价
% 相对误差 error
error_bp = abs(T_sim_bp - T_test)./T_test;
error_rbf = abs(T_sim_rbf - T_test)./T_test;
% 决定系数 R^2
R2_bp = (N * sum(T_sim_bp.* T_test) - sum(T_sim_bp) * sum(T_test))^2 / ((N * sum((T_sim_
bp).^2) - (sum(T_sim_bp))^2) * (N * sum((T_test).^2) - (sum(T_test))^2));
R2_rbf = (N * sum(T_sim_rbf.* T_test) - sum(T_sim_rbf) * sum(T_test))^2 / ((N * sum((T_sim_
rbf).^2) - (sum(T_sim_rbf))^2) * (N * sum((T_test).^2) - (sum(T_test))^2));
% 结果对比
result = [T_test' T_sim_bp' T_sim_rbf' error_bp' error_rbf']
```

本章选用的两个评价指标为相对误差和决定系数,其计算公式分别如下:

$$E_i = \frac{|\hat{y}_i - y_i|}{y_i}, \qquad i = 1, 2, \cdots, n \qquad (25-20)$$

$$R^2 = \frac{\left(l \sum_{i=1}^{l} \hat{y}_i y_i - \sum_{i=1}^{l} \hat{y}_i \sum_{i=1}^{l} y_i \right)^2}{\left(l \sum_{i=1}^{l} \hat{y}_i^2 - \left(\sum_{i=1}^{l} \hat{y}_i \right)^2 \right) \left(l \sum_{i=1}^{l} y_i^2 - \left(\sum_{i=1}^{l} y_i \right)^2 \right)} \qquad (25-21)$$

其中,$\hat{y}_i(i=1,2,\cdots,n)$为第 i 个样品的预测值;$y_i(i=1,2,\cdots,n)$为第 i 个样品的真实值;n 为样品的数目。

说明:

(1) 相对误差越小,表明模型的性能越好。

(2) 决定系数范围在$[0,1]$内,愈接近于 1,表明模型的性能愈好;反之,愈趋近于 0,表明模型的性能愈差。

25.3.6　绘　图

为了更为直观地对结果进行观察和分析,这里以图形的形式将结果呈现出来。具体程序如下:

```
figure
plot(1:N,T_test,'b:*',1:N,T_sim_bp,'r-o',1:N,T_sim_rbf,'k-.^')
legend('真实值','BP 预测值','RBF 预测值')
xlabel('预测样本')
ylabel('辛烷值')
string = {'测试集辛烷值含量预测结果对比(BP vs RBF)';['R^2 = ' num2str(R2_bp) '(BP)' '  R^2 = '
num2str(R2_rbf) '(RBF)']};
title(string)
```

由于训练集和测试集是随机产生的,每次运行结果都会不同。某次运行结果如图 25-5 所示。从图中可以清晰地看到,BP 神经网络和 RBF 神经网络均能较好地实现辛烷值含量的预测。

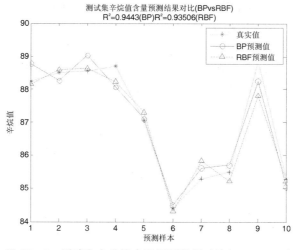

图 25-5　测试集辛烷值含量预测结果对比(BP vs RBF)

25.4 延伸阅读

25.4.1 网络参数的影响及选择

1. 隐含层神经元个数的选择

如前文所述,隐含层神经元个数对 BP 神经网络的性能影响较大。若隐含层神经元的个数较少,则网络不能充分描述输出和输入变量之间的关系;相反,若隐含层神经元的个数较多,则会导致网络的学习时间变长,甚至会出现过拟合的问题。一般地,确定隐含层神经元个数的方法是在经验公式的基础上,对比隐含层不同神经元个数对模型性能的影响,从而进行选择。

图 25-6 描述了隐含层神经元个数对 BP 神经网络性能的影响,为了减少初始权值和阈值对结果的影响,这里选取的评价指标为程序运行 10 次对应的决定系数的平均值。从图中可以看出,当隐含层神经元个数为 9 时,测试集的决定系数平均值最大,为 0.898 4。10 次运行对应的具体结果如表 25-1 所列。

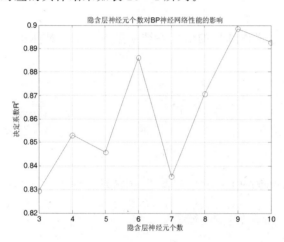

表 25-1　10 次运行对应的具体结果

隐含层神经元个数	决定系数 R^2		
	最小值	最大值	平均值
3	0.652 4	0.964 8	0.829 5
4	0.680 7	0.946 8	0.853 0
5	0.620 9	0.929 5	0.845 9
6	0.779 6	0.965 1	0.886 1
7	0.642 6	0.943 7	0.835 5
8	0.774 1	0.943 5	0.870 6
9	**0.825 4**	**0.959 8**	**0.898 4**
10	0.737 3	0.966 3	0.892 6

图 25-6　隐含层神经元个数对 BP 神经网络性能的影响

2. spread 值的选择

一般而言,spread 值越大,函数的拟合就越平滑。然而,过大的 spread 将需要非常多的神经元以适应函数的快速变化;反之,若 spread 值太小,则意味着需要许多的神经元来适应函数的缓慢变化,从而导致网络性能不好。

图 25-7 描述了不同 spread 值对 RBF 神经网络性能的影响,从图中可以清晰地看出,当 spread 值选取 0.3 时,网络的性能最好,此时对应的测试集决定系数为 0.860 8。

25.4.2 案例延伸

BP 及 RBF 神经网络以其良好的非线性逼近能力,已经广泛地应用于各行各业中。近年来,不少专家和学者提出了很多改进算法,以解决 BP 神经网络初始权值和阈值对性能的影响、容易陷入局部极小、RBF 神经网络隐含层神经元中心选取等问题。

此外,由于近红外光谱所包含的波长点数(即输入变量)较多,波长点间存在多重共线性,而且容易造成建模时间长等问题,可以利用主成分分析、偏最小二乘分析、遗传算法等方法先对光谱数据进行压缩,然后再进行建模。

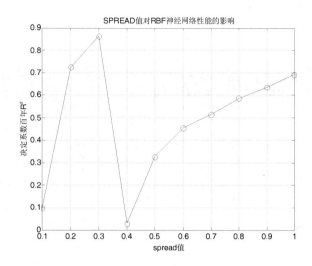

图 25 - 7　spread 值对 RBF 神经网络性能的影响

参考文献

[1] 飞思科技产品研发中心. 神经网络与 MATLAB 7 实现[M]. 北京:电子工业出版社,2005.

[2] 董长虹. MATLAB 神经网络与应用[M]. 2 版. 北京:国防工业出版社,2007.

[3] 张良均,曹晶,蒋世忠. 神经网络实用教程[M]. 北京:机械工业出版社,2008.

[4] 史忠植. 神经网络[M]. 北京:高等教育出版社,2009.

[5] FREDRIC M H,IVICA K. 神经计算原理[M]. 叶世伟,王海娟,译. 北京:机械工业出版社,2007.

[6] JOHN H K. Two Data Sets of Near Infrared Spectra[J]. Chemometrics and Intelligent Laboratory System,1997,37:255 - 259.

[7] HOEIL C,HYESEON L,CHI - HYUCK J. Determination of Research Octane Number Using NIR Spectral Data and Ridge Regression[J]. Bull Korean Chem Soc,2001,22(1):37 - 42.

[8] 曹动,谭吉春. 用近红外光谱分析法测定汽油辛烷值[J]. 光谱学与光谱分析,1999,19(3):314 - 317.

[9] 王宗明,韦占凯. 近红外光谱预测汽油辛烷值和辛烷值仪的研制[J]. 光谱学与光谱分析,1999,19(5):684 - 686.

第 **26** 章

有导师学习神经网络以其良好的学习能力广泛应用于各个领域中,其不仅可以解决拟合回归问题,亦可以用于模式识别、分类识别。本章将继续介绍两种典型的有导师学习神经网络(GRNN 和 PNN),并以实例说明其在分类识别中的应用。

26.1 理论基础

26.1.1 广义回归神经网络(GRNN)概述

1. GRNN 的结构

GRNN 最早是由 Specht 提出的,是 RBF 神经网络的一个分支,是一种基于非线性回归理论的前馈式神经网络模型。

GRNN 的结构如图 26-1 所示,一般由输入层、隐含层和输出层组成。输入层仅将样本变量送入隐含层,并不参与真正的运算。隐含层的神经元个数等于训练集样本数,该层的权值函数为欧式距离函数(用 $\|\text{dist}\|$ 表示),其作用为计算网络输入与第一层的权值 $\mathbf{IW}_{1,1}$ 之间的距离,b_1 为隐含层的阈值。隐含层的传递函数为径向基函数,通常采用高斯函数作为网络的传递函数。网络的第三层为线性输出层,其权函数为规范化点积权函数(用 nprod 表示),计算网络的向量为 n^2,它的每个元素就是向量 a^1 和权值矩阵 $\mathbf{LW}_{2,1}$ 每行元素的点积再除以向量 a^1 的各元素之和得到的,并将结果 n^2 提供给线性传递函数 $a^2 = \text{purelin}(n^2)$,计算网络输出。

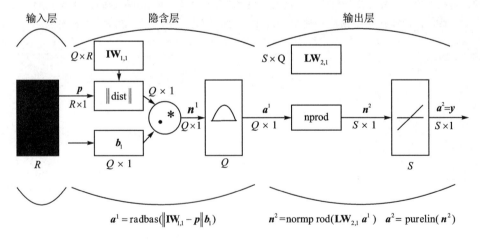

$$a^1 = \text{radbas}(\|\mathbf{IW}_{1,1} - p\| b_1) \qquad n^2 = \text{normp rod}(\mathbf{LW}_{2,1} a^1) \quad a^2 = \text{purelin}(n^2)$$

图 26-1 GRNN 的结构

2. GRNN 的学习算法

GRNN 的学习算法与 RBF 神经网络的学习算法类似,但在输出层部分区别较大。下面将详细描述 GRNN 的学习算法及步骤。

（1）确定隐含层神经元径向基函数中心

为不失一般性，设训练集样本输入矩阵 $\boldsymbol{P}$ 和输出矩阵 $\boldsymbol{T}$ 分别为

$$\boldsymbol{P} = \begin{bmatrix} p_{11} & p_{12} & \cdots & p_{1Q} \\ p_{21} & p_{22} & \cdots & p_{2Q} \\ \vdots & \vdots & & \vdots \\ p_{R1} & p_{R2} & \cdots & p_{RQ} \end{bmatrix}, \qquad \boldsymbol{T} = \begin{bmatrix} t_{11} & t_{12} & \cdots & t_{1Q} \\ t_{21} & t_{22} & \cdots & t_{2Q} \\ \vdots & \vdots & & \vdots \\ t_{S1} & t_{S2} & \cdots & t_{SQ} \end{bmatrix} \qquad (26-1)$$

其中，p_{ij} 表示第 j 个训练样本的第 i 个输入变量；t_{ij} 表示第 j 个训练样本的第 i 个输出变量；R 为输入变量的维数；S 为输出变量的维数；Q 为训练集样本数。

与 RBF 神经网络相同，隐含层的每个神经元对应一个训练样本，即 Q 个隐含层神经元对应的径向基函数中心为

$$\boldsymbol{C} = \boldsymbol{P}' \qquad (26-2)$$

（2）确定隐含层神经元阈值

为了简便起见，Q 个隐含层神经元对应的阈值为

$$\boldsymbol{b}_1 = \begin{bmatrix} b_{11}, b_{12}, \cdots, b_{1Q} \end{bmatrix}' \qquad (26-3)$$

其中，$b_{11} = b_{12} = \cdots = b_{1Q} = \dfrac{0.832\,6}{\text{spread}}$，spread 为径向基函数的扩展速度。

（3）确定隐含层与输出层间权值

当隐含层神经元的径向基函数中心及阈值确定后，隐含层神经元的输出便可以如下计算：

$$\boldsymbol{a}^i = \exp(-\|\boldsymbol{C} - \boldsymbol{p}_i\|^2 \boldsymbol{b}_1), \qquad i = 1, 2, \cdots, Q \qquad (26-4)$$

其中，$\boldsymbol{p}_i = [p_{i1}, p_{i2}, \cdots, p_{iR}]'$ 为第 i 个训练样本向量。并记 $\boldsymbol{a}^i = [a_1^i, a_2^i, \cdots, a_Q^i]$。

与 RBF 神经网络不同的是，GRNN 中隐含层与输出层间的连接权值 $\boldsymbol{W}$ 取为训练集输出矩阵，即

$$\boldsymbol{W} = \boldsymbol{t} \qquad (26-5)$$

（4）输出层神经元输出计算

当隐含层与输出层神经元间的连接权值确定后，根据图 26-1 所示，便可以计算出输出层神经元的输出，即

$$\boldsymbol{n}^i = \frac{\mathbf{LW}_{2,1} \boldsymbol{a}^i}{\sum\limits_{j=1}^{Q} a_j^i}, \qquad i = 1, 2, \cdots, Q \qquad (26-6)$$

$$\boldsymbol{y}^i = \text{purelin}(\boldsymbol{n}^i) = \boldsymbol{n}^i, \qquad i = 1, 2, \cdots, Q \qquad (26-7)$$

3. GRNN 的特点

与 BP 神经网络相比，GRNN 具有如下优点：

（1）网络的训练是单程训练而不需要迭代。

（2）隐含层神经元个数由训练样本自适应确定。

（3）网络各层之间的连接权重由训练样本唯一确定，避免了 BP 神经网络在迭代中的权值修改。

（4）隐含层节点的激活函数采用对输入信息具有局部激活特性的高斯函数，使得对接近于局部神经元特征的输入具有很强的吸引力。

4. GRNN 的 MATLAB 工具箱函数

函数 newgrnn 用于创建一个 GRNN，其调用格式如下：

```
net = newgrnn(P,T,spread)
```

其中,P 为网络输入向量;T 为网络目标向量;spread 为径向基函数的扩展速度(默认为 1.0);net 为创建好的 GRNN。

26.1.2 概率神经网络(PNN)概述

1. PNN 的结构

PNN 是一种前馈型神经网络,由 Specht 在 1989 年提出,他采用 Parzen 提出的由高斯函数为基函数来形成联合概率密度分布的估计方法和贝叶斯优化规则,构造了一种概率密度分类估计和并行处理的神经网络。因此,PNN 既具有一般神经网络所具有的特点,又具有很好的泛化能力及快速学习能力。

PNN 的结构如图 26 - 2 所示,与 GRNN 类似,由输入层、隐含层及输出层组成。与 GRNN 不同的是,PNN 的输出层采用竞争输出代替线性输出,各神经元只依据 Parzen 方法来求和估计各类的概率,从而竞争输入模式的响应机会,最后仅有一个神经元竞争获胜,这样获胜神经元即表示对输入模式的分类。

在数学上,PNN 的结构合理性可由 Cover 定理证明,即对于一个模式问题,在高维数据空间中可能解决在低维空间不易解决的问题。这就是 PNN 隐含层神经元较多的原因,即隐含层空间维数较高。隐含层空间的维数和网络性能有着直接的关系,维数越高,网络的逼近精度就越高,但带来的负面后果是网络复杂度也随之提高。

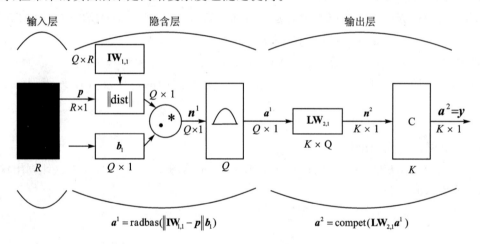

图 26 - 2 PNN 的结构

2. PNN 的学习算法

PNN 的学习算法与 GRNN 的学习算法较为接近,仅在输出层部分有细微差别。下面将详细描述 PNN 的学习算法及步骤。

(1) 确定隐含层神经元径向基函数中心

为不失一般性,设训练集样本输入矩阵 $\boldsymbol{P}$ 和输出矩阵 $\boldsymbol{T}$ 分别为

$$\boldsymbol{P} = \begin{bmatrix} p_{11} & p_{12} & \cdots & p_{1Q} \\ p_{21} & p_{22} & \cdots & p_{2Q} \\ \vdots & \vdots & & \vdots \\ p_{R1} & p_{R2} & \cdots & p_{RQ} \end{bmatrix}, \quad \boldsymbol{T} = \begin{bmatrix} t_{11} & t_{12} & \cdots & t_{1Q} \\ t_{21} & t_{22} & \cdots & t_{2Q} \\ \vdots & \vdots & & \vdots \\ t_{K1} & t_{K2} & \cdots & t_{KQ} \end{bmatrix} \qquad (26-8)$$

其中,p_{ij} 表示第 j 个训练样本的第 i 个输入变量;t_{ij} 表示第 j 个训练样本的第 i 个输出变量;R 为输入变量的维数;K 为输出变量的维数,对应 K 个类别;Q 为训练集样本数。

与 GRNN 相同,隐含层的每个神经元对应一个训练样本,即 Q 个隐含层神经元对应的径向基函数中心为

$$C = P'　　　　　　　　　　　　　(26-9)$$

（2）确定隐含层神经元阈值

为了简便起见,Q 个隐含层神经元对应的阈值为

$$\boldsymbol{b}_1 = [b_{11}, b_{12}, \cdots, b_{1Q}]'　　　　　　　(26-10)$$

其中,$b_{11} = b_{12} = \cdots = b_{1Q} = \dfrac{0.832\,6}{\text{spread}}$,spread 为径向基函数的扩展速度。

（3）确定隐含层与输出层间权值

当隐含层神经元的径向基函数中心及阈值确定后,隐含层神经元的输出便可以由式(26-11)计算：

$$\boldsymbol{a}^i = \exp(-\|\boldsymbol{C} - \boldsymbol{p}_i\|^2 \boldsymbol{b}_1), \qquad i = 1, 2, \cdots, Q　　(26-11)$$

其中,$\boldsymbol{p}_i = [p_{i1}, p_{i2}, \cdots, p_{iR}]'$ 为第 i 个训练样本向量。

与 RBF 神经网络不同的是,PNN 中隐含层与输出层间的连接权值 $\boldsymbol{W}$ 取为训练集输出矩阵,即

$$W = t　　　　　　　　　　　　　(26-12)$$

（4）输出层神经元输出计算

当隐含层与输出层神经元间的连接权值确定后,根据图 26-2 所示,便可以计算出输出层神经元的输出,即

$$\boldsymbol{n}^i = \mathbf{LW}_{2,1}\boldsymbol{a}^i, \qquad i = 1, 2, \cdots, Q　　(26-13)$$

$$\boldsymbol{y}^i = \text{compet}(\boldsymbol{n}^i), \qquad i = 1, 2, \cdots, Q　　(26-14)$$

3. PNN 的 MATLAB 工具箱函数

函数 newpnn 用于创建一个 PNN,其调用格式如下：

net = newpnn(P,T,spread)

其中,P 为网络输入向量；T 为网络目标向量；spread 为径向基函数的扩展速度（默认为 0.1）；net 为创建好的 RBF 网络。

26.2　案例背景

26.2.1　问题描述

植物的分类与识别是植物学研究和农林业生产经营中的重要基础工作,对于区分植物种类、探索植物间的亲缘关系、阐明植物系统的进化规律具有重要意义。目前常用的植物种类鉴别方法是利用分类检索表进行鉴定,但该方法花费时间较多,且分类检索表的建立是一项费时费力的工作,需要投入大量的财力物力。

叶片是植物的重要组成部分,叶子的外轮廓是其主要形态特征。在提取叶子形态特征的基础上,利用计算机进行辅助分类与识别成为当前的主要研究方向,同时也是研究的热点与重点。

现采集到 150 组不同类型莺尾花（Setosa、Versicolour 和 Virginica）的 4 种属性：萼片长度、萼片宽度、花瓣长度和花瓣宽度,样本编号与 4 种属性的关系如图 26-3 所示（其中,样本编号 1~50 为 Setosa,51~100 为 Versicolour,101~150 为 Virginica）。从图中大致可以看

出,花瓣长度、花瓣宽度与鸢尾花类型间有较好的线性关系,而萼片长度、萼片宽度与鸢尾花类型间呈现出非线性的关系。

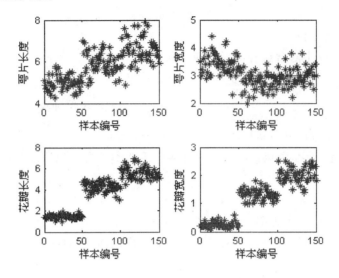

图 26 - 3   样本编号与 4 种属性的关系

现要求:

(1) 利用 GRNN 和 PNN 分别建立鸢尾花种类识别模型,并对模型的性能进行评价。

(2) 利用 GRNN 和 PNN 分别建立各个属性及属性组合与鸢尾花种类间的识别模型,并与(1)中所建模型的性能及运算时间进行对比,从而探求各个属性及属性组合与鸢尾花种类的相关程度。

26.2.2　解题思路及步骤

依据问题描述中的要求,实现 GRNN 及 PNN 的模型建立及性能评价,大体上可以分为以下几个步骤,如图 26 - 4 所示。

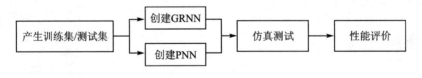

图 26 - 4   模型建立步骤

1. 产生训练集/测试集

在产生训练集及测试集时,除了考虑训练集及测试集样本数的大小,还应考虑异常样本对模型性能的影响,对于异常样本应进行剔除。常用的异常样本剔除方法有观察法、统计法、聚类法等。

2. 创建 GRNN

利用 MATLAB 自带的神经网络工具箱函数可以方便地创建 GRNN,具体程序参见 26.3 节。

3. 创建 PNN

利用 MATLAB 自带的神经网络工具箱函数可以方便地创建 PNN,具体程序参见 26.3 节。

4. 仿真测试

模型建立后,将测试集的输入变量送入模型,模型的输出便是对应的预测结果。

5. 性能评价

通过计算测试集预测类别与真实类别间的误差,可以对模型的泛化能力进行评价。同时,通过对比不同属性及属性组合与鸢尾花类别间的相关性,可以在模型精度与运算速度上做出折中选择。

26.3　MATLAB 程序实现

利用 MATLAB 神经网络工具箱提供的函数,可以方便地在 MATLAB 环境下实现上述步骤。

26.3.1　清空环境变量

程序运行之前,清除工作空间 Workspace 中的变量及 Command Window 中的命令。具体程序如下:

```
%% 清空环境变量
clear all
clc
```

26.3.2　产生训练集/测试集

为不失一般性,这里依然采用随机法产生训练集与测试集。如前文所述,iris_data. mat 数据文件中包含两个变量:features 和 classes,分别对应鸢尾花的属性及类别。在各个类别的 50 个样本中分别随机选取 40 个样本(三类共 120 个)构成训练集,剩余的 10 个样本(三类共 30 个)作为测试集。具体程序如下:

```
%% 产生训练集/测试集
% 导入数据
load iris_data.mat
% 随机产生训练集和测试集
P_train = [];
T_train = [];
P_test = [];
T_test = [];
for i = 1:3
    temp_input = features((i-1) * 50 + 1:i * 50,:);
    temp_output = classes((i-1) * 50 + 1:i * 50,:);
    n = randperm(50);
    % 训练集——120 个样本
    P_train = [P_train temp_input(n(1:40),:)'];
    T_train = [T_train temp_output(n(1:40),:)'];
    % 测试集——30 个样本
    P_test = [P_test temp_input(n(41:50),:)'];
    T_test = [T_test temp_output(n(41:50),:)'];
end
```

26.3.3 建立模型

产生训练集及测试集后,利用 MATLAB 自带的神经网络工具箱函数 newgrnn 和 newpnn,便可以方便地进行 GRNN、PNN 的创建及仿真测试。具体程序如下:

```
%% 建立模型
result_grnn = [];
result_pnn = [];
time_grnn = [];
time_pnn = [];
for i = 1:4
    for j = i:4
        p_train = P_train(i:j,:);
        p_test = P_test(i:j,:);
        %% GRNN 创建及仿真测试
        t = cputime;
        % 创建网络
        net_grnn = newgrnn(p_train,T_train);
        % 仿真测试
        t_sim_grnn = sim(net_grnn,p_test);
        T_sim_grnn = round(t_sim_grnn);
        t = cputime - t;
        time_grnn = [time_grnn t];
        result_grnn = [result_grnn T_sim_grnn'];
        %% PNN 创建及仿真测试
        t = cputime;
        Tc_train = ind2vec(T_train);
        % 创建网络
        net_pnn = newpnn(p_train,Tc_train);
        % 仿真测试
        Tc_test = ind2vec(T_test);
        t_sim_pnn = sim(net_pnn,p_test);
        T_sim_pnn = vec2ind(t_sim_pnn);
        t = cputime - t;
        time_pnn = [time_pnn t];
        result_pnn = [result_pnn T_sim_pnn'];
    end
end
```

说明:

(1)借助函数 cputime 可以计算出程序(段)运行的时间,以衡量程序的运行速度及性能好坏。函数的具体用法请参考帮助文档。

(2)函数 round 的作用是四舍五入取整,具体用法请参考帮助文档。

(3)函数 ind2vec 用于将代表类别的下标矩阵转换为对应的矢量矩阵,函数 vec2ind 的作用与函数 ind2vec 的作用相反,将矢量矩阵转换为对应的代表类别的下标矩阵。

26.3.4　性能评价

模型建立及仿真测试后,通过计算测试集的预测正确率以及程序运行时间,便可以对模型的性能进行综合评价,具体程序如下:

```
%% 性能评价
% 正确率 accuracy
accuracy_grnn = [];
accuracy_pnn = [];
time = [];
for i = 1:10
    accuracy_1 = length(find(result_grnn(:,i) == T_test'))/length(T_test);
    accuracy_2 = length(find(result_pnn(:,i) == T_test'))/length(T_test);
    accuracy_grnn = [accuracy_grnn accuracy_1];
    accuracy_pnn = [accuracy_pnn accuracy_2];
end
% 结果对比
result = [T_test' result_grnn result_pnn]
accuracy = [accuracy_grnn;accuracy_pnn]
time = [time_grnn;time_pnn]
```

说明:

(1) result_grnn 和 result_pnn 均为 30 行 10 列的矩阵,分别对应表 26 - 1 中的 10 个模型。

表 26 - 1　10 个模型对应的输入变量

模型编号 / 输入属性	1	2	3	4	5	6	7	8	9	10
萼片长度	○	○	○	○						
萼片宽度		○	○	○		○	○			
花瓣长度			○	○		○		○	○	
花瓣宽度				○			○		○	○

其中,"○"表示对应的输入属性参与模型的建立。

(2) accuracy 为 2 行 10 列的矩阵,其第 1 行对应基于 GRNN 的 10 个模型的测试集正确率,其第 2 行对应基于 PNN 的 10 个模型的测试集正确率。

(3) time 为 2 行 10 列的矩阵,其第 1 行对应基于 GRNN 的 10 个模型的创建及仿真测试时间,其第 2 行对应基于 PNN 的 10 个模型的创建及仿真测试时间。

26.3.5　绘　图

为了便于直观地观察、分析结果,这里用图形的方式将运行结果呈现出来,具体程序如下:

```
figure(1)
plot(1:30,T_test,'bo',1:30,result_grnn(:,4),'r - *',1:30,result_pnn(:,4),'k:^')
grid on
xlabel('测试集样本编号')
ylabel('测试集样本类别')
```

```
string = {'测试集预测结果对比(GRNN vs PNN)';['正确率:' num2str(accuracy_grnn(4) * 100) '%
(GRNN) vs ' num2str(accuracy_pnn(4) * 100) '%(PNN)']};
title(string)
legend('真实值','GRNN 预测值','PNN 预测值')
figure(2)
plot(1:10,accuracy(1,:),'r- * ',1:10,accuracy(2,:),'b:o')
grid on
xlabel('模型编号')
ylabel('测试集正确率')
title('10 个模型的测试集正确率对比(GRNN vs PNN)')
legend('GRNN','PNN')
figure(3)
plot(1:10,time(1,:),'r- * ',1:10,time(2,:),'b:o')
grid on
xlabel('模型编号')
ylabel('运行时间(s)')
title('10 个模型的运行时间对比(GRNN vs PNN)')
legend('GRNN','PNN')
```

说明:figure(1)中绘制的测试集预测结果对应的是表 26-1 中的模型 4,即 4 个属性(萼片长度、萼片宽度、花瓣长度、花瓣宽度)均参与模型的建立。

26.3.6　结果分析

由于训练集和测试集是随机产生的,每次运行的结果亦会有所不同。某次程序运行结果如图 26-5、图 26-6 和图 26-7 所示。

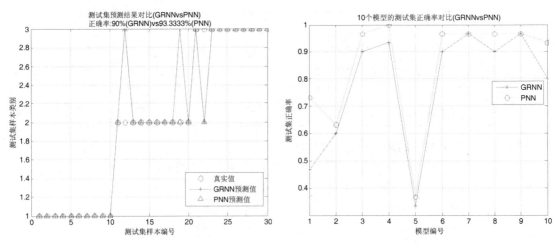

图 26-5　测试集预测结果对比
(GRNN vs PNN)

图 26-6　10 个模型的测试集正确率对比
(GRNN vs PNN)

从图中不难发现:

(1) GRNN 和 PNN 模型具有良好的泛化能力,测试集预测正确率分别达 93.3%和 100%。

(2) 如表 26-1 所列,利用 4 个属性(萼片长度、萼片宽度、花瓣长度、花瓣宽度)建立的模型编号分别为 1、5、8、10。表 26-2 描述了与之对应的 GRNN 和 PNN 模型的测试集正确率。

由表 26-2 可以清晰地看出,萼片宽度单独建立的 GRNN 模型(模型编号分别为 1 和 5)性能不佳,正确率只有 43.3% 和 33.3%;利用花瓣长度和花瓣宽度单独建立的 GRNN 模型(模型编号分别为 8 和 10)性能较好,正确率分别达 93.3% 和 76.7%。与之对应的 PNN 模型结果亦呈现类似的规律,这表明萼片长度和萼片宽度与鸢尾花类别的相关性较小,而花瓣长度和花瓣宽度与鸢尾花类别的相关性较大,该结论与图 26-3 中呈现的规律一致。

（3）与 GRNN 相比,PNN 模型的泛化能力较好,测试集的正确率较高。同时,GRNN 和 PNN 模型的运行时间相当,10 个模型的平均运行时间在 50 ms 左右,远快于 BP 神经网络。

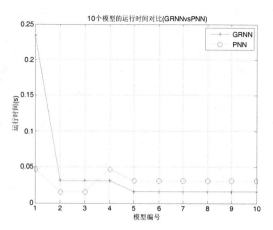

图 26-7　10 个模型的运行时间对比(GRNN vs PNN)

表 26-2　4 个属性分别建立的模型测试集正确率

模型编号 网络类型	1	5	8	10
GRNN	0.433 3	0.333 3	0.933 3	0.766 7
PNN	0.733 3	0.566 7	0.933 3	1.000 0

26.4　延伸阅读

GRNN 及 PNN 具有良好的泛化性能,且与 BP 神经网络等不同,其权值和阈值由训练样本一步确定,无须迭代,计算量小。因此,其在各个领域得到了广泛的应用。

与 RBF 神经网络相同,spread 值对于 GRNN 和 PNN 的性能影响较大,具体已在第 25 章中详细阐述,此处不再赘述。

近年来,不少专家和学者开始致力于改善 GRNN 和 PNN 的结构,并与其他算法相结合,取得了更加令人满意的结果。

参考文献

[1] 飞思科技产品研发中心.神经网络与 MATLAB 7 实现[M].北京:电子工业出版社,2005.

[2] 董长虹.MATLAB 神经网络与应用[M].2 版.北京:国防工业出版社,2007.

[3] 张良均,曹晶,蒋世忠.神经网络实用教程[M].北京:机械工业出版社,2008.

[4] 史忠植.神经网络[M].北京:高等教育出版社,2009.

[5] FREDRIC M H,IVICA K.神经计算原理[M].叶世伟,王海娟,译.北京:机械工业出版社,2007.

[6] OVUNC P,TULAY Y. Genetic Optimization of GRNN for Pattern Recognition without Feature Extraction[J]. Expert Systems with Applications,2008,34(4):2444-2448.

[7] KEEM S Y,CHEE P L, IZHAM Z A. A Hybrid ART-GRNN Online Learning Neural Network with a ε-insensitive Loss Function[J]. IEEE Transactions on Neural Networks,2008,19(9):1641-1646.

[8] OVUNC P,VEDAT T. 3-D Object Recognition Using 2-D Poses Processed by CNNs and a GRNN[J]. Artificial Intelligence and Neural Networks,2006,3949:219-226.

[9] SPECHT D F. A General Regression Neural Network[J]. IEEE Transactions on Neural Networks,1991, 2(6):568 - 576.

[10] DONALD F S . Probabilistic Neural Networks[J]. Neural Networks,1990,3(1):109 - 118.

[11] SPECHT D F. Probabilistic Neural Networks and the Polynomial Adaline as Complementary Techniques for Classification[J]. IEEE Transactions on Neural Networks,1990,1(1):111 - 121.

[12] SAAD E W,PROKHOROV D V,WUNSCH,D C. Comparative Study of Stock Trend Prediction Using Time Delay,Recurrent and Probabilistic Neural Networks[J]. IEEE Transactions on Neural Networks, 1998,9(6):1456 - 1470.

[13] MAO K Z,TAN K C,SER W. Probabilistic Neural - network Structure Determination for Pattern Classi- fication[J]. IEEE Transactions on Neural Networks,2000,11(4):1009 - 1016.

第 27 章

无导师学习神经网络的分类——矿井突水水源判别

如第 25 章及第 26 章所述,对于有导师学习神经网络,事先需要知道与输入相对应的期望输出,根据期望输出与网络输出间的偏差来调整网络的权值和阈值。然而,在大多数情况下,由于人们认知能力以及环境的限制,往往无法或者很难获得期望的输出,在这种情况下,基于有导师学习的神经网络往往是无能为力的。

与有导师学习神经网络不同,无导师学习神经网络在学习过程中无需知道期望的输出。其与真实人脑中的神经网络类似,可以通过不断地观察、分析与比较,自动揭示样本中的内在规律和本质,从而可以对具有近似特征(属性)的样本进行准确地分类和识别。本章将详细介绍竞争神经网络与自组织特征映射(SOFM)神经网络的结构及原理,并以实例说明其具体的应用范围及效果。

27.1 理论基础

27.1.1 竞争神经网络概述

1. 竞争神经网络的结构

竞争神经网络是一种典型的、应用非常广泛的无导师学习神经网络,其结构如图 27 - 1 所示。竞争神经网络一般由输入层和竞争层组成。与 RBF 等神经网络类似,输入层仅实现输入模式的传递,并不参与实际的运算。竞争层的各个神经元以相互竞争的形式来赢得对输入模式的响应,最终只有一个神经元赢得胜利,并使与该获胜神经元相关的各连接权值和阈值向着更有利于其竞争的方向发展,而其他神经元对应的权值和阈值保持不变。

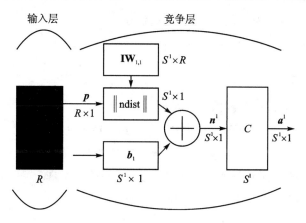

图 27 - 1 竞争神经网络结构

2. 竞争神经网络的学习算法

如前文所述,竞争神经网络在学习的过程中,仅用到了样本的输入信息,无须知晓样本对应的输出信息。因此,其学习算法与有导师学习神经网络的学习算法有着本质上的区别。

（1）网络初始化

如图 27-1 所示，输入层由 R 个神经元构成，竞争层由 S^1 个神经元构成。为不失一般性，设训练样本的输入矩阵为

$$\boldsymbol{P} = \begin{bmatrix} p_{11} & p_{12} & \cdots & p_{1Q} \\ p_{21} & p_{22} & \cdots & p_{2Q} \\ \vdots & \vdots & & \vdots \\ p_{R1} & p_{R2} & \cdots & p_{RQ} \end{bmatrix}_{R \times Q} \tag{27-1}$$

其中，Q 为训练样本的个数；p_{ij} 表示第 j 个训练样本的第 i 个输入变量，并记 $\boldsymbol{p}_i = [p_{i1}, p_{i2}, \cdots, p_{iQ}], i = 1, 2, \cdots, R$。

则网络的初始连接权值为

$$\mathbf{IW}^{1,1} = [w_1, w_2, \cdots, w_R]_{S^1 \times R} \tag{27-2}$$

其中，

$$w_i = \left[\frac{\min(\boldsymbol{p}_i) + \max(\boldsymbol{p}_i)}{2} \quad \frac{\min(\boldsymbol{p}_i) + \max(\boldsymbol{p}_i)}{2} \quad \cdots \quad \frac{\min(\boldsymbol{p}_i) + \max(\boldsymbol{p}_i)}{2} \right]'_{S^1 \times 1}, \quad i = 1, 2, \cdots, R$$

网络的初始阈值为

$$\boldsymbol{b}^1 = \left[e^{1-\log\left(\frac{1}{S^1}\right)}, e^{1-\log\left(\frac{1}{S^1}\right)}, \cdots, e^{1-\log\left(\frac{1}{S^1}\right)} \right]'_{S^1 \times 1} \tag{27-3}$$

同时，在学习之前需初始化相关参数。设权值的学习速率为 α，阈值的学习速率为 β，最大迭代次数为 T，迭代次数初始值 $N=1$。

（2）计算获胜神经元

随机选取一个训练样本 $\boldsymbol{p}$，根据

$$n_i^1 = -\sqrt{\sum_{j=1}^{R} (p^j - \mathrm{IW}_{ij}^{1,1})} + b_i^1, \quad i = 1, 2, \cdots, S^1 \tag{27-4}$$

计算竞争层神经元的输入。其中，n_i^1 表示竞争层第 i 个神经元的输出；p^j 表示样本 $\boldsymbol{p}$ 第 j 个输入变量的值；$\mathrm{IW}_{ij}^{1,1}$ 表示竞争层第 i 个神经元与输入层第 j 个神经元的连接权值；b_i^1 表示竞争层第 i 个神经元的阈值。

设竞争层第 k 个神经元为获胜神经元，则应满足

$$n_k^1 = \max(n_i^1), \quad i = 1, 2, \cdots, S^1, \quad k \in [1, S^1] \tag{27-5}$$

的要求。

（3）权值、阈值更新

获胜神经元 k 对应的权值和阈值分别按照

$$\mathbf{IW}_k^{1,1} = \mathbf{IW}_k^{1,1} + \alpha(\boldsymbol{p} - \mathbf{IW}_k^{1,1}) \tag{27-6}$$

$$\boldsymbol{b}^1 = e^{1-\log\left[(1-\beta)e^{1-\log(\boldsymbol{b}^1)} + \beta \times a^1\right]} \tag{27-7}$$

进行修正，其余神经元的权值和阈值保持不变。其中，$\mathbf{IW}_k^{1,1}$ 为 $\mathbf{IW}^{1,1}$ 的第 k 行，即表示与获胜神经元 k 对应的权值；a^1 为竞争层神经元的输出，即

$$\boldsymbol{a}^1 = [a_1^1, a_2^1, \cdots, a_{S^1}^1], \quad a_i^1 = \begin{cases} 1, & i = k \\ 0, & i \neq k \end{cases}, \quad i = 1, 2, \cdots, S^1 \tag{27-8}$$

（4）迭代结束判断

若样本没有学习完，则再另外随机抽取一个样本，返回步骤（2）。若 $N < T$，令 $N = N+1$，返回步骤（2）；否则，迭代结束。

3. 竞争神经网络的 MATLAB 工具箱函数

函数 competlayer 用于创建一个竞争神经网络,其调用格式为

net ＝ competlayer(numClasses,kohonenLR,conscienceLR)

其中,参数 numClasses 为竞争层神经元个数;kohonenLR 为权值的学习速率(默认为 0.01);conscienceLR 为阈值的学习速率(默认为 0.001);net 为创建好的竞争网络。

27.1.2　SOFM 神经网络概述

1. SOFM 神经网络的结构

自组织特征映射(self - organizing feature mapping,SOFM)神经网络是 Kohonen 于 1981 年根据神经元有序的排列可以反映出所感觉到的外界刺激的某些物理特性而提出的。其主要思想是在学习过程中逐步缩小神经元之间的作用邻域,并依据相关的学习规则增强中心神经元的激活程度,从而去掉各神经元之间的侧向连接,以达到模拟真实大脑神经系统"近兴奋远抑制"的效果。

如图 27 - 2 所示,SOFM 神经网络的结构与竞争神经网络的结构类似,是一个由输入层和自组织特征映射层(竞争层)组成的两层网络。在竞争神经网络中,每次仅有一个神经元获胜,即只有一个神经元的权值和阈值得到修正。而在 SOFM 神经网络中,不仅与获胜神经元对应的权值和阈值得到调整,其邻近范围内的其他神经元也有机会进行权值和阈值调整,这在很大程度上改善了网络的学习能力和泛化能力。

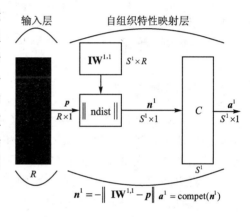

图 27 - 2　SOFM 神经网络结构

2. SOFM 神经网络的学习算法

SOFM 神经网络的学习算法与竞争神经网络的学习算法类似,仅在权值调整部分有较大差异。

(1) 网络初始化

如图 27 - 2 所示,输入层由 R 个神经元构成,竞争层由 S^1 个神经元构成。对竞争层各神经元赋以较小的随机数作为初始值 $\mathrm{IW}_{ij}^{1,1}$($i=1,2,\cdots,S^1;j=1,2,\cdots,R$)($\mathrm{IW}_{ij}^{1,1}$ 表示竞争层第 i 个神经元与输入层第 j 个神经元间的连接权值)。同时,设定初始邻域为 N_c,初始学习速率为 η,最大迭代次数为 T,迭代次数初始值为 $N=1$。

(2) 计算获胜神经元

随机抽取一个样本,采用与竞争神经网络相同的方法,利用式(27 - 4)和式(27 - 5)计算获胜神经元 k。

(3) 权值更新

根据

$$\begin{cases} \mathbf{IW}_j^{1,1} = \mathbf{IW}_j^{1,1} + \eta(t)(\boldsymbol{p} - \mathbf{IW}_j^{1,1}), & j \in N_c(t) \\ \mathbf{IW}_j^{1,1} = \mathbf{IW}_j^{1,1}, & j \notin N_c(t) \end{cases} \tag{27 - 9}$$

对获胜神经元 k 及其邻域 $N_c(t)$ 内的所有神经元进行权值更新。

(4) 学习速率及邻域更新

获胜神经元及其邻域内的神经元权值更新完成后,在进入下一次迭代前,需要更新学习速率及邻域,即

$$\eta = \eta\left(1 - \frac{N}{T}\right) \tag{27-10}$$

$$N_c = \left\lceil N_c\left(1 - \frac{N}{T}\right)\right\rceil \tag{27-11}$$

其中,符号$\lceil\ \rceil$表示向上取整。

(5) 迭代结束判断

若样本没有学习完,则再另外随机抽取一个样本,返回步骤(2)。若$N < T$,令$N = N + 1$,返回步骤(2);否则,迭代结束。

3. SOFM 神经网络的 MATLAB 工具箱函数

函数 selforgmap 用于创建一个 SOFM 神经网络,其调用格式为

net = selforgmap(dimensions,coverSteps,initNeighbor,topologyFcn,distanceFcn)

其中,参数 dimensions 为网络的拓扑结构(默认为[8 8]);coverSteps 为邻近距离递减到 1 的步数(默认为 100);initNeighbor 为初始的邻近距离(默认为 3);topologyFcn 为网络的拓扑函数(默认为'hextop');distanceFcn 为网络的距离函数(默认为 'linkdist');

27.2 案例背景

27.2.1 问题描述

近年来,国内煤矿事故时有发生,严重危害了人民的生命和财产安全。其中,由于煤矿突水造成的事故不容忽视。因此,不少专家和学者致力于研究矿井突水事故的预防,突水水源的判别对预测矿井突水事故的发生有着重要的意义。

相关研究表明,可以利用水化学法判别矿井的突水水源,其基本依据是:由于受到含水层的沉积期、地层岩性、建造和地化环境等诸多因素的影响,使储存在不同含水层中的地下水主要化学成分有所不同。为了准确地判别突水水源,需要综合多种因素,用得比较多的是"7 大离子"溶解氧、硝酸根离子等。

目前,有很多种判别突水水源的方法,如模糊综合评判、模糊聚类分析、灰色关联度法等,然而这些方法都要事先假定模式或主观规定一些参数,致使评价的结果主观性较强。

现采集到某矿的 39 个水源样本,分别来自于 4 个主要含水层:二灰和奥陶纪含水层、八灰含水层、顶板砂岩含水层和第四系含水层(砂砾石成分以石灰岩为主)。以每个水源样本中的 Na^+、K^+、Ca^{2+}、Mg^{2+}、Cl^-、SO_4^{2-} 和 HCO_3^- 7 种离子的含量作为判别因素,试利用竞争神经网络和 SOFM 神经网络分别建立判别模型,并对模型的性能进行综合评价。

27.2.2 解题思路及步骤

依据问题描述中的要求,实现竞争神经网络及 SOFM 神经网络的模型建立及性能评价,可以分为以下几个步骤,如图 27-3 所示。

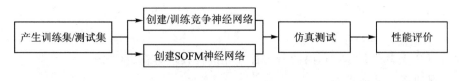

图 27-3 模型建立步骤

1. 产生训练集/测试集

由于采集到的水源样本较少,为了保证所建立的判别模型具有较好的泛化性能,这里从每个含水层中取出一个水源样本(共 4 个样本)作为测试集,剩下的 35 个水源样本作为训练集。

2. 创建/训练竞争神经网络

创建竞争神经网络前需要确定网络的结构,即竞争层神经元的数目与待分的类别数目相等,如问题描述所示,水源样本来自于 4 个不同的含水层,因此,竞争层神经元的数目为 4。同时,还应考虑权值学习速率、阈值学习速率及训练次数等参数对网络性能的影响。

3. 创建 SOFM 神经网络

创建 SOFM 神经网络前需要确定网络的结构,即确定竞争层神经元的数目及拓扑结构。同时,还应考虑邻近距离、距离函数及训练次数等参数对网络性能的影响。

4. 仿真测试

判别模型训练完成后,便可以将测试集的 4 个水源样本对应的 7 个判别因素送入模型,模型的输出对应的便是各个水源样本的预测类别。

5. 性能评价

通过对比预测类别与真实类别,可以对所建立的判别模型的性能进行综合评价。并通过研究网络结构及相关参数对网络性能的影响,寻求理想的网络结构及参数,从而使得判别模型的泛化能力不断得到提升和改善。

27.3　MATLAB 程序实现

利用 MATLAB 神经网络工具箱提供的函数,可以方便地在 MATLAB 环境下实现上述步骤。

27.3.1　清空环境变量

程序运行之前,清除工作空间 Workspace 中的变量及 Command Window 中的命令。具体程序如下:

```
%% 清空环境变量
clear all
clc
```

27.3.2　产生训练集/测试集

39 个水源样本数据存放在 water_data. mat 文件中,其包含的变量 attributes 和 classes 分别对应判别因素和类别。如前文所述,前 35 个样本作为训练集建立判别模型,剩余的 4 个样本(分别对应 4 个类别)作为测试集对模型的性能进行评价。具体程序如下:

```
%% 训练集/测试集产生
% 导入数据
load water_data.mat
% 数据归一化
attributes = mapminmax(attributes);
% 训练集——35 个样本
P_train = attributes(:,1:35);
```

```
T_train = classes(:,1:35);
% 测试集——4 个样本
P_test = attributes(:,36:end);
T_test = classes(:,36:end);
```

说明:为了减少输入变量间的变化较大(不属于同一数量级)对模型性能的影响,在模型建立之前有必要对输入变量进行归一化。这里采用函数 mapminmax 进行归一化预处理,具体用法请参考帮助文档。低版本的 MATLAB 中,归一化函数为 premnmx,反归一化函数为 postmnmx。

27.3.3 创建/训练竞争神经网络及仿真测试

如前文所述,利用 MATLAB 神经网络工具箱自带的函数可以创建一个竞争神经网络。通过设置相关的结构及训练参数,便可以完成对网络的训练及仿真测试。具体程序如下:

```
%% 创建/训练竞争神经网络及仿真测试
% 创建网络
net = competlayer(4,0.01,0.01);
% 设置训练参数
net.trainParam.epochs = 500;
% 训练网络
net = train(net,P_train);
% 仿真测试
% 训练集
t_sim_compet_1 = net(P_train);
T_sim_compet_1 = vec2ind(t_sim_compet_1);
% 测试集
t_sim_compet_2 = net(P_test);
T_sim_compet_2 = vec2ind(t_sim_compet_2);
```

说明:程序中函数 vec2ind 的功能及用法已在第 26 章中详细介绍,此处不再赘述。

27.3.4 创建 SOFM 神经网络及仿真测试

利用 MATLAB 神经网络自带工具箱中的函数,可以方便地创建一个 SOFM 神经网络。对网络的结构及相关参数进行设置后,可以完成对网络的训练及仿真测试。具体程序如下:

```
%% 创建/训练 SOFM 神经网络及仿真测试
% 创建网络
net = selforgmap([4 4]);
% 设置训练参数
net.trainParam.epochs = 200;
% 训练网络
net = train(net,P_train);
% 仿真测试
% 训练集
t_sim_sofm_1 = net(P_train);
```

```
T_sim_sofm_1 = vec2ind(t_sim_sofm_1);
% 测试集
t_sim_sofm_2 = net(P_test);
T_sim_sofm_2 = vec2ind(t_sim_sofm_2);
```

27.3.5　性能评价

在仿真测试完成后,通过对比真实类别与预测类别间的对应关系,可以对所建立的判别模型的性能进行综合评价。具体程序如下:

```
%% 结果对比
% 竞争神经网络
result_compet_1 = [T_train' T_sim_compet_1']
result_compet_2 = [T_test' T_sim_compet_2']
% SOFM 神经网络
result_sofm_1 = [T_train' T_sim_sofm_1']
result_sofm_2 = [T_test' T_sim_sofm_2']
```

说明:

(1) result_compet_1 为 35 行 2 列的矩阵,分别表示竞争神经网络训练集的真实类别和对应的获胜神经元标号。

(2) result_compet_2 为 4 行 2 列的矩阵,分别表示竞争神经网络测试集的真实类别和对应的获胜神经元标号。

(3) result_sofm_1 为 35 行 2 列的矩阵,分别表示 SOFM 神经网络训练集的真实类别和对应的获胜神经元标号。

(4) result_sofm_2 为 4 行 2 列的矩阵,分别表示 SOFM 神经网络测试集的真实类别和对应的获胜神经元标号。

27.3.6　结果分析

由于网络在训练的过程中采取的是随机抽取训练样本的方法,因此每次运行的结果都会有所不同。某次运行的结果如表 27-1 所列。从表中不难发现以下几点:

(1) 对于竞争神经网络,第Ⅱ类水源样本大多与竞争层第 1 个神经元相对应(仅有第 15 号样本对应的是竞争层第 3 个神经元),因此可以认定对于第Ⅱ类水源样本而言,竞争层第 1 个神经元为获胜神经元。同理,可以认定,对于第Ⅲ类水源样本而言,竞争层第 2 个神经元为获胜神经元(仅有第 20 号样本对应的是竞争层第 3 个神经元)。然而,对于第Ⅰ类和第Ⅳ类水源样本,很难确定与之对应的获胜神经元。据此对应关系,可以发现测试集中 37 号和 38 号样本分类正确,而 36 号和 39 号样本难以判断。

(2) 对于 SOFM 神经网络,第Ⅰ类水源样本对应的获胜神经元编号为 3、8、11、12、14;第Ⅱ类水源样本对应的获胜神经元编号为 14、15、16;第Ⅲ类水源样本对应的获胜神经元编号为 1、2、5、6;第Ⅳ类水源样本对应的获胜神经元编号为 4、7、8、13。据此对应关系可以发现,测试集中 4 个水源样本对应的获胜神经元编号在训练集中对应的获胜神经元编号集合内,因此,可以认定判别正确率为 100%。

值得一提的是,若测试集中某个水源样本的预测获胜神经元编号为 8,则难以界定其属于第Ⅰ类或是第Ⅳ类水源样本。同理,若测试集中某个水源样本的预测获胜神经元编号为 14,

则难以界定其属于第Ⅰ类或是第Ⅱ类水源样本。

表 27 - 1　竞争神经网络与 SOFM 神经网络预测结果对比

样本编号	实际类别	获胜神经元标号(竞争神经网络)	获胜神经元标号(SOFM 神经网络)	样本编号	实际类别	获胜神经元标号(竞争神经网络)	获胜神经元标号(SOFM 神经网络)	样本编号	实际类别	获胜神经元标号(竞争神经网络)	获胜神经元标号(SOFM 神经网络)
1	Ⅰ	3	14	14	Ⅱ	1	15	27	Ⅲ	2	1
2	Ⅰ	1	12	15	Ⅱ	3	14	28	Ⅳ	1	7
3	Ⅰ	4	8	16	Ⅱ	1	14	29	Ⅳ	4	8
4	Ⅰ	1	11	17	Ⅱ	1	16	30	Ⅳ	4	4
5	Ⅰ	3	3	18	Ⅱ	1	15	31	Ⅳ	1	7
6	Ⅰ	4	8	19	Ⅲ	2	6	32	Ⅳ	3	13
7	Ⅱ	1	15	20	Ⅲ	3	6	33	Ⅳ	3	13
8	Ⅱ	1	15	21	Ⅲ	2	1	34	Ⅳ	3	13
9	Ⅱ	1	15	22	Ⅲ	2	1	35	Ⅳ	3	13
10	Ⅱ	1	15	23	Ⅲ	2	2	36	Ⅰ	1	12
11	Ⅱ	1	15	24	Ⅲ	2	5	37	Ⅱ	1	15
12	Ⅱ	1	15	25	Ⅲ	2	1	38	Ⅲ	2	1
13	Ⅱ	1	16	26	Ⅲ	2	5	39	Ⅳ	3	7

　　与之类似,若测试集中某个水源样本的预测获胜神经元编号为 9 或者 10,则难以确定其属于哪一类水源样本。这是因为在训练过程中,竞争层 9 号和 10 号神经元从未赢得获胜机会,一直处于抑制状态,即成为所谓的"死"神经元。从图 27 - 4 中的竞争层各个神经元成为获胜神经元的统计次数也可以直观地观察到这一点。

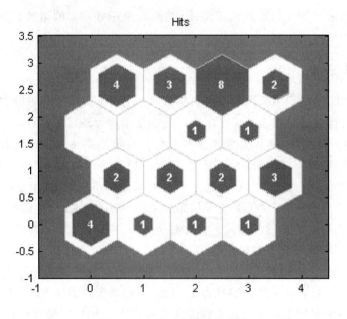

图 27 - 4　获胜神经元统计图

　　值得一提的是,图 27 - 4 中神经元的编号方式是从左至右,从下至上,神经元编号逐渐增加,即左下角的神经元编号为 1,右上角的神经元编号为 16。

　　神经元编号与其获胜次数间的映射关系如表 27 - 2 所列。

表 27 - 2　神经元编号与其获胜次数间的映射关系

神经元编号	1	2	3	4	5	6	7	8
获胜次数	4	1	1	1	2	2	2	3
神经元编号	9	10	11	12	13	14	15	16
获胜次数	0	0	1	1	4	3	8	2

　　图 27 - 5 为竞争层各个神经元与其周围邻近神经元间的距离分布图,相邻神经元间填充区域的颜色表示两个神经元间的距离远近程度。颜色愈深(接近于黑色),表明神经元间的距离越远。从图中可以看出,2 号与 3 号神经元间的距离较远,3 号神经元与 4 号神经元间的距离较远,同时,从表 27 - 1 中可以看到,2、3、4 号获胜神经元分别对应第Ⅲ、Ⅰ、Ⅳ类水源样本,这表明,不同类别对应的获胜神经元间距离较远。同理,可以观察出,同一类别对应的获胜神经元间的距离较近,如 14、15 与 16 号神经元间的距离较近,均对应第Ⅱ类水源样本。其余类别分析方法类似,此处不再一一列举。

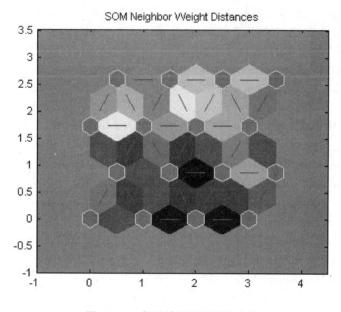

图 27 - 5　邻近神经元距离分布图

27.4　延伸阅读

27.4.1　竞争神经网络与 SOFM 神经网络性能对比

　　从表 27 - 1 及上述分析结果可以清晰地看出,与竞争神经网络相比,SOFM 神经网络的性能更好,泛化能力更强(即使 SOFM 神经网络中存在"死"神经元问题)。这是因为,竞争神经网络在学习时,每次仅有一个神经元赢得获胜机会,只有获胜神经元对应的权值得到调整。而 SOFM 神经网络虽然每次亦只有一个神经元赢得获胜机会,但其及其邻近范围内的神经元对应的权值同时进行修正,朝着更有利于其获胜的方向调整。同时,SOFM 神经网络逐渐缩小其邻域范围,逐渐"排斥"邻近的神经元。这种"协作"与"竞争"相结合的模式使得其性能更加优越。

27.4.2 案例延伸

近年来,竞争神经网络与 SOFM 神经网络的算法越来越受到人们的重视,已经成为继 BP 网络之后研究最多、应用最广泛的一种神经网络模型。

然而,越来越多的实践研究表明,竞争层中"死"神经元对网络性能的影响较大。对于"死"神经元,增加其阈值的调整幅度,可以使其逐渐成为获胜神经元,从而赢得公平竞争的机会。

同时,SOFM 神经网络需预先设定网络的拓扑结构,在训练过程中其拓扑结构保持不变,通常只有在训练结束之后才发现不同的网络拓扑结构也许能得到更好的结果。大多数情况下,并没有先验知识能够让人们事先去选择一个合适的网络规模,所以这些因素严重地影响了 SOFM 的应用,有待于进一步的研究和实践。

参考文献

[1] 飞思科技产品研发中心. 神经网络与 MATLAB 7 实现[M]. 北京:电子工业出版社,2005.

[2] 董长虹. MATLAB 神经网络与应用[M]. 2 版. 北京:国防工业出版社,2007.

[3] 张良均,曹晶,蒋世忠. 神经网络实用教程[M]. 北京:机械工业出版社,2008.

[4] 史忠植. 神经网络[M]. 北京:高等教育出版社,2009.

[5] FREDRIC M H,IVICA K. 神经计算原理[M]. 叶世伟,王海娟,译. 北京:机械工业出版社,2007.

[6] 冯乃勤,南书坡,郭战杰. 对学习矢量量化神经网络中"死"点问题的研究[J]. 计算机工程与应用,2009,45:64 - 66.

[7] VESANTO J,ALHONIEMI E. Clustering of the Self - organizing Map[J]. IEEE Transaction on Neural Networks,2000,11(3):586 - 600.

[8] TEUVO K. Physiological Interpretation of the Self - organizing Map Algorithm[J]. Neural Networks,1993,6(7):895 - 905.

[9] KOHONEN T,KASKI S,LAGUS K,et al. Self Organization of a Massive Document Collection[J]. IEEE Transaction on Neural Networks,2000,11(3):574 - 585.

[10] MURTAGH F. Interpreting the Kohonen Self - organizing Feature Map Using Contiguity - constrained Clustering[J]. Pattern Recognition Letters,1995,16(4):399 - 408.

[11] PAL N R,PAL S,DAS J,et al. SOFM - MLP:A Hybrid Neural Network for Atmospheric Temperature Prediction[J]. IEEE Transaction on Geoscience and Remote Sensing,2003,41(12):2783 - 2791.

[12] PAL N R,BEZDEK J C,TSAO E C - K. Generalized Clustering Networks and Kohonen's Self - organizing Scheme[J]. IEEE Transaction on Neural Networks,1993,4(4):549 - 557.

第 28 章

支持向量机的分类
——基于乳腺组织电阻抗特性的乳腺癌诊断

支持向量机(support vector machine,SVM)是一种新的机器学习方法,其基础是 Vapnik 创建的统计学习理论(statistical learning theory,STL)。统计学习理论采用结构风险最小化 (structural risk minimization,SRM)准则,在最小化样本点误差的同时,最小化结构风险,提高了模型的泛化能力,且没有数据维数的限制。在进行线性分类时,将分类面取在离两类样本距离较大的地方;进行非线性分类时通过高维空间变换,将非线性分类变成高维空间的线性分类问题。

本章将详细介绍支持向量机的分类原理,并将其应用于基于乳腺组织电阻抗频谱特性的乳腺癌诊断。

28.1 理论基础

28.1.1 支持向量机分类原理

1. 线性可分 SVM

支持向量机最初是研究线性可分问题而提出的,因此,这里先详细介绍线性 SVM 的基本思想及原理。

为不失一般性,假设大小为 l 的训练样本集 $\{(x_i,y_i),i=1,2,\cdots,l\}$ 由两个类别组成。若 x_i 属于第一类,则记 $y_i=1$;若 x_i 属于第二类,则记 $y_i=-1$。

若存在分类超平面

$$wx+b=0 \qquad (28-1)$$

能够将样本正确地划分成两类,即相同类别的样本都落在分类超平面的同一侧,则称该样本集是线性可分的,即满足

$$\begin{cases} wx_i+b \geqslant 1, & y_i=1 \\ wx_i+b \leqslant -1, & y_i=-1 \end{cases}, \qquad i=1,2,\cdots,l \qquad (28-2)$$

定义样本点 x_i 到式(28-1)所指的分类超平面的间隔为

$$\varepsilon_i = y_i(wx_i+b) = |wx_i+b| \qquad (28-3)$$

将式(28-3)中的 w 和 b 进行归一化,即用 $\dfrac{w}{\|w\|}$ 和 $\dfrac{b}{\|w\|}$ 分别代替原来的 w 和 b,并将归一化后的间隔定义为几何间隔

$$\delta_i = \frac{wx_i+b}{\|w\|} \qquad (28-4)$$

同时,定义一个样本集到分类超平面的距离为此集合中与分类超平面最近的样本点的几何间隔,即

$$\delta = \min \delta_i, \qquad i=1,2,\cdots,l \qquad (28-5)$$

样本的误分次数 N 与样本集到分类超平面的距离 δ 间的关系为

$$N \leqslant \left(\frac{2R}{\delta}\right)^2 \tag{28-6}$$

其中,$R = \max\|x_i\|, i=1,2,\cdots,l$,为样本集中向量长度最长的值。

由式(28-6)可知,误分次数 N 的上界由样本集到分类超平面的距离 δ 决定,即 δ 越大,N 越小。因此,需要在满足式(28-2)的无数个分类超平面中选择一个最优分面,使得样本集到分类超平面的距离 δ 最大。

若间隔 $\varepsilon = |wx_i + b| = 1$,则两类样本点间的距离为 $2\frac{|wx_i+b|}{\|w\|} = \frac{2}{\|w\|}$。因此,如图 28-1 所示,目标即为在满足式(28-2)的约束下寻求最优分类超平面,使得 $\frac{2}{\|w\|}$ 最大,即最小化 $\frac{\|w\|^2}{2}$。

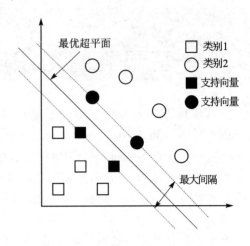

图 28-1　最优超平面示意图

用数学语言描述,即

$$\begin{cases} \min \dfrac{\|w\|^2}{2} \\ \text{s.t. } y_i(wx_i + b) \geqslant 1, \quad i=1,2,\cdots,l \end{cases} \tag{28-7}$$

该问题可以通过求解 Largrange 函数的鞍点得到,即

$$\Phi(w,b,\alpha_i) = \frac{1}{2}\|w\|^2 - \sum_{i=1}^{l}\alpha_i[y_i(wx_i+b)-1] \tag{28-8}$$

其中,$\alpha_i > 0, i=1,2,\cdots,l$,为 Largrange 系数。

由于计算的复杂性,一般不直接求解,而是依据 Largrange 对偶理论将式(28-8)转化为对偶问题,即

$$\begin{cases} \max Q(\alpha) = \sum_{i=1}^{l}\alpha_i - \frac{1}{2}\sum_{i=1}^{l}\sum_{j=1}^{l}\alpha_i\alpha_j y_i y_j(x_i x_j) \\ \text{s.t. } \sum_{i=1}^{l}\alpha_i y_i = 0, \quad \alpha_i \geqslant 0 \end{cases} \tag{28-9}$$

这个问题可以用二次规划方法求解。设求解得到的最优解为 $\alpha^* = [\alpha_1^*,\alpha_2^*,\cdots,\alpha_l^*]^T$,则可以得到最优的 w^* 和 b^* 为

$$\begin{cases} w^* = \sum_{i=1}^{l}\alpha_i^* x_i y_i \\ b^* = -\frac{1}{2}w^*(x_r + x_s) \end{cases} \tag{28-10}$$

其中,x_r 和 x_s 为两个类别中任意的一对支持向量。

最终得到的最优分类函数是

$$f(x) = \text{sgn}\left[\sum_{i=1}^{l}\alpha_i^* y_i(xx_i) + b^*\right] \tag{28-11}$$

值得一提的是,若数据集中的绝大多数样本是线性可分的,仅有少数几个样本(可能是异常点)导致寻找不到最优分类超平面,针对此类情况,通用的做法是引入松弛变量,并对式(28-7)

中的优化目标及约束项进行修正,即

$$
\begin{cases}
\min \dfrac{\|\boldsymbol{w}\|^{2}}{2} + C\sum_{i=1}^{l}\xi_i \\
\text{s.t.}\begin{cases} y_i(\boldsymbol{w}\boldsymbol{x}_i+b)\geqslant 1-\xi_i \\ \xi_i>0 \end{cases}, \qquad i=1,2,\cdots,l
\end{cases}
\tag{28-12}
$$

其中,C 为惩罚因子,起着控制错分样本惩罚程度的作用,从而实现在错分样本的比例与算法复杂度间的折中。求解方法与式(28-8)相同,即转化为其对偶问题,只是约束条件变为

$$
\begin{cases}
\sum_{i=1}^{l}\alpha_i y_i=0 \\
0\leqslant \alpha_i\leqslant C
\end{cases}, \qquad i=1,2,\cdots,l
\tag{28-13}
$$

最终求得的分类函数的形式与式(28-11)一样。

2. 线性不可分 SVM

在实际应用中,绝大多数问题都是非线性的,这时对于线性可分 SVM 是无能为力的。对于此类线性不可分问题,常用的方法是通过非线性映射 $\Phi:\mathbf{R}^d\rightarrow\boldsymbol{H}$,将原输入空间的样本映射到高维的特征空间 $\boldsymbol{H}$ 中,再在高维特征空间 $\boldsymbol{H}$ 中构造最优分类超平面,如图 28-2 所示。另外,与线性可分 SVM 相同,考虑到通过非线性映射到高维特征空间后仍有因少量样本造成的线性不可分情况,亦考虑引入松弛变量。

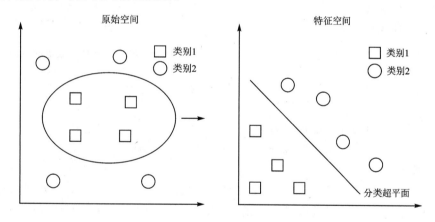

图 28-2　原始空间向高维特征空间映射

如式(28-9)所示,在求解对偶问题时,需计算样本点向量的点积;同理,当通过非线性映射到高维特征空间时,也需要在高维特征空间中计算点积,从而导致计算量增加。Vapnik 等人提出采用满足 Mercer 条件的核函数 $K(\boldsymbol{x}_i,\boldsymbol{x}_j)$ 来代替点积运算,即

$$
K(\boldsymbol{x}_i,\boldsymbol{x}_j)=\Phi(\boldsymbol{x}_i)\Phi(\boldsymbol{x}_j)
\tag{28-14}
$$

在高维特征空间中寻求最优分类超平面的过程及方法与线性可分 SVM 情况类似,只是以核函数取代了高维特征空间中的点积,从而大大减少了计算量与复杂度。

映射到高维特征空间后对应的对偶问题变为

$$
\begin{cases}
\max Q(\boldsymbol{\alpha})=\sum_{i=1}^{l}\alpha_i-\dfrac{1}{2}\sum_{i=1}^{l}\sum_{j=1}^{l}\alpha_i\alpha_j y_i y_j K(\boldsymbol{x}_i,\boldsymbol{x}_j) \\
\text{s.t.}\begin{cases} \sum_{i=1}^{l}\alpha_i y_i=0 \\ 0\leqslant \alpha_i\leqslant C \end{cases}, \qquad i=1,2,\cdots,l
\end{cases}
\tag{28-15}
$$

设 $\boldsymbol{\alpha}^* = (\alpha_1^*, \alpha_2^*, \cdots, \alpha_l^*)^{\mathrm{T}}$ 是式(28-15)的解,则

$$w^* = \sum_{i=1}^l \alpha_i^* y_i \Phi(\boldsymbol{x}_i) \qquad (28-16)$$

从而最终的最优分类函数为

$$f(\boldsymbol{x}) = \mathrm{sgn}(w^* \Phi(\boldsymbol{x}) + b^*) = \mathrm{sgn}\left(\sum_{i=1}^l \alpha_i^* y_i \Phi(\boldsymbol{x}_i) \cdot \Phi(\boldsymbol{x}) + b^*\right) =$$

$$\mathrm{sgn}\left(\sum_{i=1}^l \alpha_i^* y_i K(\boldsymbol{x}_i, \boldsymbol{x}) + b^*\right) \qquad (28-17)$$

容易证明,解中将只有一部分(通常是少部分)不为零,非零部分对应的样本 $\boldsymbol{x}_i$ 就是支持向量,决策边界仅由支持向量确定。

由式(28-15)也可以看出,支持向量机的结构与神经网络的结构较为类似,如图 28-3 所示。输出是中间节点的线性组合,每个中间节点对应一个支持向量。

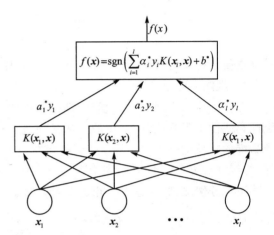

图 28-3 支持向量机的结构

常用的核函数如下:

(1)线性核函数

$$K(\boldsymbol{x}, \boldsymbol{x}_i) = \boldsymbol{x}\boldsymbol{x}_i$$

(2) d 阶多项式核函数

$$K(\boldsymbol{x}, \boldsymbol{x}_i) = (\boldsymbol{x}\boldsymbol{x}_i + 1)^d$$

(3)径向基核函数

$$K(\boldsymbol{x}, \boldsymbol{x}_i) = \exp\left(-\frac{\|\boldsymbol{x} - \boldsymbol{x}_i\|^2}{2\sigma^2}\right)$$

(4)具有参数 k 和 θ 的 Sigmoid 核函数

$$K(\boldsymbol{x}, \boldsymbol{x}_i) = \tanh(k(\boldsymbol{x}\boldsymbol{x}_i) + \theta)$$

3. 多分类 SVM

由线性可分 SVM 和线性不可分 SVM 的原理可知,支持向量机仅限于处理二分类问题,对于多分类问题,须做进一步的改进。目前,构造多分类 SVM 的方法主要有两个:直接法和间接法。直接法通过修改待求解的优化问题,直接计算出用于多分类的分类函数,该方法计算量较大、求解过程复杂、花费时间较长,实现起来比较困难。间接法主要是通过组合多个二分类 SVM 来实现多分类 SVM 的构建,常见的方法有一对一(one-against-one)和一对多(one-against-all)两种。

1. 一对一

一对一在 K 类训练样本中构造所有可能的二分类 SVM,即将每类样本与其他类别的样本分别构成二分类问题,共构造 $\dfrac{K(K-1)}{2}$ 个二分类 SVM。测试样本经过所有的二分类 SVM 进行分类,然后对所有类别进行投票,得票最多的类别(最占优势的类别)即为测试样本所属的类别。

2. 一对多

一对多由 K 个二分类 SVM 组成,第 $i(i=1,2,\cdots,K)$ 个二分类 SVM 将第 i 类训练样本的类别标记为 +1,而将其余所有训练样本的类别标记为 -1。测试样本经过所有二分类 SVM 进行分类,然后根据预测得到的类别标号判断是否属于第 $i(i=1,2,\cdots,K)$ 个类别。

28.1.2　libsvm 软件包简介

libsvm 工具箱是台湾大学林智仁(C. J Lin)等人开发的一套简单的、易于使用的 SVM 模式识别与回归机软件包(详情请见官方网址:http://www.csie.ntu.edu.tw/~cjlin/libsvm/index.html,本书配套资源中也有该工具箱及其安装说明的详细介绍),该软件包利用收敛性证明的成果改进算法,取得了很好的结果。libsvm 共实现了 5 种类型的 SVM:C-SVC,υ-SVC,One Class-SVC,ε-SVR 和 υ-SVR 等。下面将详细介绍 libsvm 软件包中主要函数的调用格式及其注意事项。

1. SVM 训练函数 svmtrain

函数 svmtrain 用于创建一个 SVM 模型,其调用格式为

model = svmtrain(train_label, train_matrix, 'libsvm_options');

其中,train_label 为训练集样本对应的类别标签;train_matrix 为训练集样本的输入矩阵;libsvm_options 为 SVM 模型的参数及其取值(具体的参数、意义及其取值请参考 libsvm 软件包的参数说明文档,此处不再赘述);model 为训练好的 SVM 模型。

值得一提的是,与 BP 神经网络及 RBF 神经网络不同,train_label 及 train_matrix 为列向量(矩阵),每行对应一个训练样本。

2. SVM 预测函数 svmpredict

函数 svmpredict 用于利用已建立的 SVM 模型进行仿真预测,其调用格式为

[predict_label, accuracy] = svmpredict(test_label, test_matrix, model);

其中,test_label 为测试集样本对应的类别标签;test_matrix 为测试集样本的输入矩阵;model 为利用函数 svmtrain 训练好的 SVM 模型;predict_label 为预测得到的测试集样本的类别标签;accuracy 为测试集的分类正确率。

需要说明的是,若测试集样本对应的类别标签 test_label 未知,为了符合函数 svmpredict 调用格式的要求,随机填写即可,在这种情况下,accuracy 便没有具体的意义了,只需关注预测的类别标签 predict_label 即可。

28.2　案例背景

28.2.1　问题描述

乳腺是女性身体的重要器官。乳腺疾病类别繁多,病因复杂,其中,乳腺癌是乳腺疾病的一种,已逐渐成为危害女性健康的主要恶性肿瘤之一。近年来,乳腺癌等乳腺疾病发病率呈明显上升趋势,被医学界称为"女性健康第一杀手"。

相关研究结果表明,在直流状态下,不同生物组织表现出不同的电阻特性,生物组织电阻抗随着外加电信号频率的不同而表现出较大的差异。常见的电阻抗测量方法有:电阻抗频谱法(impedance spectroscopy)、阻抗扫描成像法(electrical impedance scanning, EIS)、电阻抗断层成像法(electrical impedance tomography, EIT)等。电阻抗频谱法的测量依据是生物组织的电阻抗随着外加电信号频率的不同而呈现出较大的差异。阻抗扫描成像法的原理是癌变组织与正常组织及良性肿瘤组织的电导(阻)率相比,存在着显著性的差异,从而使得均匀分布在组织外的外加电流或电压场产生畸变。电阻抗断层成像法则利用设于体表外周的电极阵列及微弱测量电流,提取相关特征并重新构造出截面的电阻抗特性图像。

尽管目前的电阻抗测量结果还存在一些偏差,但相关研究已经证实癌变组织与正常组织的电阻抗特性存在显著的差异。因此,乳腺组织的电阻抗特征可以应用于乳腺癌的检查与诊断中。由于电阻抗测量法具有无创、廉价、操作简单、医生与病人易于接受等优点,随着测量技术的不断发展,电阻抗测量系统精度的日益提高,基于乳腺组织电阻抗特性的乳腺癌诊断技术势必会在临床检查与诊断中发挥其特有的作用。

1996 年,Jossinet 研究小组利用电阻抗频谱法测量了来自 64 位妇女的 106 个乳腺样本的电阻抗特性,并将其分为 6 组:乳腺组织、结缔组织、脂肪组织、乳腺病、纤维腺瘤和乳腺癌,其中前 3 组是正常组织,后 3 组是病变组织(其中前 2 组是良性病变)。各组的乳腺样本数如表 28 - 1 所列。

表 28 - 1　各组的乳腺样本数

组织类别	乳腺组织	结缔组织	脂肪组织	乳腺病	纤维腺瘤	乳腺癌
样本数	16	14	22	18	15	21

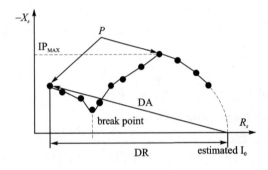

图 28 - 4　在复平面下绘制的电阻抗频谱及特征提取示意图

所有乳腺样本的电阻抗特性均在 7 个频率下(即 15.625 kHz、31.25 kHz、62.5 kHz、125 kHz、250 kHz、500 kHz 和 1 000 kHz)测得。在复平面下绘制的电阻抗频谱及特性提取示意图如图 28 - 4 所示,并在该复平面下提取相应的 9 个特征:I_0(估测电阻)、PA500(500 kHz 对应的相位角)、HFS(相位角斜率)、DA(频谱距离)、AREA(频谱面积)、A/DA(AREA/DA)、IP_{MAX}(电抗最大值)、DR(电阻间隔)和 P(频谱长度)。图 28 - 4 中描述的是可以直接提取出来的 5 个特征,其余 4 个特征需要借助于其他软件或工具进行提取。现要求利用 SVM 建立基于乳腺组织电阻抗特性的乳腺癌诊断模型,并对诊断模型的特性进行评价。

28.2.2　解题思路及步骤

依据问题描述中的要求,利用 SVM 建立乳腺癌诊断模型并对模型的性能进行评价,大体上可以分为以下几个步骤,如图 28 - 5 所示。

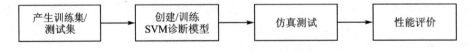

图 28 - 5　模型建立步骤

1. 产生训练集/测试集

与前面几章类似,要求所产生的训练集样本数不宜太少,且应具有代表性。同时,由于 libsvm 软件包对输入的数据有格式上的要求,需要转换产生的训练集和测试集输入矩阵和类别标签以满足函数 svmtrain 和函数 svmpredict 调用格式的要求。

2. 创建/训练 SVM 诊断模型

利用函数 svmtrain 可以方便地创建/训练一个 SVM 模型,值得一提的是,在创建之前,如若需要,还应对数据进行归一化。同时,由于不同核函数类型及参数对模型的泛化能力影响较大,因此,需要确定核函数类型及选择较好的参数。一般选用 RBF 核函数,且利用交叉验证方法选择较好的模型参数。

3. 仿真测试

当 SVM 诊断模型训练好后,输入测试集的类别标签及输入矩阵函数 svmpredict,便可以得到对应的预测类别标签及正确率。

4. 性能评价

依据函数 svmpredict 返回的正确率,可以对建立的模型性能进行评价。若模型性能不理想,可以从以下 3 个方面进行调整:训练集的选择、核函数的选择及模型参数的取值,并在此基础上重新建立模型,直到模型的性能达到要求为止。

28.3　MATLAB 程序实现

利用 MATLAB 及 libsvm 软件包中提供的函数,可以方便地在 MATLAB 环境下实现上述步骤。

28.3.1　清空环境变量

程序运行之前,清除工作空间 Workspace 中的变量及 Command Window 中的命令。具体程序如下:

```
%% 清空环境变量
clear all
clc
```

28.3.2　产生训练集/测试集

数据文件 BreastTissue_data. mat 中存放着输入属性矩阵变量 matrix 和对应的标签变量 label,各种乳腺类别与标签的对应关系如表 28 - 2 所列。为不失一般性,随机选取 80 个样本作为训练集,剩余的 26 个样本作为测试集。

表 28 - 2　乳腺类别与标签对应关系

乳腺类别	乳腺癌	纤维腺瘤	乳腺病	乳腺组织	结缔组织	脂肪组织
标签	1	2	3	4	5	6

具体程序如下:

```
%% 导入数据
load BreastTissue_data.mat
% 随机产生训练集和测试集
n = randperm(size(matrix,1));
% 训练集——80 个样本
train_matrix = matrix(n(1:80),:);
train_label = label(n(1:80),:);
% 测试集——26 个样本
test_matrix = matrix(n(81:end),:);
test_label = label(n(81:end),:);
```

28.3.3 数据归一化

由于9个输入属性的取值不属于同一个数量级,输入变量差异较大,因此在建立模型之前,先对输入矩阵进行归一化。具体程序如下:

```
%% 数据归一化
[Train_matrix,PS] = mapminmax(train_matrix');
Train_matrix = Train_matrix';
Test_matrix = mapminmax('apply',test_matrix',PS);
Test_matrix = Test_matrix';
```

28.3.4 创建/训练 SVM(RBF 核函数)

如前文所述,在创建/训练 SVM 时应考虑核函数及相关参数对模型性能的影响。这里采用默认的 RBF 核函数。首先利用交叉验证方法寻找最佳的参数 c(惩罚因子)和参数 g(RBF 核函数中的方差),然后利用最佳的参数训练模型。值得一提的是,当模型的性能相同时,为了减少计算时间,优先选择惩罚因子 c 比较小的参数组合,这是因为惩罚因子 c 越大,最终得到的支持向量数将越多,计算量越大。具体程序如下:

```
%% SVM 创建/训练(RBF 核函数)
% 寻找最佳c/g参数——交叉验证方法
[c,g] = meshgrid(-10:0.2:10,-10:0.2:10);
[m,n] = size(c);
cg = zeros(m,n);
eps = 10^(-4);
v = 5;
bestc = 1;
bestg = 0.1;
bestacc = 0;
for i = 1:m
    for j = 1:n
        cmd = ['-v ',num2str(v),' -c ',num2str(2^c(i,j)),' -g ',num2str(2^g(i,j))];
        cg(i,j) = svmtrain(train_label,Train_matrix,cmd);
        if cg(i,j) > bestacc
            bestacc = cg(i,j);
            bestc = 2^c(i,j);
            bestg = 2^g(i,j);
        end
        if abs( cg(i,j) - bestacc )< = eps && bestc > 2^c(i,j)
            bestacc = cg(i,j);
            bestc = 2^c(i,j);
            bestg = 2^g(i,j);
        end
    end
end
```

```
end
cmd = ['- c ',num2str(bestc),' - g ',num2str(bestg)];
% 创建/训练 SVM 模型
model = svmtrain(train_label,Train_matrix,cmd);
```

28.3.5　SVM 仿真测试

SVM 模型训练完成以后,利用函数 svmpredict 便可以进行仿真测试。具体程序如下:

```
%% SVM 仿真测试
[predict_label_1,accuracy_1] = svmpredict(train_label,Train_matrix,model);
[predict_label_2,accuracy_2] = svmpredict(test_label,Test_matrix,model);
result_1 = [train_label predict_label_1]
result_2 = [test_label predict_label_2]
```

说明:

(1) predict_label_1 为训练集的预测类别标签,accuracy_1 为训练集的预测正确率,result_1 为训练集的预测结果对比(第 1 列为真实值,第 2 列为预测值)。

(2) predict_label_2 为测试集的预测类别标签,accuracy_2 为测试集的预测正确率,result_2 为测试集的预测结果对比(第 1 列为真实值,第 2 列为预测值)。

由于训练集和测试集是随机产生的,所以程序每次运行的结果都会不同。某次运行的测试集预测结果如表 28-3 所列。从表中可以清晰地看到,只有样本 7 和 9 预测错误,测试集的预测正确率达到 92.31%(24/26)。且如前文所述,乳腺癌、纤维腺瘤和乳腺病(标签分别为 1、2 和 3)为病变组织,乳腺组织、结缔组织和脂肪组织(标签分别为 4、5、6)为正常组织,若仅判断为病变组织或正常组织(即二分类),则样本 9 判断正确(将乳腺癌诊断为纤维腺瘤,同为病变组织),预测正确率将达到 96.15%(25/26),这也从另外一个角度体现了 SVM 用于二分类的优越性。

表 28-3　测试集预测结果对比

样本编号	1	2	3	4	5	6	**7**	8	**9**	10	11	12	13
真实类别	2	2	2	5	3	1	**4**	6	**1**	1	1	6	4
预测类别	2	2	2	5	3	1	**1**	6	**2**	1	1	6	4
样本编号	14	15	16	17	18	19	20	21	22	23	24	25	26
真实类别	1	3	3	1	4	6	5	6	3	1	3	6	6
预测类别	1	3	3	1	4	6	5	6	3	1	3	6	6

28.3.6　绘　图

为了直观地观察、分析结果,这里以图形的形式给出最终的测试集预测结果。具体程序如下:

```
%% 绘图
figure
plot(1:length(test_label),test_label,'r- * ')
hold on
```

```
plot(1:length(test_label),predict_label_2,'b:o')
grid on
legend('真实类别','预测类别')
xlabel('测试集样本编号')
ylabel('测试集样本类别')
string = {'测试集 SVM 预测结果对比(RBF 核函数)';
          ['accuracy = ' num2str(accuracy_2(1)) '%']};
title(string)
```

对应于表 28-3 的结果如图 28-6 所示。

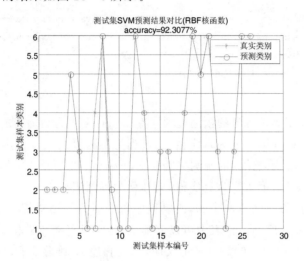

图 28 - 6　测试集 SVM 预测结果对比(RBF 核函数)

28.4　延伸阅读

28.4.1　性能对比

1. 归一化对模型性能的影响

为了评价归一化对模型性能的影响,这里尝试不对输入矩阵进行归一化,测试集的预测结果如表 28-4 所列。从表中可以看出,相比于归一化情况,未归一化的测试集预测正确率要低很多,仅为 23.08%(6/26)。然而,需要说明的是,归一化并非一个不可或缺的处理步骤,针对具体问题应进行具体分析,从而决定是否要进行归一化。

表 28 - 4　未归一化测试集预测结果对比

样本编号	1	2	3	4	5	6	7	8	9	10	11	12	13
真实类别	2	2	2	5	3	1	**4**	6	**1**	1	1	6	4
预测类别	6	6	6	6	6	6	**6**	6	**3**	6	6	6	2
样本编号	14	15	16	17	18	19	20	21	22	23	24	25	26
真实类别	1	3	3	1	4	6	5	6	3	1	3	6	6
预测类别	6	6	6	6	6	6	6	6	6	6	6	6	6

2. 核函数对模型性能的影响

保证其他模型参数不变,仅修改核函数的类型,选择不同核函数时的训练集及测试集预测正确率如表 28-5 所列。从表中可以清晰地看到，线性核函数和 Sigmoid 核函数对应的正确率较低，而 RBF 核函数和多项式核函数对应的训练集预测正确率相当，但从模型的泛化能力考虑，即同时衡量测试集的预测正确率，则 RBF 核函数对应的模型性能最佳。因此，如前文所述，一般采用默认设置的 RBF 核函数进行建模。

表 28-5　不同核函数预测正确率对比

核函数类型		线性	多项式	RBF	Sigmoid
预测正确率	训练集	70.00%(56/80)	96.25%(77/80)	93.75%(75/80)	71.25%(57/80)
	测试集	61.54%(16/26)	88.46%(23/26)	92.31%(24/26)	73.08%(19/26)

28.4.2　案例延伸

近年来，越来越多的专家与学者致力于 SVM 方面的研究，取得了许多进展。一方面，针对目前的 SVM 训练算法复杂度较大、计算时间较长等问题，不少学者提出了新的训练算法；另一方面，一些专家尝试着寻找更简单、更有效的核函数以简化运算并提升 SVM 的性能。同时，为了解决模型参数大多依靠经验选取或者大范围网格搜索耗时较长等问题，不少学者引入遗传算法、粒子群算法等优化算法，从而自动寻找最佳的模型参数使得模型的性能达到最优。

参考文献

[1] J ESTRELA DA S,J P MARQUES D S. Classification of Breast Tissue by Electrical Impedance Spectroscopy[J]. Med Biol Eng. Comput. ,2000,38:26-30.

[2] JOSSINET J Variability of Impedivity in Normal and Pathological Breast Tissue[J]. Med Biol Eng Comput. ,1996,34:346-350.

[3] CHAPELLE O,HAFFNER P,VAPNIK V N. Support Vector Machines for Histogram-based Image Classification[J]. IEEE Transactions on Neural Networks,1999,10(5):1055-1064.

[4] ISABELLE G,JASON W,STEPHEN B,et al. Gene Selection for Cancer Classification Using Support Vector Machines[J]. Machine Learning,2002,46:389-422.

[5] HSU C W,LIN C J. A Comparsion of Methods for Multi-class Support Vector Machines[J]. IEEE Transactions on Neural Network,2002,13(2):415-425.

[6] LIN C J. Formulations of Support Vector Machines:A Note from an Optimization Point of View[J]. Neural Computation,2001,13(2):307 317.

[7] SUYKENS J A K, VANDEWALLE J. Least Squares Support Vector Machine Classifiers[J]. Neural Processing Letters,1999,9(3):293-300.

[8] TERRENCE S F,NELLO C,NIGEL D,et al. Support Vector Machine Classification and Validation of Cancer Tissue Samples Using Microarray Expression Data[J]. Bioinformatics,2000,16(10):906-914.

[9] PAUL P,ILAN W, WILLIAM S N. Support Vector Machine Classification on the Web[J]. Bioinformatics,2004,20(4):586-587.

第 29 章

支持向量机的回归拟合——混凝土抗压强度预测

与传统的神经网络相比,SVM 具有以下几个优点:

(1) SVM 是专门针对小样本问题而提出的,可以在有限样本的情况下获得最优解。

(2) SVM 算法最终将转化为一个二次规划问题,从理论上讲可以得到全局最优解,从而解决了传统神经网络无法避免局部最优的问题。

(3) SVM 的拓扑结构由支持向量决定,避免了传统神经网络需要反复试凑确定网络结构的问题。

(4) SVM 利用非线性变换将原始变量映射到高维特征空间,在高维特征空间中构造线性分类函数,这既保证了模型具有良好的泛化能力,又解决了"维数灾难"问题。

同时,SVM 不仅可以解决分类、模式识别等问题,还可以解决回归、拟合等问题。因此,其在各个领域中都得到了非常广泛的应用。

本章将详细介绍 SVM 回归拟合的基本思想和原理,并以实例的形式阐述其在混凝土抗压强度预测中的应用。

29.1 理论基础

29.1.1 SVR 基本思想

为了利用 SVM 解决回归拟合方面的问题,Vapnik 等人在 SVM 分类的基础上引入了 ε 不敏感损失函数,从而得到了回归型支持向量机(support vector machine for regression, SVR),且取得了很好的性能和效果。下面将详细阐述 SVR 的基本思想并进行算法推导。

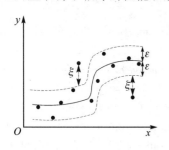

图 29-1 SVR 基本思想示意图

SVM 应用于回归拟合分析时,其基本思想不再是寻找一个最优分类面使得两类样本分开,而是寻找一个最优分类面使得所有训练样本离该最优分类面的误差最小,如图 29-1 所示。

为不失一般性,设含有 l 个训练样本的训练集样本对为 $\{(\boldsymbol{x}_i, y_i), i = 1, 2, \cdots, l\}$,其中,$\boldsymbol{x}_i (\boldsymbol{x}_i \in \boldsymbol{R}^d)$ 是第 i 个训练样本的输入列向量,$\boldsymbol{x}_i = [x_i^1, x_i^2, \cdots, x_i^d]^\mathrm{T}$,$y_i \in \boldsymbol{R}$ 为对应的输出值。

设在高维特征空间中建立的线性回归函数为

$$f(\boldsymbol{x}) = \boldsymbol{w} \Phi(\boldsymbol{x}) + b \tag{29-1}$$

其中,$\Phi(\boldsymbol{x})$ 为非线性映射函数。

定义 ε 线性不敏感损失函数

$$L(f(\boldsymbol{x}), y, \varepsilon) = \begin{cases} 0, & |y - f(\boldsymbol{x})| \leqslant \varepsilon \\ |y - f(\boldsymbol{x})| - \varepsilon, & |y - f(\boldsymbol{x})| > \varepsilon \end{cases} \tag{29-2}$$

其中,$f(\boldsymbol{x})$ 为回归函数返回的预测值;y 为对应的真实值。如图 29-2 所示,即表示若 $f(\boldsymbol{x})$ 与 y 之间的差别小于等于 ε,则损失等于 0。

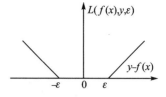

图 29-2　ε 线性不敏感损失函数

类似于 SVM 分类情况,引入松弛变量 ξ_i,ξ_i^*,并将上述寻找 $\boldsymbol{w},b$ 的问题用数学语言描述出来,即

$$
\begin{cases}
\min \dfrac{1}{2}\|\boldsymbol{w}\|^2 + C\sum\limits_{i=1}^{l}(\xi_i+\xi_i^*) \\
\text{s. t.}
\begin{cases}
y_i - \boldsymbol{w}\varPhi(\boldsymbol{x}_i) - b \leqslant \varepsilon+\xi_i &,i=1,2,\cdots,l \\
-y_i + \boldsymbol{w}\varPhi(\boldsymbol{x}_i) + b \leqslant \varepsilon+\xi_i^* \\
\zeta_i \geqslant 0,\zeta_i^* \geqslant 0
\end{cases}
\end{cases}
\tag{29-3}
$$

其中,C 为惩罚因子,C 越大表示对训练误差大于 ε 的样本惩罚越大;ε 规定了回归函数的误差要求,ε 越小表示回归函数的误差越小。

求解式(29-3)时,同样引入 Largrange 函数,并转换为对偶形式:

$$
\begin{cases}
\max\limits_{\boldsymbol{\alpha},\boldsymbol{\alpha}^*}\left[-\dfrac{1}{2}\sum\limits_{i=1}^{l}\sum\limits_{j=1}^{l}(\alpha_i-\alpha_i^*)(\alpha_j-\alpha_j^*)K(\boldsymbol{x}_i,\boldsymbol{x}_j) - \sum\limits_{i=1}^{l}(\alpha_i+\alpha_i^*)\varepsilon + \sum\limits_{i=1}^{l}(\alpha_i-\alpha_i^*)y_i\right] \\
\text{s. t.}
\begin{cases}
\sum\limits_{i=1}^{l}(\alpha_i-\alpha_i^*)=0 \\
0\leqslant \alpha_i \leqslant C \\
0\leqslant \alpha_i^* \leqslant C
\end{cases}
\end{cases}
\tag{29-4}
$$

其中,$K(\boldsymbol{x}_i,\boldsymbol{x}_j)=\varPhi(\boldsymbol{x}_i)\varPhi(\boldsymbol{x}_j)$ 为核函数。

设求解式(29-4)得到的最优解为 $\boldsymbol{\alpha}=[\alpha_1,\alpha_2,\cdots,\alpha_l]$,$\boldsymbol{\alpha}^*=[\alpha_1^*,\alpha_2^*,\cdots,\alpha_l^*]$,则有

$$
\boldsymbol{w}^* = \sum_{i=1}^{l}(\alpha_i-\alpha_i^*)\varPhi(\boldsymbol{x}_i)
\tag{29-5}
$$

$$
b^* = \frac{1}{N_{\text{nsv}}}\left\{\sum_{0<\alpha_i<C}\left[y_i-\sum_{x_i\in\text{SV}}(\alpha_i-\alpha_i^*)K(\boldsymbol{x}_i,\boldsymbol{x}_j)-\varepsilon\right]+\right.
$$

$$
\left.\sum_{0<\alpha_i<C}\left[y_i-\sum_{x_j\in\text{SV}}(\alpha_j-\alpha_j^*)K(\boldsymbol{x}_i,\boldsymbol{x}_j)+\varepsilon\right]\right\}
\tag{29-6}
$$

其中,N_{nsv} 为支持向量个数。

于是,回归函数为

$$
f(\boldsymbol{x}) = \boldsymbol{w}^*\varPhi(\boldsymbol{x}) + b^* = \sum_{i=1}^{l}(\alpha_i-\alpha_i^*)\varPhi(\boldsymbol{x}_i)\varPhi(\boldsymbol{x}) + b^* = \sum_{i=1}^{l}(\alpha_i-\alpha_i^*)K(\boldsymbol{x}_i,\boldsymbol{x}) + b^*
\tag{29-7}
$$

其中,只有部分参数 $(\alpha_i-\alpha_i^*)$ 不为零,其对应的样本 $\boldsymbol{x}_i$ 即为问题中的支持向量。

从式(29-7)可以看出,SVR 最终的函数形式与 SVM 相同,其结构与神经网络的结构较为类似,如图 29-3 所示。输出是中间节点的线性组合,每个中间节点对应一个支持向量。

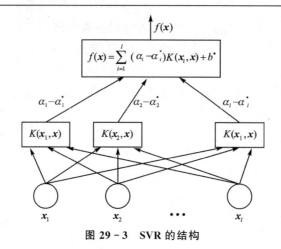

$$f(x) = \sum_{i=1}^{l} (\alpha_i - \alpha_i^*)K(x_i, x) + b^*$$

图 29-3　SVR 的结构

29.1.2　支持向量机的训练算法

支持向量机的求解问题最终将转化为一个带约束的二次规划(quadratic programming, QP)问题,当训练样本较少时,可以利用传统的牛顿法、共轭梯度法、内点法等进行求解。然而,当训练样本数目较大时,传统算法的复杂度会急剧增加,且会占用大量的内存资源。因此,为了减小算法的复杂度,提升算法的效率,不少专家和学者提出了许多解决大规模训练样本的支持向量机训练算法,下面简要介绍几种常用的典型训练算法。

1. 分块算法

分块算法(chunking)的理论依据是支持向量机的最优解只与支持向量有关,而与非支持向量无关。该算法的基本步骤如下:

(1)将原始优化问题分解为一系列规模较小的 QP 子集,随机选择一个 QP 子集,利用其中的训练样本进行训练,剔除其中的非支持向量,保留支持向量。

(2)将提取出的支持向量加入另一个 QP 子集中,并对新的 QP 子集进行求解,同时提取出其中的支持向量。

(3)逐步求解,直至所有的 QP 子集计算完毕。

2. Osuna 算法

Osuna 算法最先是由 Osuna 等人提出的,其基本思路是将训练样本划分为工作样本集 B 和非工作样本集 N,迭代过程中保持工作样本集 B 的规模固定。在求解时,先计算工作样本集 B 的 QP 问题,然后采取一些替换策略,用非工作样本集 N 中的样本替换工作样本集 B 中的一些样本,同时保证工作样本集 B 的规模不变,并重新进行求解。如此循环,直到满足一定的终止条件。

3. 序列最小优化算法

与分块算法和 Osuna 算法相同,序列最小优化算法(sequential minimal optimization, SMO)的基本思想也是把一个大规模的 QP 问题分解为一系列小规模的 QP 子集优化问题。SMO 算法可以看做是 Osuna 算法的一个特例,即将工作样本集 B 的规模固定为 2,每次只求解两个训练样本的 QP 问题,其最优解可以直接采用解析方法获得,而无需采用反复迭代的数值解法,这在很大程度上提高了算法的求解速度。

4. 增量学习算法

上述 3 种训练算法的实现均是离线完成的,若训练样本是在线实时采集的,则需要用到增量学习算法(incremental learning)。增量学习算法将训练样本逐个加入进来,训练时只对与新加入的训练样本有关的部分结果进行修改和调整,而保持其他部分的结果不变。其最大的特点是可以在线实时地对训练样本进行学习,从而获得动态的模型。

简而言之,分块算法可以减小算法占用的系统内存,然而当训练样本的规模很大时,其算法复杂度仍然较大。Osuna 算法的关键在于如何划分工作样本集与非工作样本集、如何确定工作样本集的大小、如何选择替换策略以及如何设定迭代终止条件等。SMO 算法采用解析的方法对 QP 问题进行求解,从而避免了数值解法的反复迭代过程以及由数值解法引起的误差积累问题,这大大提高了求解的速度和精度。同时,SMO 算法占用的内存资源与训练样本的规模呈线性增长,因此其占用的系统内存亦较小。增量学习算法适用于在线实时训练学习。

29.2　案例背景

29.2.1　问题描述

近年来,随着房屋建筑、水利、交通等土木工程的大力发展,我国的混凝土年用量逐年攀升。相关统计数据表明,目前我国的混凝土年用量约为 24～30 亿立方米,混凝土结构约占全部工程结构的 90% 以上,可以预见,混凝土将是现阶段及未来一段时间内我国主导的工程结构材料。

混凝土是由水泥、砂、石、飞灰和水等构成的混合物,且在使用时往往需要添加增塑剂等。因此,与其他结构材料相比,混凝土具有更复杂的力学性能。混凝土的强度是决定混凝土结构和性能的关键因素,也是评价混凝土结构和性能的重要指标。其中,混凝土的立方米抗压强度是其各种性能指标的综合反映,与混凝土轴心抗拉强度、轴心抗压强度、弯曲抗压强度、疲劳强度等有良好的相关性,因此混凝土的立方米抗压强度是评价混凝土强度的最基本指标。

随着技术的不断发展,混凝土抗压强度检测手段也愈来愈多,基本上可以分为局部破损法和非破损法两类,其中局部破损法主要是钻芯法,非破损法主要包括回弹法和超声法。工程上常采用钻芯法、修正回弹法,并结合《回弹法检测混凝土抗压强度技术规程》《建筑结构检测技术标准》等规定的方法来推定混凝土的抗压强度。按照传统的方法,通常需要先对混凝土试件进行 28 天标准养护,然后再进行测试。若能够提前预测出混凝土的 28 天抗压强度,则对于提高施工质量和进度都具有重要的参考意义和实用价值。

此外,不少专家和学者将投影寻踪回归、神经网络、灰色理论等方法引入混凝土结构工程领域,取得了不错的效果,对混凝土抗压强度的预测有着一定的指导意义。

相关研究成果表明,混凝土的 28 天立方米抗压强度与混凝土的组成有很大的关系,即与每立方米混凝土中水泥、炉石、飞灰、水、超增塑剂、碎石及砂用量的多少有显著的关系。

现采集到 103 组混凝土样本的立方米抗压强度及其中上述 7 种成分的含量大小,要求利用支持向量机建立混凝土的 28 天立方米抗压强度与其组成间的回归数学模型,并对模型的性能进行评价。

29.2.2　解题思路及步骤

依据问题描述中的要求,实现支持向量机回归模型的建立及性能评价,大体上可以分为以下几个步骤,如图 29-4 所示。

1. 产生训练集/测试集

与 SVM 分类中类似,为了满足 libsvm 软件包相关函数调用格式的要求,产生的训练集和

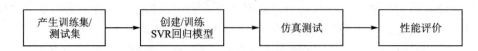

图 29-4　模型建立步骤

测试集应进行相应的转换。训练集样本的数量及代表性要求与其他方法相同,此处不再赘述。

2. 创建/训练 SVR 回归模型

与第 28 章相同,利用 libsvm 软件包中的函数 svmtrain 可以实现 SVR 回归模型的创建和训练,区别是其中的相关参数设置有所不同。同时,考虑到归一化、核函数的类型、参数的取值对回归模型的性能影响较大,因此,需要在设计时综合衡量,具体参见 29.3 节及 29.4 节,此处不再赘述。

3. 仿真测试

利用 libsvm 软件包中的函数 svmpredict 可以实现 SVR 回归模型的仿真测试,返回的第 1 个参数为对应的预测值,第 2 个参数中记录了测试集的均方误差 E 和决定系数 R^2,具体的计算公式分别如下:

$$E = \frac{1}{l} \sum_{i=1}^{l} (\hat{y}_i - y_i)^2 \tag{29-8}$$

$$R^2 = \frac{\left(l \sum_{i=1}^{l} \hat{y}_i y_i - \sum_{i=1}^{l} \hat{y}_i \sum_{i=1}^{l} y_i \right)^2}{\left(l \sum_{i=1}^{l} \hat{y}_i^2 - \left(\sum_{i=1}^{l} \hat{y}_i \right)^2 \right) \left(l \sum_{i=1}^{l} y_i^2 - \left(\sum_{i=1}^{l} y_i \right)^2 \right)} \tag{29-9}$$

其中,l 为测试集样本个数;$y_i(i=1,2,\cdots,l)$ 为第 i 个样本的真实值;$\hat{y}_i(i=1,2,\cdots,l)$ 为第 i 个样本的预测值。

4. 性能评价

利用函数 svmpredict 返回的均方误差 E 和决定系数 R^2,可以对所建立的 SVR 回归模型的性能进行评价。若性能没有达到要求,则可以通过修改模型参数、核函数类型等方法重新建立回归模型,直到满足要求为止。

29.3　MATLAB 程序实现

利用 MATLAB 及 libsvm 软件包中提供的函数,可以方便地在 MATLAB 环境下实现上述步骤。

29.3.1　清空环境变量

程序运行之前,清除工作空间 Workspace 中的变量及 Command Window 中的命令。具体程序如下:

```
%%清空环境变量
clear all
clc
```

29.3.2　产生训练集/测试集

数据文件 concrete_data.mat 中的变量 attributes 和 strength 分别对应 103 个混凝土样本

的组成及立方米抗压强度,每列对应一个样本。为不失一般性,这里依然采用随机的方法产生训练集和测试集,即随机选取 80 个样本作为训练集,剩余的 23 个样本作为测试集用来对模型的性能进行评价。具体的程序如下:

```
%% 导入数据
load concrete_data.mat
% 随机产生训练集和测试集
n = randperm(size(attributes,2));
% 训练集——80 个样本
p_train = attributes(:,n(1:80))';
t_train = strength(:,n(1:80))';
% 测试集——23 个样本
p_test = attributes(:,n(81:end))';
t_test = strength(:,n(81:end))';
```

29.3.3　数据归一化

由于数据集中各个变量的差异较大,不属于同一个数量级,因此,在建立回归模型之前,先对数据进行归一化。如前文所述,归一化与否视具体情况而定。具体程序如下:

```
%% 数据归一化
% 训练集
[pn_train,inputps] = mapminmax(p_train');
pn_train = pn_train';
pn_test = mapminmax('apply',p_test',inputps);
pn_test = pn_test';
% 测试集
[tn_train,outputps] = mapminmax(t_train');
tn_train = tn_train';
tn_test = mapminmax('apply',t_test',outputps);
tn_test = tn_test';
```

29.3.4　创建/训练 SVR 模型

如前文所述,核函数类型及模型参数对模型的性能影响较大,因此,需要选择较佳的核函数类型以及参数组合。这里采用默认的 RBF 核函数,利用交叉验证方法寻找最佳的参数 c(惩罚因子)和参数 g(RBF 核函数中的方差),然后利用最佳的参数训练模型。与 SVM 分类中相同,当模型的性能相同时,为了减少计算时间,优先选择惩罚因子 c 比较小的参数组合。与 SVM 分类不同的是,SVR 建模时需要设定 ε 的值。具体程序如下:

```
%% 创建/训练 SVR 模型
% 寻找最佳 c 参数/g 参数
[c,g] = meshgrid(-10:0.5:10,-10:0.5:10);
[m,n] = size(c);
cg = zeros(m,n);
eps = 10^(-4);
v = 5;
bestc = 0;
```

```
bestg = 0;
error = Inf;
for i = 1:m
    for j = 1:n
        cmd = ['- v ',num2str(v),' - c ',num2str(2^c(i,j)),' - g ',num2str(2^g(i,j) ),' - s 3 - p
0.1'];
        cg(i,j) = svmtrain(tn_train,pn_train,cmd);
        if cg(i,j) < error
            error = cg(i,j);
            bestc = 2^c(i,j);
            bestg = 2^g(i,j);
        end
        if abs(cg(i,j) - error) < = eps && bestc > 2^c(i,j)
            error = cg(i,j);
            bestc = 2^c(i,j);
            bestg = 2^g(i,j);
        end
    end
end
% 创建/训练 SVM
cmd = ['- c ',num2str(bestc),' - g ',num2str(bestg),' - s 3 - p 0.01'];
model = svmtrain(tn_train,pn_train,cmd);
```

29.3.5　SVR 仿真预测

SVR 模型训练完成以后,利用函数 svmpredict 便可以进行仿真测试。具体程序如下:

```
%% SVR 仿真预测
[Predict_1,error_1] = svmpredict(tn_train,pn_train,model);
[Predict_2,error_2] = svmpredict(tn_test,pn_test,model);
% 反归一化
predict_1 = mapminmax('reverse',Predict_1,outputps);
predict_2 = mapminmax('reverse',Predict_2,outputps);
% 结果对比
result_1 = [t_train predict_1];
result_2 = [t_test predict_2];
```

说明:

(1) Predict_1 和 Predict_2 分别为训练集和测试集样本的预测值,由于前面已经对数据进行了归一化,因此这里需要进行反归一化操作,反归一化后对应的结果分别为 predict_1 和 predict_2。

(2) error_1 和 error_2 均为 3 行 1 列的列向量,其第 2 个参数分别为训练集和测试集的均方误差,其第 3 个参数分别为训练集和测试集的决定系数。

(3) result_1 和 result_2 分别为训练集和测试集的结果对比,第 1 列为真实值,第 2 列为预测值。

29.3.6　绘　图

为了直观地观察、分析结果,这里以图形的形式给出最终的测试集预测结果。具体程序如下：

```
%%绘图
figure(1)
plot(1:length(t_train),t_train,'r-*',1:length(t_train),predict_1,'b:o')
grid on
legend('真实值','预测值')
xlabel('样本编号')
ylabel('耐压强度')
string_1 = {'训练集预测结果对比';['mse=' num2str(error_1(2)) ' R^2=' num2str(error_1(3))]};
title(string_1)
figure(2)
plot(1:length(t_test),t_test,'r-*',1:length(t_test),predict_2,'b:o')
grid on
legend('真实值','预测值')
xlabel('样本编号')
ylabel('耐压强度')
string_2 = {'测试集预测结果对比';['mse=' num2str(error_2(2)) ' R^2=' num2str(error_2(3))]};
title(string_2)
```

　　需要说明的是,由于训练集和测试集是随机产生的,每次运行的结果都会有所不同。某次运行的结果如图 29-5 和图 29-6 所示。

　　从图 29-5 和图 29-6 可以看出,训练集和测试集的均方误差分别为 0.000 21 和 0.001 06,决定系数分别达到 0.999 和 0.990,这表明所建立的 SVR 回归模型具有非常好的泛化能力。

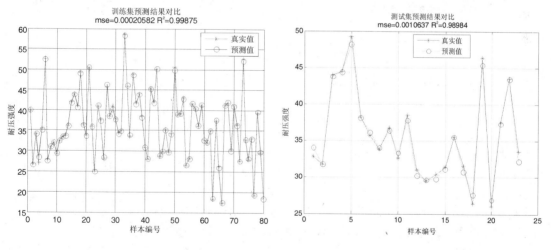

图 29-5   训练集预测结果对比　　　　　图 29-6   测试集结果对比

29.4   延伸阅读

29.4.1   核函数对模型性能的影响

　　为了衡量不同核函数类型对模型性能的影响,这里以某次随机产生的训练集和测试集进行对比试验,具体结果如表 29-1 所列。

表 29-1　核函数对模型性能的影响

核函数类型			线　性	多项式	RBF	Sigmoid
模型性能	训练集	E	0.017 8	0.006 1	0.000 1	0.019 1
		R^2	0.898 2	0.956 8	0.999 1	0.895 8
	测试集	E	0.041 9	0.027 0	0.001 0	0.029 6
		R^2	0.899 7	0.846 4	0.992 0	0.879 9

　　从表中可以清晰地看到,RBF 核函数对应的模型泛化能力最好,与线性及 Sigmoid 核函数相比,尽管多项式核函数对应的模型训练集性能较好,但其泛化能力较差。

29.4.2　性能对比

　　为了对比 SVR 回归模型的性能,这里将之与 BP 神经网络对比。具体的程序如下:

```
%% BP 神经网络
% 数据转置
pn_train = pn_train';
tn_train = tn_train';
pn_test = pn_test';
tn_test = tn_test';
% 创建 BP 神经网络
net = newff(pn_train,tn_train,10);
% 设置训练参数
net.trainParam.epochs = 1000;
net.trainParam.goal = 1e-3;
net.trainParam.show = 10;
net.trainParam.lr = 0.1;
% 训练网络
net = train(net,pn_train,tn_train);
% 仿真测试
tn_sim = sim(net,pn_test);
% 均方误差
E = mse(tn_sim - tn_test);
% 决定系数
N = size(t_test,1);
R2 = (N * sum(tn_sim. * tn_test) - sum(tn_sim) * sum(tn_test))^2/((N * sum((tn_sim).^2) - (sum(tn_
sim))^2) * (N * sum((tn_test).^2) - (sum(tn_test))^2));
% 反归一化
t_sim = mapminmax('reverse',tn_sim,outputps);
% 绘图
figure(3)
plot(1:length(t_test),t_test,'r- * ',1:length(t_test),t_sim,'b:o')
grid on
legend('真实值','预测值')
xlabel('样本编号')
ylabel('耐压强度')
```

```
string_3 = {'测试集预测结果对比(BP 神经网络)';
            ['mse = ' num2str(E) ' R^2 = ' num2str(R2)]};
title(string_3)
```

与图 29-5 和图 29-6 对应的训练集和测试集相同,建立的 BP 神经网络对测试集的预测结果如图 29-7 所示。对比图 29-6 和图 29-7 不难发现,SVR 回归模型的性能要明显优于 BP 神经网络。

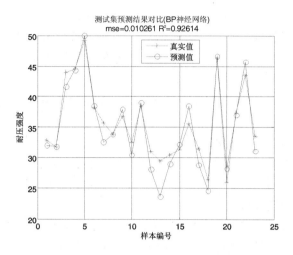

图 29-7　测试集预测结果对比(BP 神经网络)

29.4.3　案例延伸

支持向量机不仅可以应用在分类、模式识别问题中,亦可以应用于回归拟合中。近年来,随着研究的深入,支持向量机以其良好的性能在各个领域都得到了广泛的应用。然而,目前尚存在一些亟待解决的问题,也是研究的热点问题,如探索适合于处理大规模问题的算法、在线实时学习、移植于硬件平台中等。

参考文献

[1] VLADIMIR C,YUNQIAN M. Practical Selection of SVM Parameters and Noise Estimation for SVM Regression[J]. Neural Networks,2004,17(1):113-126.

[2] SHEVAD S K,KEERTHI S S,BHATTACHARYYA C,et al. Improvements to the SMO Algorithm for SVM Regression[J]. IEEE Transactions on Neural Networks,2000,11(5):1188-1193.

[3] JUSHUI M,JAMES T, SIMON P. Accurate On-line Support Vector Regression[J]. Neural Computation,2003,15(11):2683-2703.

[4] CHEN-CHIA C,SHUN-FENG S,JIN-TSONG J,et al. Robust Support Vector Regression Networks for Function Approximate with Outliers[J]. IEEE Transactions on Neural Networks,2002,13(6):1322-1330.

[5] MECH J D. Analysis of Support Vector Regression for Approximation of Complex Engineering Analyses [J]. Journal of Mechanical Design,2005,127(6):1077-1087.

[6] CHIH C C,CHIH J L. Training ν-Support Vector Regression:Theory and Algorithms[J]. Neural Computation,2002,14(8):1959-1977.

第 **30** 章

极限学习机的回归拟合及分类——对比实验研究

单隐含层前馈神经网络(single - hidden layer feedforward neural network,SLFN)以其良好的学习能力在许多领域得到了广泛的应用。然而,传统的学习算法(如 BP 算法等)固有的一些缺点,成为制约其发展的主要瓶颈。前馈神经网络大多采用梯度下降方法,该方法主要存在以下几个方面的缺点:

(1)训练速度慢。由于梯度下降法需要多次迭代以达到修正权值和阈值的目的,因此训练过程耗时较长。

(2)容易陷入局部极小点,无法达到全局最小。

(3)学习率 η 的选择敏感。学习率 η 对神经网络的性能影响较大,必须选择合适的 η,才能获得较为理想的网络。若 η 太小,则算法收敛速度很慢,训练过程耗时较长;反之,若 η 太大,则训练过程可能不稳定(收敛)。

因此,探索一种训练速度快、获得全局最优解,且具有良好的泛化性能的训练算法是提升前馈神经网络性能的主要目标,也是近年来的研究热点和难点。

本章将介绍一个针对 SLFN 的新算法——极限学习机(extreme learning machine,ELM),该算法随机产生输入层与隐含层间的连接权值及隐含层神经元的阈值,且在训练过程中无需调整,只需要设置隐含层神经元的个数,便可以获得唯一的最优解。与传统的训练方法相比,该方法具有学习速度快、泛化性能好等优点。

同时,在介绍 ELM 算法的基础上,本章以实例的形式将该算法分别应用于回归拟合(第 25 章　基于近红外光谱的汽油辛烷值预测)和分类(第 26 章　鸢尾花种类识别)中。

30.1　理论基础

30.1.1　ELM 的基本思想

典型的单隐含层前馈神经网络结构如图 30-1 所示,该网络由输入层、隐含层和输出层组成,输入层与隐含层、隐含层与输出层神经元间全连接。其中,输入层有 n 个神经元,对应 n 个输入变量;隐含层有 l 个神经元;输出层有 m 个神经元,对应 m 个输出变量。为不失一般性,设输入层与隐含层间的连接权值 w 为

$$w = \begin{bmatrix} w_{11} & w_{12} & \cdots & w_{1n} \\ w_{21} & w_{22} & \cdots & w_{2n} \\ \vdots & \vdots & & \vdots \\ w_{l1} & w_{l2} & \cdots & w_{ln} \end{bmatrix}_{l \times n} \tag{30-1}$$

其中,w_{ji} 表示输入层第 i 个神经元与隐含层第 j 个神经元间的连接权值。

设隐含层与输出层间的连接权值 β 为

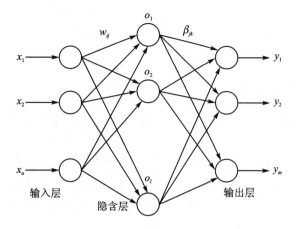

图 30-1 典型的单隐含层前馈神经网络结构

$$\boldsymbol{\beta} = \begin{bmatrix} \beta_{11} & \beta_{12} & \cdots & \beta_{1m} \\ \beta_{21} & \beta_{22} & \cdots & \beta_{2m} \\ \vdots & \vdots & & \vdots \\ \beta_{l1} & \beta_{l2} & \cdots & \beta_{lm} \end{bmatrix}_{l \times m} \tag{30-2}$$

其中,β_{jk} 表示隐含层第 j 个神经元与输出层第 k 个神经元间的连接权值。

设隐含层神经元的阈值 $\boldsymbol{b}$ 为

$$\boldsymbol{b} = \begin{bmatrix} b_1 \\ b_2 \\ \vdots \\ b_l \end{bmatrix}_{l \times 1} \tag{30-3}$$

设具有 Q 个样本的训练集输入矩阵 $\boldsymbol{X}$ 和输出矩阵 $\boldsymbol{Y}$ 分别为

$$\boldsymbol{X} = \begin{bmatrix} x_{11} & x_{12} & \cdots & x_{1Q} \\ x_{21} & x_{22} & \cdots & x_{2Q} \\ \vdots & \vdots & & \vdots \\ x_{n1} & x_{n2} & \cdots & x_{nQ} \end{bmatrix}_{n \times Q} , \quad \boldsymbol{Y} = \begin{bmatrix} y_{11} & y_{12} & \cdots & y_{1Q} \\ y_{21} & y_{22} & \cdots & y_{2Q} \\ \vdots & \vdots & & \vdots \\ y_{m1} & y_{m2} & \cdots & y_{mQ} \end{bmatrix}_{m \times Q} \tag{30-4}$$

设隐含层神经元的激活函数为 $g(x)$,则由图 30-1 可得,网络的输出 $\boldsymbol{T}$ 为

$$\boldsymbol{T} = [t_1, t_2, \cdots, t_Q]_{m \times Q}, \quad \boldsymbol{t}_j = \begin{bmatrix} t_{1j} \\ t_{2j} \\ \vdots \\ t_{mj} \end{bmatrix}_{m \times 1} = \begin{bmatrix} \sum_{i=1}^{l} \beta_{i1} g(w_i x_j + b_i) \\ \sum_{i=1}^{l} \beta_{i2} g(w_i x_j + b_i) \\ \vdots \\ \sum_{i=1}^{l} \beta_{im} g(w_i x_j + b_i) \end{bmatrix}_{m \times 1} , \quad j = 1, 2, \cdots, Q$$

$$\tag{30-5}$$

其中,$\boldsymbol{w}_i = [w_{i1}, w_{i2}, \cdots, w_{in}]$;$\boldsymbol{x}_j = [x_{1j}, x_{2j}, \cdots, x_{nj}]^{\mathrm{T}}$。

式(30-5)可表示为

$$\boldsymbol{H\beta} = \boldsymbol{T}' \tag{30-6}$$

其中,$\boldsymbol{T}'$ 为矩阵 $\boldsymbol{T}$ 的转置;$\boldsymbol{H}$ 称为神经网络的隐含层输出矩阵,具体形式为

$$H(w_1, w_2, \cdots, w_l, b_1, b_2, \cdots, b_l, x_1, x_2, \cdots, x_Q) =$$

$$\begin{bmatrix} g(w_1 x_1 + b_1) & g(w_2 x_1 + b_2) & g(w_l x_1 + b_l) \\ g(w_1 x_2 + b_1) & g(w_2 x_2 + b_2) & g(w_l x_1 + b_l) \\ & & \vdots & \\ g(w_1 x_Q + b_1) & g(w_2 x_Q + b_2) & g(w_l x_Q + b_l) \end{bmatrix}_{Q \times l} \qquad (30-7)$$

在前人研究的基础上,Huang 等人提出了以下两个定理(具体的定理证明过程请参考文献,此处仅给出定理内容):

定理 1 给定任意 Q 个不同样本 (x_i, t_i),其中,$x_i = [x_{i1}, x_{i2}, \cdots, x_{in}]^T \in \mathbf{R}^n$,$t_i = [t_{i1}, t_{i2}, \cdots, t_{im}] \in \mathbf{R}^m$,一个任意区间无限可微的激活函数 $g: \mathbf{R} \rightarrow \mathbf{R}$,则对于具有 Q 个隐含层神经元的 SLFN,在任意赋值 $w_i \in \mathbf{R}^n$ 和 $b_i \in \mathbf{R}$ 的情况下,其隐含层输出矩阵 H 可逆且有 $\|H\beta - T'\| = 0$。

定理 2 给定任意 Q 个不同样本 (x_i, t_i),其中,$x_i = [x_{i1}, x_{i2}, \cdots, x_{in}]^T \in \mathbf{R}^n$,$t_i = (t_{i1}, t_{i2}, \cdots, t_{im}) \in \mathbf{R}^m$,给定任意小误差 $\varepsilon(\varepsilon > 0)$ 和一个任意区间无限可微的激活函数 $g: \mathbf{R} \rightarrow \mathbf{R}$,则总存在一个含有 $K(K \leqslant Q)$ 个隐含层神经元的 SLFN,在任意赋值 $w_i \in \mathbf{R}^n$ 和 $b_i \in \mathbf{R}$ 的情况下,有 $\|H_{N \times M} \beta_{M \times m} - T'\| < \varepsilon$。

由定理 1 可知,若隐含层神经元个数与训练集样本个数相等,则对于任意的 w 和 b,SLFN 都可以零误差逼近训练样本,即

$$\sum_{j=1}^{Q} \|t_j - y_j\| = 0 \qquad (30-8)$$

其中,$y_j = [y_{1j}, y_{2j}, \cdots, y_{mj}]^T$,$j = 1, 2, \cdots, Q$。

然而,当训练集样本个数 Q 较大时,为了减少计算量,隐含层神经元个数 K 通常取比 Q 小的数,由定理 2 可知,SLFN 的训练误差可以逼近一个任意 $\varepsilon > 0$,即

$$\sum_{j=1}^{Q} \|t_j - y_j\| < \varepsilon \qquad (30-9)$$

因此,当激活函数 $g(x)$ 无限可微时,SLFN 的参数并不需要全部进行调整,w 和 b 在训练前可以随机选择,且在训练过程中保持不变。而隐含层与输出层间的连接权值 β 可以通过求解以下方程组的最小二乘解获得:

$$\min_{\beta} \|H\beta - T'\| \qquad (30-10)$$

其解为

$$\hat{\beta} = H^+ T' \qquad (30-11)$$

其中,H^+ 为隐含层输出矩阵 H 的 Moore-Penrose 广义逆。

30.1.2 ELM 的学习算法

由前文分析可知,ELM 在训练之前可以随机产生 w 和 b,只需确定隐含层神经元个数及隐含层神经元的激活函数(无限可微),即可计算出 β。具体地,ELM 的学习算法主要有以下几个步骤:

(1) 确定隐含层神经元个数,随机设定输入层与隐含层间的连接权值 w 和隐含层神经元的偏置 b。

(2) 选择一个无限可微的函数作为隐含层神经元的激活函数,进而计算隐含层输出矩阵 H。

(3) 计算输出层权值 $\hat{\beta}$:$\hat{\beta} = H^+ T'$。

值得一提的是,相关研究结果表明,在 ELM 中不仅许多非线性激活函数都可以使用,如 S 型函数、正弦函数和复合函数等,还可以使用不可微函数,甚至可以使用不连续的函数作为激活函数。

30.1.3　ELM 的 MATLAB 实现

按照上述步骤,可以方便地在 MATLAB 环境下实现 ELM 的学习算法。

1. ELM 训练函数 elmtrain

函数 elmtrain 为 ELM 的创建/训练函数,其调用格式为

[IW,B,LW,TF,TYPE] = elmtrain(P,T,N,TF,TYPE)

其中,P 为训练集的输入矩阵;T 为训练集的输出矩阵;N 为隐含层神经元的个数(默认为训练集的样本数);TF 为隐含层神经元的激活函数,其取值可以为'sig'(默认)、'sin'、'hardlim';TYPE 为 ELM 的应用类型,其取值可以为 0(默认,表示回归、拟合)和 1(表示分类);IW 为输入层与隐含层间的连接权值;B 为隐含层神经元的阈值;LW 为隐含层与输出层的连接权值。

elmtrain. m 函数文件具体内容如下:

```
function [IW,B,LW,TF,TYPE] = elmtrain(P,T,N,TF,TYPE)
% ELMTRAIN Create and Train a Extreme Learning Machine
% Syntax
% [IW,B,LW,TF,TYPE] = elmtrain(P,T,N,TF,TYPE)
% Description
% Input
% P    - Input Matrix of Training Set   (R * Q)
% T    - Output Matrix of Training Set (S * Q)
% N    - Number of Hidden Neurons (default = Q)
% TF   - Transfer Function:
%        'sig' for Sigmoidal function (default)
%        'sin' for Sine function
%        'hardlim' for Hardlim function
% TYPE - Regression (0,default) or Classification (1)
% Output
% IW   - Input Weight Matrix (N * R)
% B    - Bias Matrix   (N * 1)
% LW   - Layer Weight Matrix (N * S)
% Example
% Regression:
% [IW,B,LW,TF,TYPE] = elmtrain(P,T,20,'sig',0)
% Y = elmtrain(P,IW,B,LW,TF,TYPE)
% Classification
% [IW,B,LW,TF,TYPE] = elmtrain(P,T,20,'sig',1)
% Y = elmtrain(P,IW,B,LW,TF,TYPE)
% See also ELMPREDICT
% Yu Lei,11 - 7 - 2010
% Copyright www.matlabsky.com
% $ Revision:1.0 $
if nargin < 2
    error('ELM:Arguments','Not enough input arguments.');
```

```
end
if nargin < 3
    N = size(P,2);
end
if nargin < 4
    TF = 'sig';
end
if nargin < 5
    TYPE = 0;
end
if size(P,2) ~ = size(T,2)
    error('ELM:Arguments','The columns of P and T must be same. ');
end
[R,Q] = size(P);
if TYPE    == 1
    T    = ind2vec(T);
end
[S,Q] = size(T);
% Randomly Generate the Input Weight Matrix
IW = rand(N,R) * 2 - 1;
% Randomly Generate the Bias Matrix
B = rand(N,1);
BiasMatrix = repmat(B,1,Q);
% Calculate the Layer Output Matrix H
tempH = IW * P + BiasMatrix;
switch TF
    case 'sig'
        H = 1. / (1 + exp( - tempH));
    case 'sin'
        H = sin(tempH);
    case 'hardlim'
        H = hardlim(tempH);
end
% Calculate the Output Weight Matrix
LW = pinv(H') * T';
```

2. ELM 预测函数 elmpredict

函数 elmpredict 为 ELM 的预测函数,其调用格式为

Y = elmpredict(P,IW,B,LW,TF,TYPE)

其中,P 为测试集的输入矩阵;IW 为函数 elmtrain 返回的输入层与隐含层间的连接权值;B 为函数 elmtrain 返回的隐含层神经元的阈值;LW 为函数 elmtrain 返回隐含层与输出层的连接权值;TF 为与函数 elmtrain 中一致的激活函数类型;TYPE 为与函数 elmtrain 中一致的 ELM 应用类型;Y 为测试集对应的输出预测值矩阵。

elmpredict. m 函数文件具体内容如下:

```
function Y = elmpredict(P,IW,B,LW,TF,TYPE)
% ELMPREDICT Simulate a Extreme Learning Machine
% Syntax
```

```matlab
% Y = elmpredict(P,IW,B,LW,TF,TYPE)
% Description
% Input
% P    - Input Matrix of Training Set  (R * Q)
% IW   - Input Weight Matrix (N * R)
% B    - Bias Matrix  (N * 1)
% LW   - Layer Weight Matrix (N * S)
% TF   - Transfer Function:
%          'sig' for Sigmoidal function (default)
%          'sin' for Sine function
%          'hardlim' for Hardlim function
% TYPE - Regression (0,default) or Classification (1)
% Output
% Y    - Simulate Output Matrix (S * Q)
% Example
% Regression:
% [IW,B,LW,TF,TYPE] = elmtrain(P,T,20,'sig',0)
% Y = elmtrain(P,IW,B,LW,TF,TYPE)
% Classification
% [IW,B,LW,TF,TYPE] = elmtrain(P,T,20,'sig',1)
% Y = elmtrain(P,IW,B,LW,TF,TYPE)
% See also ELMTRAIN
% Yu Lei,11 - 7 - 2010
% Copyright www.matlabsky.com
% $ Revision:1.0 $
if nargin < 6
    error('ELM:Arguments','Not enough input arguments. ');
end
% Calculate the Layer Output Matrix H
Q = size(P,2);
BiasMatrix = repmat(B,1,Q);
tempH = IW * P + BiasMatrix;
switch TF
    case 'sig'
        H = 1. / (1 + exp( - tempH));
    case 'sin'
        H = sin(tempH);
    case 'hardlim'
        H = hardlim(tempH);
end
% Calculate the Simulate Output
Y = (H' * LW)';
if TYPE == 1
    temp_Y = zeros(size(Y));
    for i = 1:size(Y,2)
        [max_Y,index] = max(Y(:,i));
        temp_Y(index,i) = 1;
    end
    Y = vec2ind(temp_Y);
end
```

30.2 案例背景

30.2.1 问题描述

ELM以其学习速度快、泛化性能好等优点,引起了国内外许多专家学者的研究与关注。ELM不仅适用于回归、拟合问题,亦适用于分类、模式识别等领域,因此,其在各个领域中取得了广泛的应用。同时,不少改进的方法与策略也被不断提及,ELM的性能也得到了很大的提升,其应用的范围亦愈来愈广,其重要性亦日益体现出来。

为了评价ELM的性能,试分别将ELM应用于基于近红外光谱的汽油辛烷值测定和鸢尾花种类识别两个问题中,并将其结果与传统前馈网络(BP、RBF、GRNN、PNN等)的性能和运行速度进行比较,并探讨隐含层神经元个数对ELM性能的影响。

30.2.2 解题思路及步骤

依据问题描述中的要求,实现ELM的创建/训练及仿真测试,大体上可以分为以下几个步骤,如图30-2所示。

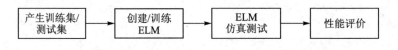

图 30-2 模型建立步骤

1. 产生训练集/测试集

与传统前馈神经网络相同,为了使得建立的模型具有良好的泛化性能,要求具有足够多的训练样本且具有较好的代表性。同时,训练集和测试集的格式应符合ELM训练和预测函数的要求。

2. 创建/训练 ELM

利用函数elmtrain可以方便地创建/训练ELM,具体用法请参考30.3节。值得一提的是,如前文所述,隐含层神经元个数对ELM的性能影响较大,因此,需要选择一个合适的隐含层神经元个数,具体讨论参见30.4节。

3. ELM 仿真测试

利用函数elmpredict可以方便地进行ELM的仿真测试,具体用法请参见30.3节。

4. 性能评价

通过计算测试集预测值与真实值间的误差(均方误差、决定系数、正确率等),可以对模型的泛化能力进行评价。同时,可以对比ELM与传统前馈神经网络的运行时间,从而对ELM的运算速度进行评价。

30.3 MATLAB 程序实现

利用MATLAB及30.1.3小节中自定义的函数,可以方便地在MATLAB环境下实现上述步骤。

30.3.1　ELM 的回归拟合——基于近红外光谱的汽油辛烷值预测

1. 清空环境变量

程序运行之前,清除工作空间 Workspace 中的变量及 Command Window 中的命令。具体程序如下:

```
%% 清空环境变量
clear all
clc
```

2. 产生训练集/测试集

与第 25 章中的方法相同,采用随机法产生训练集和测试集,其中训练集包含 50 个样本,测试集包含 10 个样本。具体程序如下:

```
%% 训练集/测试集产生
load spectra_data.mat
% 随机产生训练集和测试集
temp = randperm(size(NIR,1));
% 训练集——50 个样本
P_train = NIR(temp(1:50),:)';
T_train = octane(temp(1:50),:)';
% 测试集——10 个样本
P_test = NIR(temp(51:end),:)';
T_test = octane(temp(51:end),:)';
N = size(P_test,2);
```

3. 数据归一化

为了减少变量差异较大对模型性能的影响,在建立模型之前先对数据进行归一化。具体程序如下:

```
%% 数据归一化
% 训练集
[Pn_train,inputps] = mapminmax(P_train);
Pn_test = mapminmax('apply',P_test,inputps);
% 测试集
[Tn_train,outputps] = mapminmax(T_train);
Tn_test = mapminmax('apply',T_test,outputps);
```

4. 创建/训练 ELM

利用函数 elmtrain 可以创建并训练 ELM,由于汽油辛烷值的预测属于回归、拟合问题,因此,这里将参数 TYPE 设为 0(默认即可)。同时,还需设定隐含层神经元个数及激活函数类型。具体程序如下:

```
%% ELM 创建/训练
[IW,B,LW,TF,TYPE] = elmtrain(Pn_train,Tn_train,30,'sig',0);
```

5. ELM 仿真测试

当 ELM 训练完成后,利用函数 elmpredict 便可以对测试集进行仿真测试。需要说明的是,参数 TF 及 TYPE 须与函数 elmtrain 中设定的参数保持一致。具体程序如下:

```
%% ELM 仿真测试
tn_sim = elmpredict(Pn_test,IW,B,LW,TF,TYPE);
% 反归一化
T_sim = mapminmax('reverse',tn_sim,outputps);
```

6. 结果对比

ELM 仿真测试结束后,通过计算均方误差 E 及决定系数 R^2,便可以对 ELM 的性能进行评价。具体程序如下:

```
%% 结果对比
result = [T_test' T_sim'];
% 均方误差
E = mse(T_sim - T_test);
% 决定系数
N = length(T_test);
R2 = (N * sum(T_sim. * T_test) - sum(T_sim) * sum(T_test))^2/((N * sum((T_sim).^2) - (sum(T_sim))^
2) * (N * sum((T_test).^2) - (sum(T_test))^2));
```

7. 绘 图

为了便于直观地对结果进行分析、比较,这里以图形的形式给出最终的结果。具体程序如下:

```
%% 绘图
figure(1)
plot(1:N,T_test,'r - * ',1:N,T_sim,'b:o')
grid on
legend('真实值','预测值')
xlabel('样本编号')
ylabel('辛烷值')
string = {'测试集辛烷值含量预测结果对比(ELM)';['(mse = ' num2str(E) ' R^2 = ' num2str(R2)]};
title(string)
```

由于训练集和测试集是随机产生的,因此每次运行的结果都会有所不同。某次运行的结果如图 30 - 3 所示,与第 25 章中的结果进行对比不难发现:

(1) ELM 的决定系数要高于 BP 神经网络与 RBF 神经网络(0.965 7>0.944 3>0.935 1)。

(2) ELM 的运行速度明显快于 BP 神经网络,与 RBF 神经网络运行速度相当。这是因为隐含层神经元确定的 RBF 神经网络从本质上讲属于 ELM 的一个特例,即隐含层神经元个数与训练样本个数相等,输入层与隐含层间的连接权值和隐含层神经元的阈值是固定的而不是随机产生的,且激活函数为径向基函数时的情况。

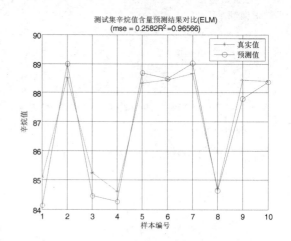

图 30 - 3 测试集辛烷值含量
预测结果对比(ELM)

30.3.2 ELM 的分类——鸢尾花种类识别

1. 清空环境变量

程序运行之前,清除工作空间 Workspace 中的变量及 Command Window 中的命令。具体程序如下:

```
%% 清空环境变量
clear all
clc
```

2. 产生训练集/测试集

与第 26 章中的方法相同,采用随机法产生训练集和测试集,其中训练集包含 120 个样本,测试集包含 30 个样本。具体程序如下:

```
%% 产生训练集/测试集
load iris_data.mat
% 随机产生训练集和测试集
P_train = [];
T_train = [];
P_test = [];
T_test = [];
for i = 1:3
    temp_input = features((i - 1) * 50 + 1:i * 50,:);
    temp_output = classes((i - 1) * 50 + 1:i * 50,:);
    n = randperm(50);
    % 训练集——120 个样本
    P_train = [P_train temp_input(n(1:40),:)'];
    T_train = [T_train temp_output(n(1:40),:)'];
    % 测试集——30 个样本
    P_test = [P_test temp_input(n(41:50),:)'];
    T_test = [T_test temp_output(n(41:50),:)'];
end
```

3. 创建/训练 ELM

利用函数 elmtrain 可以创建并训练 ELM,由于鸢尾花的种类识别属于分类问题,因此,这里将参数 TYPE 设为 1(默认即可)。同时,还需要设定隐含层神经元个数及激活函数类型。具体程序如下:

```
%% ELM 创建/训练
[IW,B,LW,TF,TYPE] = elmtrain(P_train,T_train,20,'sig',1);
```

4. ELM 仿真测试

当 ELM 训练完成后,利用函数 elmpredict 便可以对测试集进行仿真测试。如前文所述,参数 TF 及 TYPE 须与函数 elmtrain 中设定的参数保持一致。具体程序如下:

```
%% ELM 仿真测试
T_sim_1 = elmpredict(P_train,IW,B,LW,TF,TYPE);
T_sim_2 = elmpredict(P_test,IW,B,LW,TF,TYPE);
```

5. 结果对比

ELM 仿真测试结束后,通过计算训练集和测试集的正确率,从而对 ELM 的性能进行评价。具体程序如下:

```
%%结果对比
result_1 = [T_train' T_sim_1'];
result_2 = [T_test' T_sim_2'];
%训练集正确率
k1 = length(find(T_train == T_sim_1));
n1 = length(T_train);
Accuracy_1 = k1 / n1 * 100;
disp(['训练集正确率 Accuracy = ' num2str(Accuracy_1) '%(' num2str(k1) '/' num2str(n1) ')'])
%测试集正确率
k2 = length(find(T_test == T_sim_2));
n2 = length(T_test);
Accuracy_2 = k2 / n2 * 100;
disp(['测试集正确率 Accuracy = ' num2str(Accuracy_2) '%(' num2str(k2) '/' num2str(n2) ')'])
```

由于训练集和测试集是随机产生的,因此每次运行的结果都会有所不同。某次运行的结果如下:

```
训练集正确率 Accuracy = 100 %(120/120)
测试集正确率 Accuracy = 96.6667 %(29/30)
```

6. 绘 图

为了便于直观地对结果进行分析、比较,这里以图形的形式给出最终的结果。具体程序如下:

```
%%绘图
figure(1)
plot(1:30,T_test,'bo',1:30,T_sim_2,'r-*')
grid on
xlabel('测试集样本编号')
ylabel('测试集样本类别')
string = {'测试集预测结果对比(ELM)';['(正确率 Accuracy = ' num2str(Accuracy_2) '%)']};
title(string)
legend('真实值','ELM预测值')
```

结果如图 30-4 所示。与第 26 章中的结果进行对比不难发现:

(1) ELM 的预测正确率与 GRNN 和 PNN 的预测正确率相当(分别为 96.67%、93.33%和 100%),这表明 ELM 用于分类及模式识别问题中具有较好的性能。

(2) ELM、GRNN 及 PNN 的运行时间分别为 0.12 s、0.22 s 和 0.19 s,这表明 ELM、GRNN 和 PNN 的运行速度相当,较传统 BP 神经网络有很大的提升。

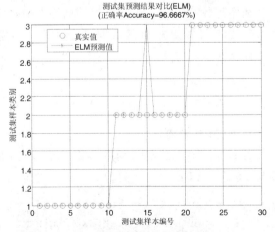

图 30-4　测试集预测结果对比(ELM)

30.4　延伸阅读

30.4.1　隐含层神经元个数的影响

图 30－5 所示为隐含层神经元个数对 ELM 性能的影响(以鸢尾花种类识别为例),由图可知,当隐含层神经元个数与训练集样本个数相等时,ELM 可以以零误差逼近所有训练样本。然而,并非隐含层神经元个数越多越好,从测试集的预测正确率可以看出,当隐含层神经元个数逐渐增加时,测试集的预测率呈逐渐减小的趋势。因此,需要综合考虑训练集和测试集的预测正确率,进行折中选择。

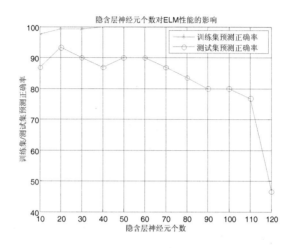

图 30－5　隐含层神经元个数对 ELM 性能的影响

30.4.2　案例延伸

ELM 以其学习速度快、泛化性能好、调节参数少等优点,在各个领域中取得了广泛的应用。随着研究的深入,一些专家提出了许多改进方法,如在线学习 ELM、进化 ELM 等,同时,一些学者将其他算法中的思想(如 SVM 中的结构风险最小等)引入 ELM 中,亦取得了不错的效果。

参考文献

[1] GUO R F,HUANG G B, LIN Q P,et al. Error Minimized Extreme Learning Machine with Growth of Hidden Nodes and Incremental Learning[J]. IEEE Transactions on Neural Networks,2009,20(8):1352 － 1357.

[2] ZHU Q Y,QIN A K,SUGANTHAN P N,et al. Evolutionary Extreme Learning Machine[J]. Pattern Recognition,2005,38:1759 － 1763.

[3] HUANG G B,ZHU Q Y, SIEW C K. Extreme Learning Machine:Theory and Applications[J]. Neurocomputing,2006,70:489 － 501.

[4] HUANG G B,LEI C, SIEW C K. Universal Approximation Using Incremental Constructive Feedforward Networks with Random Hidden Nodes[J]. IEEE Transactions on Neural Networks,2006,17(4):879 － 892.

[5] HUANG G B, ZHU Q Y, SIEW C K. Extreme Learning Machine:a New Learning Scheme of Feedford

Neural Networks[C]. Proceedings of International Joint Conference on Neural Networks, 25 – 29 July, 2004, Budapest, Hungary.

[6] HUANG G B, SIEW C K. Extreme Learning Machine with Randomly Assigned RBF Kernels[J]. International Journal of Information Technology, 2005, 11(1):16 – 24.

[7] HUANG G B , LIANG N Y, RONG H J, et al. On-Line Sequential Extreme Learning Machine: the IASTED International Conference on Computational Intelligence[C]. Calgary, Canada, 2005.